ウルム旧市街の漁師地区

淡水魚を生活の糧としていた伝統を現代に継承したレストランもあり、昔ながらの街区が修復、保存された風景を訪れる人は絶えない。

アウグスブルグのオールドタウンを流れる水路とカフェテラス

街中の喧騒から逃れて、午後のひと時に涼を求めるには格好の場所となっている。水辺を歩くための遊歩道には、遊水地であるという機能が隠されている。

イザー・ビュローパーク
設計 槇文彦 1995年 ミュンヘン・ハルベルグモース

いくつかの建物が単に集合されて建設されたとしてもそれ以上の都市に対しての効用はないが、そこに設計者のクリエイティブな意図が加わると、都市の中の生活空間として機能するだけでなく、街区の景観にも大きな貢献をする。その規範例。

ミュンヘン中心市街地の街区再開発

街区の裏側を整備し公共空地とした結果、表通りから裏側まで見通せる新しい雰囲気の店舗が並び、以前の古びた雰囲気は一変した。モダンな街区の表情に新しい顧客層が増えている。

マルメ中心市街地の小広場

改修された木組みの旧家などに囲まれた広場は独特の雰囲気をもち、その手ごろな広さにより親近感のもてる広場で、そのせいかもしれないが、レストランのカフェテラスとしても利用され、賑わいがある。

リヨン・オールドタウンの
パッサージェ

街区の裏側を抜ける路地にガラス屋根を架けてショッピングに楽しい空間を提供し、同時に街区の裏側の整備が進むという効果も生まれる。

イタリア・オストーニ

急な坂道の途中にある共同水道に集まり談笑する人々の姿を見ると、便利さからは見放されているという感じのする街でも、住民の街への愛着が深く、それを基盤にしたアイデンティティーが確かなものであれば、街は生き続けていくものと思える。

コペンハーゲンの旧港

船舶の発着する港としては機能しなくなった水辺には、観光船、レストラン船とそれでも港を活用する装置が置かれ、埠頭周辺には、船員仲間が憩いを求めた当時の雰囲気を残した居酒屋が数多くあり、船員ではない人たちで溢れている。

ドイツ流
街づくり読本

ドイツの都市計画から
日本の街づくりへ

水島 信

鹿島出版会

はじめに

「風が吹けば桶屋が儲かる」式の論証を環境というシステムを考えるときに借用すれば、建物が建てば人が住めなくなる、という一見パラドックスにも似た論理が成立する。風・桶的に論理の飛躍を入れて説明をすれば、ある土地に建物を建てるということは、そこの地表を人工物で覆ってしまうから、その地盤の保水能力を極端に低下させてしまうことになる。加えて、それまでは地中に浸透していった雨水は降ったと同時に流出するため、地下水の水位が下がり土地の乾燥化が生じているところに、地表面が雨水を浸水させないために、雨水の集中が早められて生じる流水が肥沃な表層土を削り去ってしまうという現象を惹き起こす。これが原因となって、それまで多様であった植生は、荒涼地でもたくましく成長する雑草の単一なものに変化してしまう。この雑草は繁殖力が旺盛であるため花粉を大量に撒き散らし、そして、土地の乾燥化で塵風が起こるようになる。

　現代人は様々なストレスを抱えているから、二人に一人は鼻炎症であるという。花粉も塵も鼻炎にとっては大敵であるから、この土地は人が住むには適さなくなる。そこで「建物が建てば……」ということになる。最後の鼻炎症のところは風・桶のような飛躍があるかもしれない。また、一棟の住宅建設ではかすかな現象変化しか生じないから、あまり説得力をもたないかもしれない。しかし、都市というスケールで考え直してみると、この論証はかなりの現実味を帯びてくるであろう。

　傾斜地に雛壇の造成をすれば土砂崩れが起きる。森林を伐採すれば鉄砲水が出る。堤が堤防になれば川の水は再生能力を失う。自然の理に適わないことをすれば、必ずしっぺ返

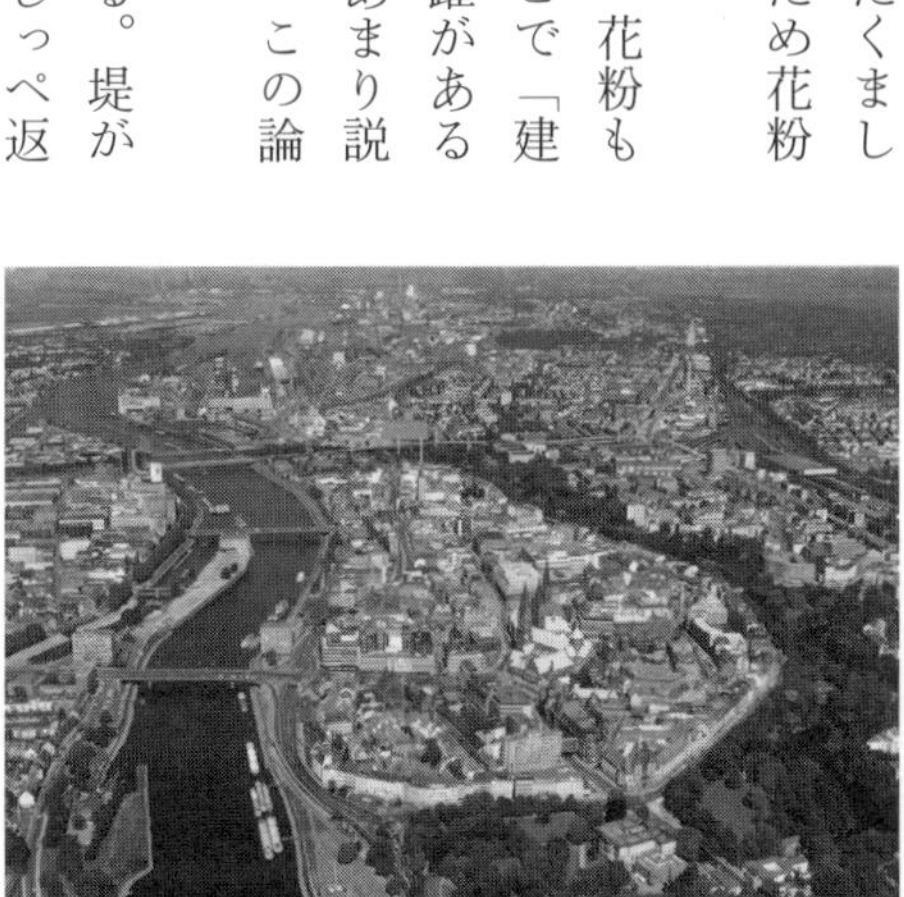

ブレーメン市俯瞰
出典：ブレーメン市建設・環境・交通省

しに遭うという当たり前のことに気づかなくてはいけないのである。自然は人間を取り巻く環境であるという考え方は人間の一方的な観点での自然の捉え方で、自然のほうでは人間も一つの要素として自分の体系の中に組み込んで成立しているのである。一つ一つの要素が因果関係をもって成立している自然の「環」は、たった一つの要素にでも変化が生じれば、それを調整または修復しようとする連鎖反応が起こるのは当然である。

住宅建設であれ、都市という環境をデザインすることであれ、環境の変化を生じさせる行為をする場合、その連鎖反応をできるだけ自然のシステム（摂理）にあった形で収めることが重要であるのは説明を要しない。〝人間は自然を必要としている。しかし自然は人間を必要としていない〟というテロップがドイツのテレビに流れたことがある。

日本の環境について意見を求められたときに書いた文章である。その頃に日本との行き来が増え、それにつれて日本からの人たちをドイツの街に案内することが多くなった。その人たちは街を歩きながら、一様に街並みを美しいと言われる。逆に、小生が日本に着いて、成田から東京に向う列車の窓から見える景観に、ドイツの街並みと比較したときの落差の大きさにため息をつくのである。ヨーロッパにおいてはどの街でも、街並みのクオリティーは一定の水準を保っているが、日本においては質の高い街区とそうでない街区との落差が大きいということに驚く。そして、その質の異なる街区が、何事もないかのように同居をしているという風景にさらに驚く。

日本で省エネというエコノミカルな視点から、環境保全というエコロジカルな事柄に社会の関心が移行し始めた中で、都市計画が街づくりと言い換えられ、市民参加を前面に出した政策を行うべしという風潮が起こった。その規範をドイツに求めたということもあり、様々なドイツの都市計画、アーバンデザインに関する書物が出版されている。それにもか

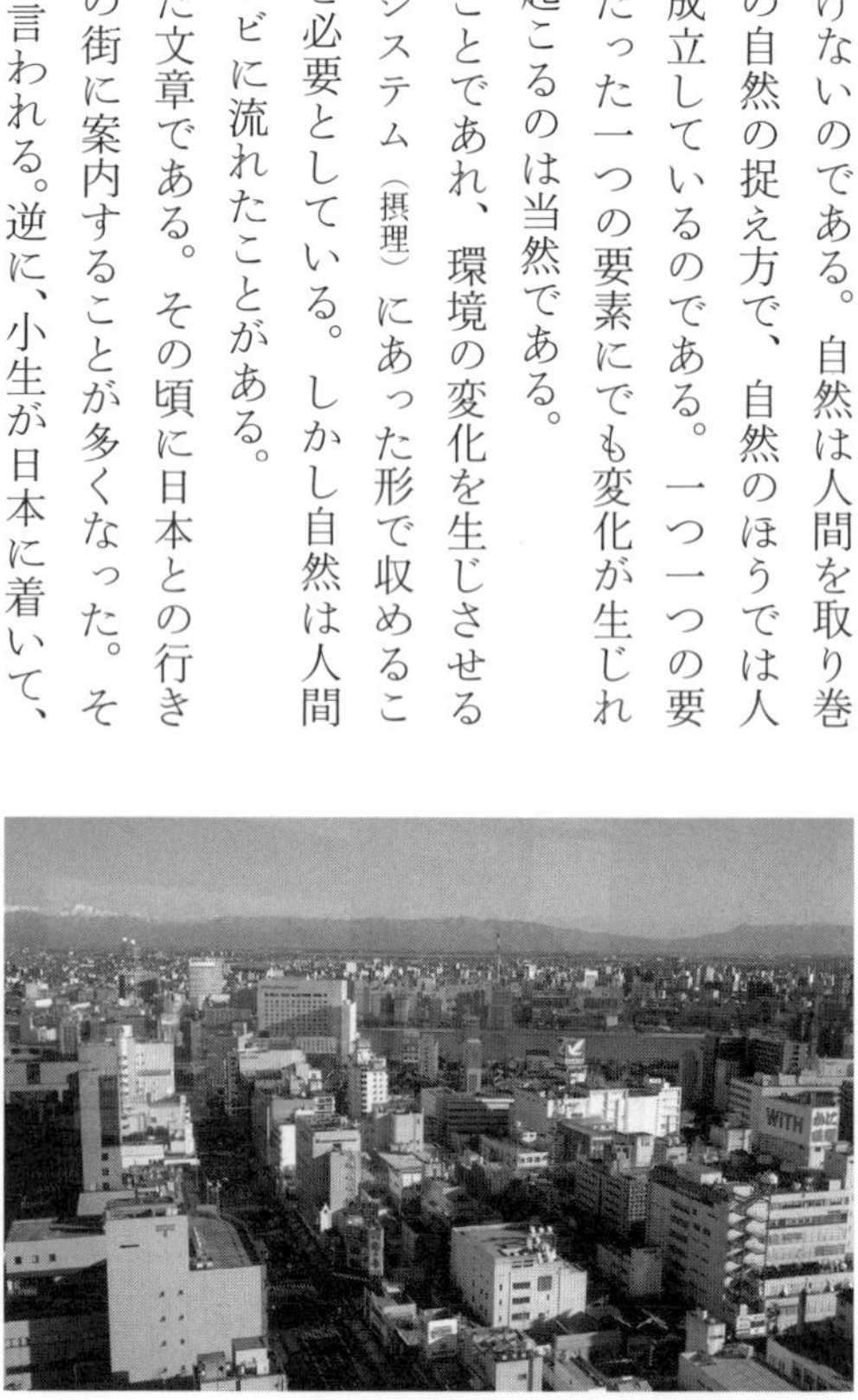

新潟市俯瞰
両市とも人口規模も国の構造の中の位置も、また、港町という歴史的背景も、似たような都市と言えるが、都市環境という点で大きな違いが出てくる。この原因を探ることが、日本の街づくりに有効ではないかと考えている。

かわらず街並みが無秩序に形成されているのは、ドイツからの輸入品が正しく理解されておらず、またその内容である政策手法が機能していないということである。文字だけを訳して、その実務を理解することなしに運用しているという奔（翻）訳である。事実、日本の書架にはドイツ都市計画制度に関する著書、実例を並べた書物、法体系を訳したものが多く並んでいる。しかし、その運用の具体的な過程と、その過程で行われなければならない施策について解説したものや、どうやって都市デザインの図面を描くのかというような実務書は見当たらない。

例えば、その市民参加の政策を考えてみる。行政の政策に市民が意見を言うためには、市民の側に都市計画をある程度理解できる知識がなければならないし、議論が公正に、また円滑に進行するためには一定のルールが参加者に認知されていなければならない。例えば、自分の意見に都合のよいヨーロッパの街角の場面を取り上げて、ヨーロッパの街がそうであるから、わが街もこうしたいという意見を聞いたことがある。その事実の信憑性は日本にいる限り検証できないので、誰も反論することはできないが、ヨーロッパの現場から見たら滑稽でしかないというものであった。簡単な例で説明してみよう。人で賑わうヨーロッパの広場の写真を見て、広場があれば街が活性化すると思い込み、わが商店街にも広場をという提案をするとしよう。なぜその町の広場が人で賑わうのかというのは、その町の歴史的背景を知らなければ理解できない。そのためには専門的知識が必要であるし、その歴史と、わが商店街の歴史的背景との差異の埋め方の考慮がなければ、広場は単なる空き地でしかないということがここでは認識されていないという過ちがある。

また、行政の側も、市民参加の本意を理解していないのではないかと思えることがあった。示された提案に根拠をもって反論をして改善を求めても、返答は改善を試みるというより言い訳に近いものでしかなかった。加えて、その次の会には招聘されなかった経験がある。ドイツの場合は、市民の意見に根拠があれば、何回でも行政側は提案を作成しなおす義務がある。これが市民参加の本来の意味である。提案に添わない意見には言い訳だけを並べて取り上げようとせず、都合の悪い意見は聞かないようにするというような、形式だけは市民参加という「免罪符」を得るための儀式とは根本的に違うところである。

このように、相当の労力を費やして訳され、討議・検討され、制度化されたにもかかわらず、本来の形で機能しないという例があまりにも多いのではなかろうか。この原因は、書かれている条文だけを輸入し、何のためにその制度があるのかという基本的概念と、それを達成する手法の重要な部分を理解していないからだろうと感じられる。それは、ひとえにその翻訳者たちが、その制度を実務として体験していないということからくるものであろうと考えられる。

たまたま、ミュンヘンの大学で学び、建築家のタイトルを修得したからと言って、ドイツの都市計画制度を細かいところまで理解できているというわけではない。それに、法制度、政策過程などの政治的な部分は、どちらかと言うと避けてきたから、知識など皆無と言ってもよい。それでも、体験のない人よりは少しは体験している部分もあると我田引水に考え、それを示してみようと思ったのがこの記述を始めたきっかけである。その少ない経験で得た情報を、特に制度や政策の背景を支えている社会組織の考え方、あり方などを、できる限り示したいという考えで作業を進めたつもりである。自分としては精一杯わかりやすく、専門的でなくと言い聞かせて作業を進めたが、多分に独り善がりはまだあるだろう。

それに、そもそも自分の経験だけという狭い領域でしかものを見ていないという大きな欠点がある。したがって、どんなに詳しく文章を書いて説明しても、漏れている部分が多いことは確実である。日本の悪口を言うような論調で、気分を害されることが多いのではないか、そして、反発を受けるのではないか、ということは覚悟している。これには、これがドイツのやり方であるという隠れ蓑を用意して、ご批判を受けることにしたい。

目次

第三章　ドイツの都市計画

第四章　日本の街づくりへの提案

イタリア・システルニーノの広場

第一章
街づくりと民主主義

街づくりの基本

街づくりを考えるとき、体験した都市や町の中で印象に残ったことの、その理由を分析することも基本的な手法の一つである。なぜ、印象に残っているか、なぜ、何度もそこを訪ねたいかという原因を解明することによって得られた結果が、新たな街づくりをする際に有益に作用する。その例をあげてみる。

イタリア半島の踵のギリシャの文化がローマに進行した道筋に、「白い町 - CITA di BIANCO」と呼ばれる、丘の町オストゥーニ（OSTUNI）がある。町中が何代にもわたって白の漆喰で塗り込められているのが特徴で、丘の上の教会以外は特徴のある建物はなく、街並みが丘の等高線上を走る道筋に沿うような形に構成されているという感じの、見方によっては平凡とも言える町である。しかし訪ねるたびに、人がやっとすれ違えるような細い道や、同心円上にある道を縦につなぐ急勾配の階段を知らず知らずに歩き回ってしまう。この町が紹介されるときには、必ず出てくる道の上のアーチや厚い壁の隙間に見られる小さな庭などが観光客には飾りに見えてしまう街並みを歩いていると、時間を忘れてしまうような静かな空間の魅力に引き込まれてしまう。旅行者でしかない自分が、いつの間にか自分の町を歩いているような不思議な感覚にとらわれているような錯覚すらも感じるのである。それは、町が白一色という統一感と建物の間から見上げる空の青さと原色の窓枠の色合わせの楽しさや、路地が等高線上をめぐっているので、歩いていてつねに丘の頂上にある教会と自分の位置を認識できて、その空間で生活する人に安心感を与えるという、街づくりには重要な要因が潜在的に存在していることなどの街並みのルールがその感覚を呼び起こすことに起因するのかもしれない。

それに加えて、人々の生活がそこで営まれていることが明確で、街が生き続けていると

いう時の流れを垣間見ることができるからかもしれない。午後のひと時、路傍に椅子を出して細い道を抜けてくる風に涼をとりながら編物をする老婆や、ちょっと広くなった階段道でサッカーをする子供たちといった、この場所に根を下ろした生活の場面に出会うと、自分の中にある郷愁に語りかけてくる何かを感じる。そして、荷揚げ用の滑車吊りの飛び出した壁や、坂道途中の給水場などのこの町の生活の知恵に出会うと、「便利さがよいのか、快適さが重要なのか」という生活の基本形を考えさせられる。車など容易に走れない、ましてや現在のグローバルスタンダードというものからは対極にあるような街の中に、「観光客に媚を売る」こともなく、自分の街を愛し、大切にしながら街の人たちが生活をしているということがこの町を魅力あるものにしていると思える。

　魅力のある町は、あえてここでは伝統のある町と言い換えてもよいかもしれないが、一朝一夕で出来上がったものではないことは言うまでもない。そこに住む人たちが日頃から街を愛する努力の積み重ねと、時代という貴重な時間をかけて出来上がってきたものである。したがって、その街並みに魅力があるのは、目を凝らせばいろいろな時代の知恵や工夫が随所に発見できるところにある。

　イタリア・トスカーナ地方のシエナという町はいつ訪ねても新たな発見を経験できるところで、「今」という時の一瞬を歴史の流れに加えていくという姿勢が街そのものを生き生きとさせ、それだからこそ様々な時代の瞬間の変化と展開が訪れるたびに形を変えて我々の前に姿を見せてくれる。単なるノスタルジーによる薄っぺらな古いものへの傾倒ではなく、何が自分たちの今に必要なのかというものをつねに見つめながら、いくつもの世代を生き抜いてきた「質」に現在の自分たちの「質」を加えて次の世代へ引き継いでいこうとする行為が無意識のうちに行われ続けてきた痕跡が街の風格をつくりあげている。それが伝

イタリア・オストゥーニの街
青い空の下、白い壁の間に生活空間が存在している。人々の町への愛着が塗り込められた白さに比例しているようである。

統というものなのだろうという実感を味わうことができる。

一九七六年の冬に初めて訪れたときのカンポ広場（PIAZZA del CAMPO）と一九九九年の夏に見たカンポ広場では、形は変わるはずもないが、どこがどう変わったとはっきりと説明できないのだが、どこかに二〇年の年月を経たということが感じられた。もちろん、見る側は歳を重ねているから視点を変えているということもあるだろう。加えて、冬の午後に低く入り込む光で見る広場の石畳の深みと、夏の朝の陽射しの中のカフェテラスから見る広場の華やかさの違いもあるだろう。しかし、それとは別の何か、街の呼吸の仕方とも言えるような、何かの微妙な変化を感じるのである。具体的に言えば、観光客は増しているし、新しい駐車場も増えている。しかし、そんな変化は当たり前の事実として飲み込んで、街は平然といつもの生活をしながら、今日という時間もその質が確固としたものであれば、いつかは歴史の一頁になるのだという確信をこの街は感じさせる。我々の内面のどこかには必ず古いもの、または伝統的なものに懐かしさや郷愁を感じるものがある。それはいくつもの異なった時代を生き抜いてきた「物」の本質とか、時代を重ねた質の普遍性に対しての盲目的な信頼感を感じるからである。その部分にこの街は強く語りかけてくるのである。それが街の風格であり、その風格というものが住民が街に対してアイデンティティーをもつ根源的理由である。

ドイツ・ロマンチック街道は、それぞれの性格の異なった町々が観光のためという一点で連繋を組んで成立している。連繋を組んだためにかえって十羽ひと絡げ的にメルヘンの町々と一括で言われてしまい、単に観光のために街づくりをやっていると表面的に捉えられている。しかし、現実は文字通りこれらの町々の性格はまちまちで、デザインを合わせるとか、共通の何かをつくるとか、例外的に街道筋に「ROMANNTISCHE STRASSE（日本

広場の原型と言われるシエナのカンポ広場
広場自体の形は変わらないが、時の流れの一つ一つの場面が積み重なり、広場の表情の深みが増していく。

語でも）ロマンチック街道」の一里塚があるが、具体的なものに連帯感をもつのではなく、それぞれが独自に街をつくりながら相互扶助の意識をもちあいながら連繋を保っている。一つの町においても、持ち主の一人一人の個性が表現されている個々の建物が集まって、一つの街並みをつくっている。その場合当然、街並みを協調性があり、統一感があるものにするための一定のルールが必要となるが、それ以前に、個性の多様性というものが街並みをつくるのに重要ということは気づかれていない。

ドイツの都市デザイン手法を取り入れて、街並みづくりのデザインガイドラインをつくることが最近もてはやされている。もちろん、街並みの統一性を著しく阻害してしまうよ

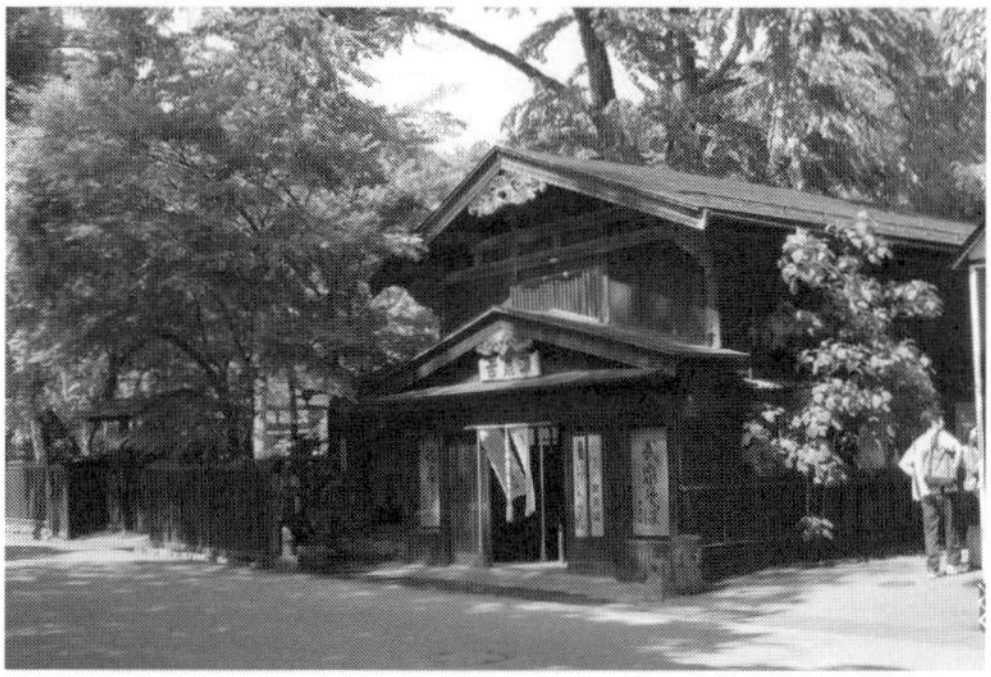

日本のどこにでもある表と裏が同居した風景
上二点　新潟古町
下二点　角館武家屋敷通り
全く異なる質の街並みが隣り合わせで存在している。少なくとも、このバランスの悪さを是正することで、日本の街並みの質は数段も向上することは確かである。

うな、枠組みをはみ出す個性的デザインは遠慮すべきこととみんなで了解しておく必要はあるが、あまり法律的に強制するようなことは考えずに、個々の状況やそのときの事情によって個別なデザインがなされてもいいというほうが、それぞれの創造性を促して街並みに活気が出る。大枠の条件は、ドイツ連邦建設法第三四条にある「周辺の性格に配慮し、それを阻害しないよう調和のあるデザイン」ということを考慮するくらいで十分である。あまりにも統一性のあるものということにとらわれると、軍隊の兵舎のような街並みになってしまうし、逆に自由すぎるとアメリカや、それを真似たような日本の都市郊外に典型的な大型店舗が並んだような無国籍の街並みになってしまう。どのあたりに基準をおくかというのは、その街の性格を十分に学習した結果によって決めるべきであろう。

ヨーロッパにおいては、どの街でも街並みのクオリティーは一定の水準を保っているが、日本においては質の高い街とそうでない街との格差が大きいということが問題である。ヨーロッパの都市と比べても良質な街並みが多いにもかかわらず、それに比例して都市環境の貧しい町が日本には多い。その大きな原因は、都市や街並みを形成する単位である建物の、それも新しい建物の質の悪さにある。と同時に、環境も含めた建設工法の経済効率のみを優先させた文化程度の低さにその原因を見出すことができる。工費を下げる努力をすることは重要で、工法をできるだけシンプルにすることも建築を美しくする手法の一つであるから、そのこと自体に問題はない。だからと言って、安く、早く、簡単に建てることに偏った比重がかかって、建築そのものの質を下げてまでというのは行き過ぎである。現在の安く早く簡単にという過程の中で、どれだけ昔ながらの「匠」が捨て去られてしまってきたか、それによってどれほど文化の質が低下したかは、周りを見渡せば説明を要しない。個人的には、あまりそのことに賛同しかねるのだが、今、街づくりや市街地活性化が観光

新潟の街角で見た改築の模範例
気取らないが、それでいて堅実さが輝いているように感じられる改修がなされた例である。建物には改修は避けられないことであるので、このような例が街に増えることが望ましい。

と並列して語られている。そうであるならなおのこと、街の中には質を考慮した建築物の建設を行うべきである。建築物はヨーロッパの都市では一つの観光資源でもある。

住民の自分の街に対してのアイデンティティーにも問題が含まれている。街づくりの第一歩は自分の街を好きになることである。そのためにはまず、正負を含めての自分の街の特質を知ることから始まる。街を少しばかりの意識をもって眺めて、日常的な風景の中から自分の好きな場面をできるだけ多く集めると、いくつもの風景の中に共通する何かに気づくはずである。その共通する何かが「自分の街」の要素である。その要素を大切にして育てていくことの連続が街づくりの基本と言えるであろう。同時に、その作業の中に、必ず自分の好きな風景を壊すもの、邪魔になるもの、生活するうえで不便なものが視界に入り込んでくる。自分の好きなものを育てていく過程で、それらの負の要因を片付けたり、直したり、時には排除したりすることは、好きなものを増幅させる以上に重要な作業である。この日常的な行為というものが、日本の街づくりではおざなりにされている。

例えば、街を部屋として、その部屋は日用品で散らかった床、いっぱいのゴミ箱、乱雑な本箱と障子の桟には埃と想定する。その風景は、毎日生活して日常的に見慣れているので何ら違和感もないから、部屋の中を綺麗にしたいということで花を机の上に飾ってみたりする。日本の街づくりが大なり小なりこの形で行われている。街の中の不便さを直すわけでもなく、風景として不協和音を発しているものを排除することもなく、安直にマンホールの蓋に色を塗ったり、レトリックな街灯を立てたり、はたまた全く突然に銅像ができたりする。このように、ほとんどその街の生活に便利さや快適さをもたらさないことが、街づくりと称されて行われているのが現状である。

花を部屋に飾って綺麗と感じさせるためには、まず部屋を片付け、埃を払ってこざっぱ

街づくり提案01
観光客が集まる理由は、風光明媚な風景、美味な食、それに建築物をも含んだ高質な芸術にある。この三つの要素のどれかがあることが、人を惹きつける原因になる。

街づくり提案02
自分の街を自分の空間と自覚し、長所を伸ばし短所を改善する。

りとしてからでなくては効果がないことは説明を要しない。街づくりも同様に、まず街を片付け、生活をするのに不便なものを改善することから始めるべきである。一度汚くなるとどんどん汚くなっていくように、一度綺麗になると、不思議なもので住んでいる人は汚くすることに躊躇し始め、そして進んで綺麗にしようという風に変わってくる。このときに初めて、街をさらに美しくするものを考えるのが賢明である。ある程度綺麗になったときに飾られる花が美しく輝くのである。一人一人のわずかばかりの「自分の街を愛する行為」が広がって街全体の共通認識になったとき、そこには自分の街に対してのアイデンティティーをもった住民の確かさと、そこから生じる街に対する誇りが自然と存在しているはずである。その驕らない自然な自信が街の質を向上させ、それがひいては他の町の人たちの関心を惹き、訪問者が増え、街の活性化となっていく。

この場合、一つだけ状況の先取りをしておかなければならない。自分の街がよくなって、知らない人たちが訪れるようになったときのことを予見して、住民の心の準備はもちろん、設備の拡充をすることである。都市サービス施設は住民が生活するに十分なキャパシティーをもっているが、住民以外に大量に人が集まるという事態には対応していないのが普通である。したがって、例えば、訪問者によってもたらされるゴミや汚水の処理機能など、一時期に人口が増えたときに対処できる都市サービス施設や、訪問者が利用する交通手段に対応した駅機能の拡充、駐車場数の補完や設置を前もって考えておかなくてはならない。また、歩く道の安全性は十分であるかとか、オリエンテーションやインフォメーションは理解しやすいかとか、町全体のネットワークの整備の必要も出てくる。

このようなハードな部分だけではなくソフトな部分、例えば、知らない人に、自分の家の庭を覗かれたり、写真を撮られたりしたら、地元住民の反応はどうか、訪問者に優しさ

イタリア・チェゼーナ
特別に飾り気もないが、町全体が整理されて整っているからこそ、広場に置かれた彫刻も生きてくる。周りが雑然としていたらこれだけの効果は期待できない。

をもって話し掛けることができるか、または、庭の犬が吼えたりはしないかなど、今まで経験がなかったことに対する受け入れ側の心の準備も必要である。観光を最終的な目的として活性化を図る街づくりには、この日本独特の街づくりの目的には賛同しないが、目に見えるところの施設の充実も重要だが、このような見えない部分でのソフトとハードの準備はいっそう重要なことは意外に気づかれていない。むしろこの部分がしっかりと準備されていれば、町の質が向上して、訪問者が増えても問題点は最小限に食い止められ、お互いによい印象が残るという結果になり、街づくりは順調に進むこととなるだろう。

街づくりの形とその成立の背景

二つの言葉の間で生活をして実感したことだが、言葉を辞典の表記通りにトランスレーションしても、真の意味を翻訳したのとは少しニュアンスが違うのではないかと思うことがたびたびある。言葉には、大袈裟に言えばそのもつ意味の歴史的背景が存在している。それを理解しなくては、その言葉の概念をも含めて訳すことができないという場合がある。簡単な例をあげてみる。日本では、都市基盤という概念で使われていると思えるインフラという言葉の原語「INFURASTRUKTUR」は、ドイツ語の意味するものは「例えば道路や鉄道のように生産や防衛に使用される、すべての経済的及び軍事的な施設と設備」というものである。したがって、通常は国防的なニュアンスは表面には出てこないが、深意を探れば、つねに国家安全のための国土的基盤という少しグロテスクな部分も見え隠れする。ここに、日本でのこの言葉の使われ方とドイツ語での概念に距離を感じる。

建築図面を見て評価するにも、建設物を見て空間を体験しようとしても、設計者の意図及びその思考の背景を知らなくては、表面的になりがちになる。造形の理由やその根源の

街づくり提案03

訪問者用の施設を前もって準備する。また、オリエンテーションがとりやすい工夫をする。特に知らない街では、自分が今どこにいるのかわかれば安心だし、街への親近感につながっていく。そのためには、中心的な場所、または、中心軸等のオリエンテーションの焦点になるものと、それをもとにした回路を形成することや、路地の切れ目から山の頂上が見える、水の流れで方向を知るなど、自然や地勢を利用して場所の中の位置を明快にするという都市デザイン上のテクニックを駆使したらよい。また、案内板や道路名標識等のインフォメーションを景観に対して控えめに備えるなど、観光案内の実務面にも配慮する。

細かな配慮を理解することで、それらが容易になるのは明らかである。街づくりに関しても同様である。どこかの街で成功した例の形だけを持ち込んで効果がなくても、施行した行政は決して失敗したとは言わないが、日本では機能しない政策事例を見ることが多い。特に外国の事例を日本に持ち込んでいる場合は、その格差がいっそう大きくなる。建築や街づくりとは話が横道にそれるが、似たようなことをあげてみる。

世界に冠たるバイエルン純粋ビール醸造法によれば、麦（普通は大麦）、ホップ、水以外のものを混ぜたら、それをビールと呼ぶことは許されない。この純粋ビールの味と、その方法を輸入して醸造したはずの日本の米とコンスターチの混ざったビールとを飲み比べると、その味の違いがドイツと日本の距離を感じさせる。日本とドイツの気候の違いがあるので、ミュンヘンのビールを日本で飲んでも味わいが異なるので、日本の気候に合わせる必要があるのは当然であるが、日本化での誤差が許容範囲内にあるかないかが分岐点である。最近ではバイエルン式に醸造されたビールも増えて、少しずつ「奔訳」が「本訳」になりつつあるが、ここにも翻訳時のボタンの賭け違いを見ることができる。

日本の都市計画法規には外国からの直輸入の条文が多いが、条文元の国と訳された条文で政策がなされている日本との街並みの景観の差異を見れば、日本での解釈の仕方、またはその実務の洋から和への転換が順当に機能していないというのが明らかであろう。真に、「外国」を翻訳できているのであれば、日本の街並みは少なくとも現在の状況よりはましであるということは確実である。地区詳細計画制度が制定された際に、石田頼房氏が「プロイセン街区線法が日本での展開過程でその基本的意味を失い、ただ単に突出制限の効果しか持ち得なかった」*01と、前例をあげて地区詳細計画の展開の仕方に警鐘を鳴らしておられたのが、このことを如実に物語っている。

ミュンヘン・ヴィクトァリエン市場のマロニエの木の下のビアーガーデン
エキスパートでもない者が言うことではないが、ビールは外気の温度と湿度によって味が微妙に異なる。ミュンヘンのビールはミュンヘンの気候の中で味わうのが一番というのは当たり前だが、ものにはそれを支える背景があるということの簡単な例でもある。

＊01　石田頼房「地区計画制度の実践評価と今後の展望」『都市計画』No.132　1984.6　特集「地区計画・三年の実践を踏まえて」社団法人日本都市計画学会

その具体的な形が成立している背景を理解することなく、単に形だけを持ち込んで接ぎ木をしたような例をあげてみよう。クラインガルテンとかビオトープが、主に建売住宅地ではあるが、集合住宅に取り入れられた時期に、視察にこられた方と話す機会があった。販売向上のためにドイツの環境を重視した住宅という方針で、敷地内にビオトープやクラインガルテンを取り入れたいということであった。ビオトープとクラインガルテンを同列にして、しかも造成した敷地に考えるということ自体が多くの矛盾を含んでいるという説明をしたが、販売戦略という大きな目標の前では理解を困難にされていたようである。ビオトープとはBios（Leben：生命）＋Topos（Raum：場所・空間、ともにギリシャ語）という自然植栽地帯のことを言う。人間の手が入らない自然の摂理による生態体系が機能している湿地帯や、多くの鳥が生息できるような灌木が繁った密生した雑木林を意味する。簡単に言えば、何も手を加えず自然のままに任せておくところである。山を削り沼を埋めた造成地の箱庭的（日本的典型）自然環境という宅地販売のセールスポイントとするのは、その原意からして不可能と言えるほどの格差があった。

クラインガルテン（小さな庭）とは、高密な居住区の住人の近隣保養区確保を目的として、一九世紀半ばにシュレーバー医師*02が提唱したものである。主に河川の増水の危険がある敷地とか、鉄道軌道脇の騒音被害の大きいところなど、居住には適さない土地を利用してつくるものである。なるべく多くの人への分配を目的として、できる限り小規模な敷地に分けたコロニースタイルに造成している。現在では、密に植えられた植生が時を経て成長し、表面的には大きな環境を考慮した緑地帯と受け取ることも可能ではある。家庭菜園的な一面もあるので、それが集まった景観が販売パンフレットには効果的なことも理解できる。それならば、クラインガルテンの敷地を各戸の敷地に加えて庭の面積を増やして、そ

＊02　Daniel Gottlob Moritz Schreber 1806-1861

れぞれの庭に家庭菜園をつくるのが本筋という説明は、販売のためのインパクトがないという経済（販売）的理由の前では説得力をもてなかった。

ドイツや、欧州の都市計画、街づくりの事例を日本に採用することは有効ではあるが、これらのことでも理解できるように、結果、つまり具体的な形だけでなく、その結果を生じさせた背景、例えば、行政の政策手法、社会組織の成り立ち、住民の考え方等を理解することなしには、ドイツの代表的樹木の樫の木を日本の桜に接ぎ木をするような事態になるということを念頭におかなくては、リスクは大きいと言わざるをえない。日本が輸入すべきは、形-WHAT-よりも、その結果を導き出した手法、過程-WHY・HOW-ということであると考えている。

世界の常識と日本の常識-生活とその環境に存在する思考方法

日本人が外国を訪ねてその街並みの秩序に感銘するのと同じように、外国人がその街並みを見て驚愕する街が日本の各地に存在する。景観の質はその造形手法を見ても同等である。それは日本にも、日本の風土に適した都市造成の手法があったことによる。日本の都市成立史を辿ってみると、都においても城下町においても都市をつくるにあたって、秩序ある計画をもって造成をしたという事実がある。

平安京においては、道路計画に並行して水路計画を行い、各道路の両側に上下水兼用の溝が設けられ、さらに全域にわたって大路小路の両側に同じ様式の垣とか、宮城内の建物の屋根を檜皮葺と瓦葺に指定するなど景観にかかわることから、都を取り囲む山々は都の体裁と一体をなすものであるから、山の樹が伐損されないようにするなど環境にかかわる規定まで決められていたという。一三世紀半ばの都市には、現在の建築基準法の条項にも

金沢の武家屋敷街

ある「道路のない敷地に家を建てることを禁じる」ことや、一九世紀欧州の建設線法に類似した「檐を道路に突き出すこと」「普請のつど、追随的に道路に食い込んで路を狭めること」「小屋を溝の上に架けること」など、街区の景観秩序を乱す行為を禁じていた規定があったそうである。城下町の建設では、例えば、弘前城下が流水等の地形の制約がなければ理想の設計になるはずだった、というように造成五〇年の経験によって割り出された設計手法が整っていたという。秀吉は大坂で湿沢の地の河道を改修して市域を乾燥させた他、新たな排水溝により雨水を流下させ、家庭用水を排除する計画を立案し実施させていた。一般的に、城下町の展開では家屋建設前に町割がなされ、同時に排水施設が完成されていた。町の拡張の場合も同様で、これは幕末まで慣行されていた*03。

これだけの優れた都市造形の歴史を背景に、日本の各地には美しい街並みが数多く存在する。しかし、その中に何かしらハーモニーを乱すものが介在しているとか、優れた景観の裏側に表の風景からは想像もできない環境が同居していることが多い。区画全体の景観を調整するとか、街区全体の景観のバランスを図る政策がないために、貴重な街並みの価値が格段に下がっているのは残念なことである。

この日本の歴史がつくりあげてきた街並みをアンバランスにしたり、現在の日本の都市に欧州の都市と比較して街並み景観の質を落としたり秩序を乱しているのは、ほとんどが戦後の民主主義の時代に、生活上の思考と建設の施行の領域に形成されたものが原因であると言える。それは、隙間風が入るとか、水屋が衛生的でないなどの、文化的生活(欧米の生活)に適さないという簡単な理由で、歴史のある建物が取り壊され、安直な工法で建設された住宅に替わっている街並みや、軒先の揃った町屋の並びに突如として楔を打ち込んだような高層の建物が割り込んでいる景観が、素晴らしい街並みの数以上に日本の各地に存在

＊03　工学博士玉置豊次郎『日本都市成立史』理工学社　1974　東京

することで証明される。隙間風防止策や、水屋の改修は全体の建物を否定するほどのことではなく、技術で解決できるものである。都市計画制度の輸入元の国では、壊すという以前に保存の工夫を考えるのが常識である。周囲の環境を乱さないように新築、改築するという自制心があるから、その街での伝統的な材料を使用するのが普通である。異なる材料で建設せざるをえない場合でも、街並みの調和を尊重して建設するのが通常の考え方である。外国の生活風習が文化的であると言うのであれば、その背景にある街並みや、環境に対しての常識をも合わせて理解することが必要だろう。

この現象の原因を三つほどの要素に分類して考察してみよう。一つは都市を形成する最小単位である建物、特に西洋建築の範疇に入る建物のクオリティーに欠陥のあるものが多いということ。二つめは住民が街に対してのアイデンティティーを感じていないか、もしくは感じていても弱いというせいなのか、共同体に属して生活するという概念が一般の常識にはないため、街を一体的に造形するとか、街の景観を整えるという考えが欠如していること。三つめは行政側、特に地方自治体に都市計画に対しての政策能力がかなりの部分で欠落しているという要素である。

この三つの原因は相関関係をもっていて、それをディフォルメしてみると、「自分の土地に自分の好きなように建てて何が悪い、と言う施主に対して、職能人として客観的な意見も言えない建築士が周りの状況を考えることもなく、施主の言いなりに設計したものを、建設の専門的な事柄を施主は知らないはずと高をくくった建設業者が安かろう悪かろうで施行する。その建設界の流れを規制や指導をすることで生じる責任をとることを極力避けるため、その流れを取り締まることをせず、単に傍観するだけの行政者がいる」という日常茶飯事的滑稽図が出来上がる。このような日本の建設界を取り巻く環境が、都市景観を

萩　日本の伝統的な屋敷街の美しさが、車優先社会が文化的という戦後の価値観を誤った政策によって消滅している。

良質にできない大きな原因になっていると観察できる。切り捨てるように言ってしまうと、「やってはいけないことをやり、やらなくてはいけないことをやらない」というパラドックスにも似たことになる。揶揄を込めて言えば「世界の常識は日本の非常識、日本の常識は世界の非常識」という、かなり失礼な表現にもなる。このパラドックスを簡単に解消するためには、日本の街並みには「日本の方法」でということになる。日本の環境に適した方法、または日本の風土に適して翻訳した方法を、生活の仕方と建設の仕方の双方の領域で行うということである。唐の文化が日本の文化になっているように。

西洋と西洋風建築-建築物のクオリティーと街区

建築と都市に関して日本では別々の領域と考えられているようだが、ドイツでは都市デザインも建築デザインも、デザインをするという領域に関しては建築家（ARCHITEKT）の職能範囲として社会に認知されている。それは、一つ一つの建設物が集まって街区を形成し、その街区が集積して都市が構築されているのであるし、また、逆に都市構造を無視しては一戸の建築物は成立しないということが一般的な通念として理解されているからである。一つ一つの建物は建築の領域の出来事だが、複数の建物が集まるとそれはすでに都市デザインの領域になる。したがって建築のクオリティーは即、街区のクオリティーとなるということからしても、建築と都市を分けて考えることはできないというのがドイツの常識である。専門的に考えても、建設物の設計手法を知っていてはじめて街区のデザイン、さらに都市のデザインができるのだし、都市計画法の規制をクリアーしなければ建設許可はおりないという実務的な面もあるが、計画の段階で敷地周辺の街区の特徴を読み取らなくては設計を始められないという基本的な理由もある。四〇年近くも前にゴードン・カレンが

ばらばらな建物が並んだ新潟の街並み
このような風景は新潟の街だけではなく、日本ではどこにでも見られるものである。

「田園の中に一つある建物は建築作品として感じられるが、半ダースの建物をそこに集めれば建築とは別の芸術がつくれる可能性がある」*04と言ったことと同じで、都市をデザインする者にとってはほとんど常識として理解されている。

　日本でドイツの建築家事情を話した折に、「一級建築士」の資格を世界レベルの「建築家」として通用させるよう努力をなさっておられる方と話す機会があった。いろいろと説明を受けたが、「粗製濫造の日本の資格」と「数が限られて、それゆえに社会的職能が確立しているドイツの資格」との差を埋めるのは大変な努力が必要なことを感じさせられた。建築士の資格がそのような価値観で日本で語られているにもかかわらず、それとは全く逆に、多くの日本の建築家が欧米で設計をなさっている。それは、一九世紀末のアールヌーボーの運動にも、近代建築のモジュールの考え方にも影響を与えた歴史があるように、日本の建築設計の思考方法が、あるところで行き詰まっていたヨーロッパデザインに新鮮なインパクトを与えたと考えられる。欧州の考え方に「和」の合理的なデザインが有効なことの証しとも言える。

　このように空間造形の考え方では日本のレベルは世界的ではあるが、建設工法に関して西洋建築を模倣したときの翻訳ミスが常識となってしまった弊害が原因なのだろうが、日本デザインの建物がそのままの形では、ドイツにおいては施工不可能なことがしばしばある。それは、建物の基本的な考え方、つまり設備をも含めての施工法に差異があることによる。例えば、断熱、遮音という建物そのものの快適性、経済性に関することが日本ではほとんど考慮されていないし、根本的な工法によってなされていないことがあげられる。断熱材に関しては、光熱費削減のためという短期的経済性と、例えばコンクリートを外気温変化に曝せば耐久性に影響があるが、外側を断熱材で覆うことによって躯体を保護でき、

＊04 Gordon Cullen "The concise Townscape" 1971 London

突然、高層アパートが出現する柳川の風景
静かな景観の中に不協和音が流れる。

既存の街並みには異分子としか写らない建物が林立する京都白川

建物そのものの持久性が向上するという長期的な経済性がドイツの工法では考慮されている。騒音防止に関しても、音の伝播を遮断する工法が採られるが、日本では音が伝わった最後の段階で防御する工事を行うという後手の建設がなされている。この違いにより、断熱材、遮音材を入れた結果、壁厚が増えたり、ヒートブリッジ予防のためにピロティの柱が太くなったりして、デザインそのものが成立しなくなり、デザイン変更が要求される。しかし、最近では、ヨーロッパの技術をも吸収して自らの質を向上させていくという、日本特有の柔軟な対応を採りながら、いろいろな国で建設が進められ高い評価を得ている。

海外での評価がそうであるにもかかわらず、日本の国内においてはまだ昔ながらの日本独自のやり方で設計され、施工されている。いろいろな建物を観察してみると、建物のクオリティーに関する詳細の設計、及び施工に関してドイツの常識とはかなりの隔たりがある建設が日常的に行われていると言わざるをえない。例えば、容積率、建蔽率をいっぱいに利用して、自然採光や労働環境を無視した面積確保だけを優先した建物が、周辺の環境と無関係に建設されていることなどがある。これには、敷地が高価でできる限り建設面積をつくりださなければならないという日本独特の条件があるが、これは都市計画規制の政策である程度は解決できることである。内部機能の組み立て方でも、機械室があちこちに散らばって配置され、それをつなげるために配管が露出して外壁面にめぐり、景観を損ねるのはもとより損傷しやすいという欠点がある。エネルギー効率の面から言っても不適切であるにもかかわらず、設備のシステムが明確にされていないことや、機械類を保全の点で最悪の条件の室外に設置してしまう無神経さなどが顕著である。細かいことを続ければ、ガラスだけはペアーで断熱を考えているようでも窓枠がアルミでヒートブリッジが起きて結露する矛盾、外断熱の形を採りながら断熱材の外側に空気循環層を採らないなどと

集合体として景観の纏まりをもった建築群の範例　セイナヨキタウンセンター
設計：アルヴァー・アアルト
形が異なる建物が集まっても、空間を形づけるという意図があって設計されれば、単なる空き地から外部空間となる。

いう、建物を建設する基本的な考え方に次元の違いがあることが観察できる。設計の段階で、機能的条件や経済効率的条件を合理的に考えたら建物自体の価値がもう少し上がると思うが、このような忠告には工費の節減という逃げ口上を聞くことが多い。ここで安くした「つけ」は、毎年のランニングコストでしっぺ返しを食うということを専門家として施主に説明しているのか、疑問になる。

その一方で、ドイツの建築家が日本の打ち放しコンクリートの施行技術をドイツに持ち帰りたいと言うほど、日本の施行現場では技術完成度の高さを維持している。ドイツ工業規格（DIN）で示している打ち放しコンクリート表面にできる気泡の大きさ許容値を、「人間の技術は完璧ではないのだから、ある程度の誤差があっても許される」という規定の本質を逆手にとって、なるべく綺麗に仕上げようというより、その大きさまでの気泡はあってもよいという前提で施行するのをドイツの現場で経験する。よしんば許容値より大きい気泡があってもモルタルで埋めればいいといった、なぜコンクリートを打ち放すのかというデザインの意図を無視したようなドイツの施工状況である。このようなことは日本では考えられない。それから推察しても、日本には技術がないというわけではなく、単にそのように施工をするという概念がないだけのことなのかもしれない。海外で活躍される建築家たちがその国の工法を知った後で、それを巧みに自分のものとした過程を見れば、正しく理解すれば日本においてはグローバルスタンダードを日常的に維持できるのはそれほど困難であるとは考えられない。したがって、その技術を体験すれば解決するのであろうと思えるのだが。

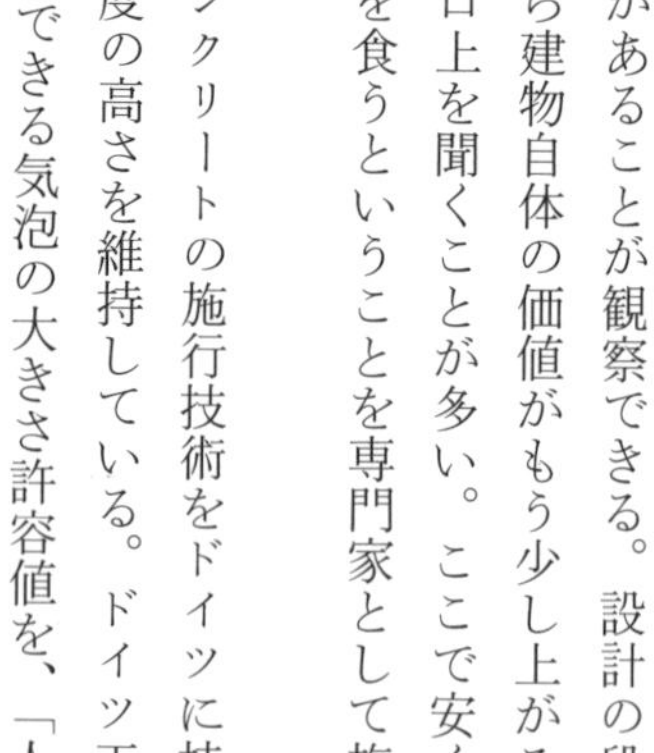

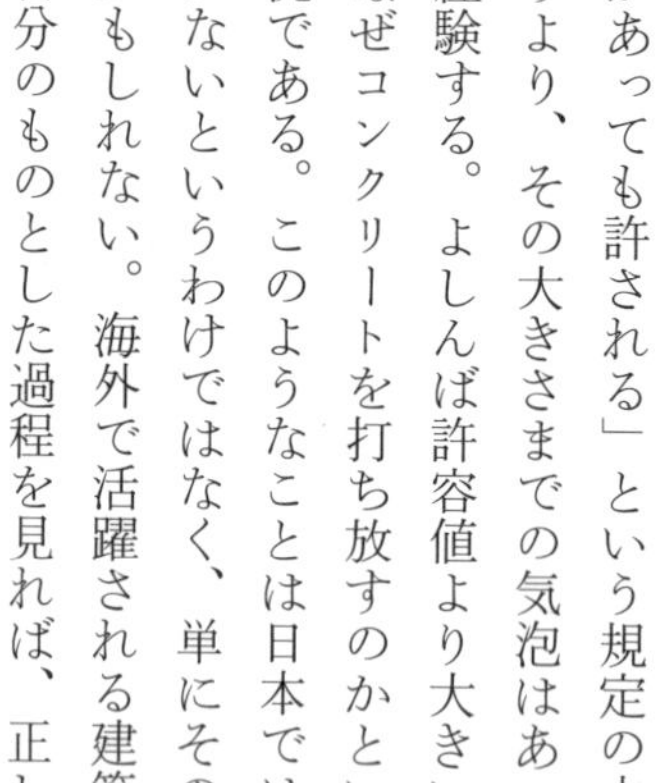

露出した設備
損傷しやすいと同時に、外傷の危険に曝されるリスクがある。

建築は文化‐建物と建築の意味するもの

日本のオフィスビルは、極端な言い方をすればトイレ以外はすべてを事務スペースとして設計されている。不動産会社のテナント料換算には効果的ではあるだろうが、倉庫や収納スペースを分けていないから、データの保存場所、昔は書類、今はOA機器の場所が事務スペースと同等の条件のところに置かれている。そうでなくとも、ビルの窓際にいろいろな荷物が積まれているのは外からは見苦しい。書類や荷物の保管の場所には採光用の窓も必要ないのだから、環境条件の有効でない部分をあてればよいものを、そのように設計されていないから、事務スペースと同じ良好な場所が収納に使われている。これは機能的でもなく、経済効率が悪いという基本的な欠点がある。機能分離で設計しておけば、スタッフの配置の可能性に見合った回路配線の容易さと電気空調設備の設置の合理化、事務スペースと収納スペースの内装仕上げを違えてのコストダウンや、配置換えの簡易化等々の利点があるにもかかわらず、なぜそう設計しないかは不思議としか言いようがない。

ドイツの建物には、石造という構造上の必然的理由があるせいだろうが地下室が必ずある。そのスペースは事務棟の場合は集中機械室、収納庫、ゴミ処理室や駐車場として使用される。住宅では、機械室、収納庫の他に家事室、ホビー室などの生活の一部をサポートする空間になっている。その工費はだいたい地上物の六〇パーセント程度で見積もる。地上のスペースは建設コストが高いから、それなりの経済効果を期待できる使い方をするほうがいいという考え方は経済の基本である。設備もシステマチックに設計してスペースのフレキシビリティを準備しておけば、後々の変更や改築も容易に可能であることも、時間軸で考えれば経済的である。トイレに扉をつけないで、外からの直接の視線を避けるために迷路のような入り込みをつくるのは、それが日本の現状かと了解できるが、器具数の設

街づくり提案04

設備・配管を屋外に露出しない。特に換気扇は通行する人に汚染した風を吹きつけ、人権無視ということにもなりかねない危険がある。

置基準がないのか、それを考慮せずに設計を進めるのは理解しがたいことである。ドイツの労働環境基準令では労働人数によって器具の数が指定され、ブーツの大きさや間隔等の寸法も数値で指定されている。働く人たちの労働環境を快適に保つための一つの基準である*05。蛇足を加えれば、人間工学の数値を基準に勾配が設定されているドイツの階段と比較して、勾配がきつくて昇り降りに恐さを感じる日本の階段が問題視されないのは不思議である。実際に、日本で設計した住宅に、ドイツ基準の階段を設けたら昇り降りが楽とお施主さんからも、引越の運送屋からも好評であった。もちろん、遭遇した建物の経験だけで、尾だけを触って、それが象の全体などと言っているのかもしれないし、他人を批判するときの常套手段で針小棒大に物事を語っているのかもしれない。しかし、もう少し機能的条件や経済効率的条件を設計の段階で合理的に考えたら建物自体の付加価値が上がるし、都市の景観も現在よりはまともになるだろうということだけは事実であると思っている。

事務棟設計の最近の傾向はIT対応でかなりの変化をしている。三〇年前の設計で使っていたモジュールは一・二〇〇メートルか一・二五〇メートルで、コンピューターなどは未だ普及していなかったので二重床などは考えもしなかった。天井高は二・七五〇メートルが標準（部屋の広さが一〇〇平方メートルを超えると三メートルが標準）であったので、階高は構造にもよるが三・五〇〇メートル前後であった。自然光で仕事ができるぎりぎりの部屋の深さは六メートルとされていたので、机が二列と収納棚というのが一般的な事務室で、標準の建物の幅はだいたい一四メートルくらいから一六メートルくらいのものが建設されていた。言ってみれば太く短くが効率のよい建物ということである。PCを使用することで一人の作業スペースが増え二列縦隊の配列は姿を消し、一列かグループの塊での作業形態に変わり、モジュールは一・四〇〇メートルから一・四五〇メートルに広がり、当然二重床で遮光

＊05　労働環境令（Arbeitsstättenverordnung）37条

とPC画面に反射しない照明器具が重要という、細く長い建物に形態を変えた。

このIT革命によって生活、労働のシステムが変わるにつれて、建築に対する人々の要求と期待に大きな進歩が見られる。事務棟の変化だけでなく、住宅の中にITが入り込むことによって、例えば、住居で労働するためのスペースが必要になるなど、住宅そのものの形も変わろうとしている。建物の形が変われば、都市もその姿を変える。さらに、今までは建設することだけを考えて、環境に配慮するのを忘れていた反省だろうか、街区の環境に考慮した設計が最近では当たり前になってきている。それは、建築家だけが率先して進めているものではなく、市民の側に建築家に対して、単なる建物ではなくどこかに付加価値のある空間を備えている建築や、建物と建物の間にやすらぎを見出せる都市空間の創造を要求するようになっていることにもよる。ちょっと目には無駄なスペースに思える、いわば「無用の用」の空間が必用になってきているように感じられ、新しい伝統がつくられ始めているという感触がある。

その流れとは全く逆に、工事費を安くするために簡易な材料を使って、人件費が高いからと言って工法を簡単にするということばかりを考えて建設を行うのは、二つの意味で文化を駄目にすることになる。一つは、安かろう、悪かろうというものに慣れてしまうと、それがスタンダードになってしまう環境が出来上がってしまう弊害である。安いことに慣れてしまうと、つまり、よりよい品質のものがあることに気づかなくなってしまえば、必然的によいものを思考する素地がなくなることが問題である。次の世代に引き継げるような質の高い建物をつくるように心掛けて、街並み全体をクオリティーの高いものにするような努力をしなければ、最終的に街はよくならないということは歴史的事実である。

もう一つは仕事師の匠が使われなくなって、今まで積み重ねてきた叡智が消えてしまい、

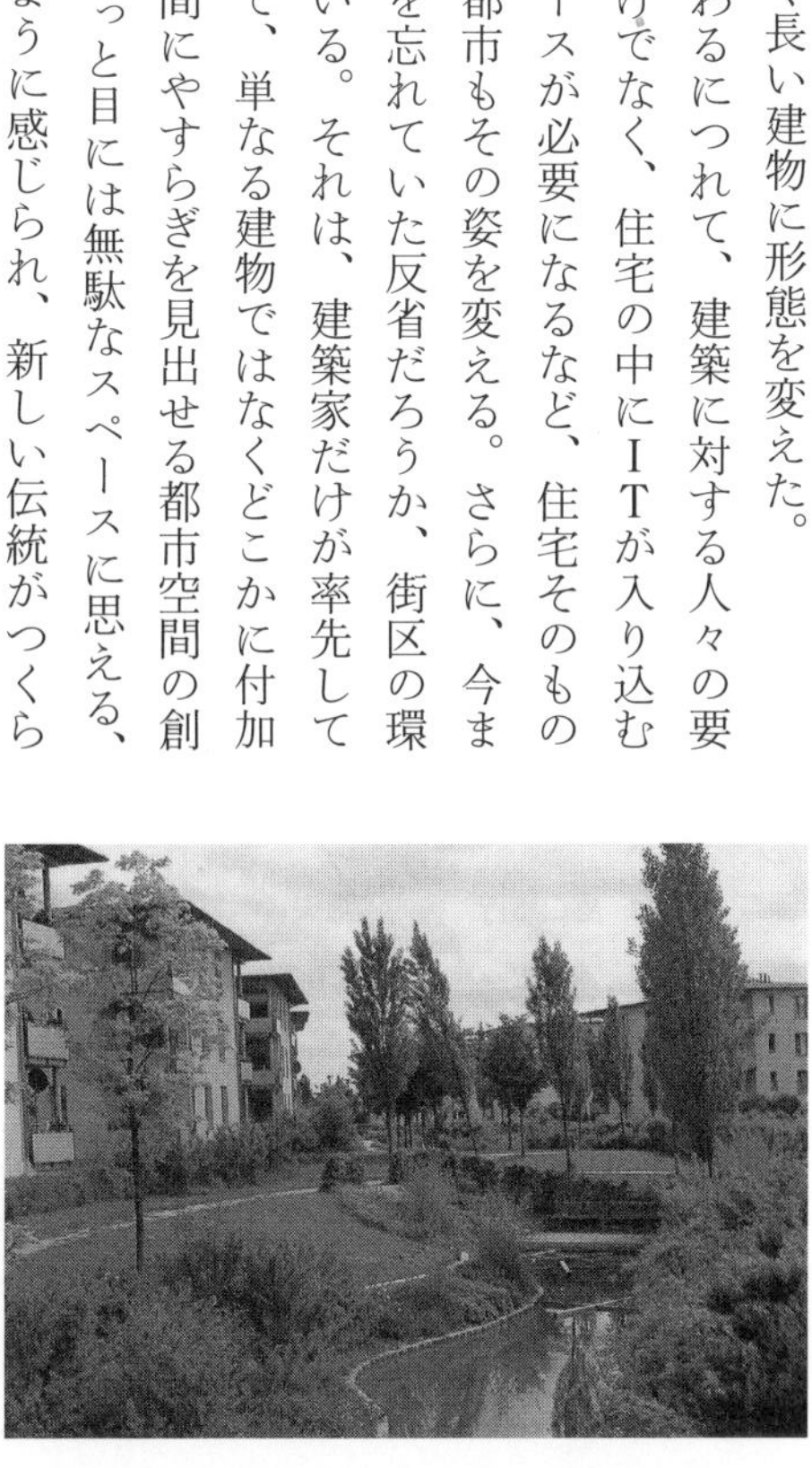

ミュンヘン・ルチアポップボーゲン
普通の集合住宅地にさえ、今までの造園では普通ではない公共空地が造成され始めている。

その技が廃れる原因をつくるということである。伝統的な技術が消えていくということは、伝統的な日本の家屋が消滅していくということにほかならない。古いものを残すのがよいという単純なことではなく、長い間に民衆の中に生き続けてきた「質の高さ」を継承していくことが文化を、ひいては生活の程度を快適なレベルに保つという、共同体の纏まり方にとっては重要な要素を継承するべきという理由からである。予算がそれほど潤沢にないということであれば、一度に全部を建設せずに、そのつど、状況に応じて建設を加えていくという方法もあるし、時間をかけてものをつくっていくことが、時には思わぬ好結果をもたらすのは説明するまでもなく、いろいろな選択肢を考えることができるはずである。

よい建築をつくるには、良識をもった施主と技術をもった施工者、創意をもった建築家の三者が揃わないとできないというのが建築家の間では定説である。その意味で、「建築は文化である。社会に対してその存在が恥ずかしいものをつくってはならないと考えている」とおっしゃられた施主が、今までの経験の中で一番印象に残っている。そしてそれに続けて「自分としては、そのデザインに関してはよく判断がつかないが、建築家が確証をもってそう言うのなら、その方針で行うことにしよう」と我々の設計を受け入れてくださった。

そのときに、その方は「建物」という言葉を使わずに「建築」という言葉を使われた。ドイツ語では、この二つの言葉の間には大きな意味の違いがある。日本的に言えば建物は単なる「もの」であって、「建築」には魂が入っているとでも説明できるが、建築は芸術の分野で語られている。こういう人がすべてではないが、一般的にドイツにおいては、社会的、文化的に高度な建物をつくろうとする施主のほうが多いと思われる。もちろん、よい建築をつくってよい評価を受ければ、その人の社会的地位が高まるということを十分に計算し

ているともあるし、建築を重要な事柄と考えている社会という背景が存在することもある。したがって、それに応えることができる能力をもった建築家が必要とされているのも確かで、その意味で社会の中でその職能に見合った責任を果たすべき立場にあると認識されている。同時に、建築物も不動産価値よりも、歴史性、芸術性に重要度がおかれ、新聞の芸術欄にはたびたび建築の記事が掲載され、時には専門家の良識で建築批評がされるほど、一般の関心度が高いということもある。建築は文化であるという通念がここでは垣間見ることができる。

良質の建築が並べば良質の街並みができるのは自明の理である。良質な建築は、建築家の奇抜なアイディアによってではなく、施主の社会的立場の表明とそれを理解した建築家の創造性が、施工者の緻密な技術によって具体化されるときに誕生する。

共同体に住むということ-おらが町という自覚

西洋の概念で言う都市が、日本には存在しないという考え方がある。厳密に言うと戦国時代の一時期に「寺内町」の形成のされ方に西洋都市との類似点を見出すことができるが、現存する都市のほとんどが戦国時代の城下町をその出発点としているから、現在の日本には西洋的な「都市」というものは存在しないと言ってよいだろう。「都市」という定義の仕方は分野によって様々であるが、簡単な定義の仕方で、「都市」は人間が集まって「社会的共同生活を行っている場所」と捉えて、欧州と日本の都市を同じように人間の共同生活の場という概念で捉え直したとしても、やはり日本の都市は西洋的な都市とは本質的に異なるのは否めない。それは、その成立の歴史的背景が異なり、そこに生活している住民の「町」への対応の仕方、考え方が異なることに由来する。つまり、西洋と東洋での一人一人が共

右頁
飛騨高山とブレーメンの似たような街並み
建築物の質の高さが街並みに特質を提供している。質が高いということは建築物が特殊であるという必要はなく、目立つことなく、そこにあることが自然に感じられるものという意味である。

ミュンヘン市とフラウエン教会
現在も、旧市街地である中心市街地市内では、教会より高い建物は建設しないという不文律がある。この塔より市街地全体が見渡せる。

同体に帰属するということの認識の仕方が異なり、考え方や価値観の異なる人間が共同体をつくるときの原則としての民主主義を認知する過程で、隔たりがあることによるとも言える。

西洋人は生活共同体の中で権利だけを主張すると、自分の所属する共同体の危機を招いてしまうという経験を歴史的に知っている。だから、公共の利益を優先することを第一義に考えるのが常識になっている。例えば、街並みを揃えるということは単に景観上の美しさだけを考えているわけではなく、地域防災や、もう少し話を大きくすると国防上の問題にも関係している。中世に成立した町では今でも残っている「教会より高い建物を建てない」という不文律は、宗教的には神への尊厳からという言い方もできるが、町全体の景観に関する事柄として住民たちに当たり前に受けとられている。また、教会の塔から街中が見渡せるという利点は、都市防衛の実務的観点からも理解できる。加えて日常生活のうえでは、町のどこからも教会が見えるということは、住民のオリエンテーションにも有効であるし、また、教会を毎日見ることによって住民が町へのアイデンティティーを意識するという、潜在的に住民意識を芽生えさせるという効用もある。このような常識は日本の都市の共同体には見当たらない。この隔たりが都市の形態の違いに如実に現れている。

建物そのものは個人の所有だが、建物の表面[*06]は公のモノと言われている。外壁の定期的なメンテナンスを怠って街の景観を損なったり、庭の手入れを怠けて木の枝が伸びて公道に張り出したり、生け垣を綺麗に刈り込んでいなかったりしたら役場から通達が届くことになる。それ以前に、隣近所の顰蹙と批判を十分に受ける羽目に陥る。敷地境界線より一〇センチ以上の枝のせり出しは禁止である。これは景観上という以前に、歩行者の通行の妨げや火事その他、災害時の救急の障害になる、という公共の利益に反することになる

環境を考慮することなく、単に排水効率だけを考えて設けられた排水路。乾期には無機質な亀裂が景観を損なうと同時に、これだけの土地が有効利用されていないという不経済性が顕著になる。

＊06　建物の仕上げモルタル三〇ミリは公共に属すると通常言われ、メンテナンスを怠ることは許されない。

からである。それでも自分の権利だけを主張していると、最悪の場合は法廷で争うことになるが、通常、そうしなければならない根拠をもつ公共側に有利な判決が下る。そうでなくとも新聞等を含めて、周りからの批判に曝されるのは免れない。また、公道の雪掻きは自治体の任務だが私道は個人の管理になるので、自分の家の前が凍っていて通行人が滑ってけがでもしたら、場合によってはその責任をとらされる。家の外に対しても、共同体の一員としての責任と義務が問われるのである。

公共の利益のために、ここまで個人の権利に制限があると、土地やその他の所有権はどこまで個人に所属しているのか疑問になる。土地に関しては、土地そのものは人間がつくった「モノ」ではないのだから、自分の「モノ」として所有できるという考えは無理なのかもしれない。さらにその考えを深めれば、土地は自然（地球）に属し、我々人間はそれを借用させてもらっているだけと考えるのが自然なのかもしれない。その一歩も二歩もさがった考え方で街並みを見直すと、個人と公共に関しての疑問点が自然に消えていくのが実感できるだろう。個人と街という関係を、街と自然というスケールで考えてみると、街づくり、さらには環境づくりという次元で、いかに個人とか、ひいては人間の権利がないかということに気づく。都市をつくるということは、自然の環の中に人間の勝手な都合を割り込ませるという、自然の側からすれば迷惑千万なことであるし、居住環境をデザインするという自然の一部に変化をもたらす行為は、人間の勝手な都合で、自分でつくったものではない地球の本来の地勢を変えるということである。昔からあった山を削り、谷を埋め、自然な流れを流水路にするとか、沼、潟を幾何学的な貯水池にして出来上がった住宅地といった自然の法則とは相容れないものをつくってしまうのは、地球を使わせてもらっているという反省が欠如している行為と言えるということになるだろう。

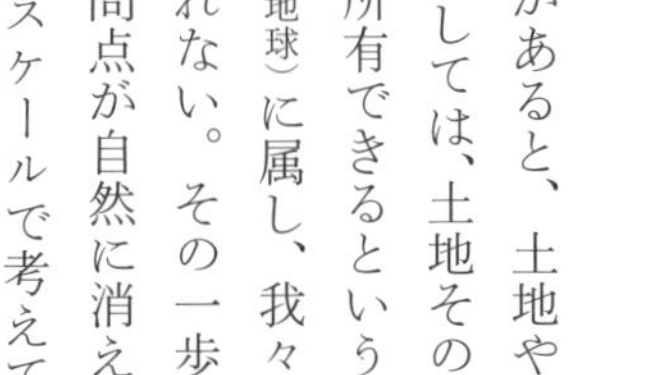

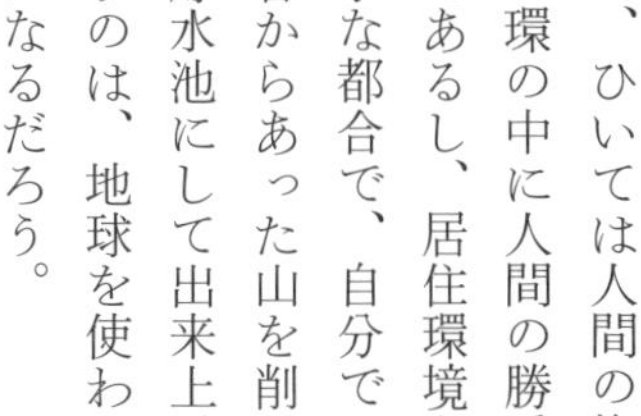

長崎と飛騨白川
景観と街並みの秩序が欠如した例
周辺の状況を考慮することなく、手前勝手に建設された建物が、丘の稜線や建築物群の纏まりを乱し、環境や景観にいかにダメージを与えているかという二つの例

自分の土地に自分の好きな建物を建てて何が悪いと考えるのが自由の権利であり、周りの目を比較的気にするわりには、自分のこととなるとエゴそのものを主張するのが個人の権利の確保と受け止められている民主主義とは異なり、ドイツでは自分の権利を主張するところは主張するが、共同体に住む義務として「公共の利益」という部分では個人の権利に限界があると認識されているように感じられる。一人一人が権利を主張し、勝手な行動をするのであれば船は山に登ってしまい、共同体としての纏まりがなくなり、いずれは消滅してしまうのは歴史の中で認識されている[*07]。共同体が消滅するということは、その共同体に属する自分の存在の消滅を意味し、自由も権利も全く意味をなさないということになる。したがって行き過ぎた権利の主張は、自分の権利をも否定するという認識が生まれたと考えられる。自分の存在が一番重要であるというのは議論を要しない。逆に、自分の存在があってはじめて、自由に意味があるというのも自明である。自由である権利を主張する前に、自由が存在できる共同体の存続を第一義に考え、そのための義務を果たすのが重要なことをヨーロッパは体験としてもっていると推察できる。自由であるための義務は自由であることの権利に優先するという認識は、これを勝ち取ってきた民主主義にはあるが、与えられた民主主義には欠落しているのである。

あまりに公の側に権力が偏っては、社会が誤った方向に進んでいくという事実は歴史的に証明されている。そうかと言って公の秩序の少ない社会が、個人の自由の権利を保障するかというのも疑問である。ドイツでは、多数決で一人の人格に全権を委任してしまうと独裁につながるという苦い経験があるから[*08]、全員が一致することは、個人の権利が確立した多様な社会ではありえないとして、全員一致の決議は決定事項としないだけの客観性をもつように考えられている。それに、異なる考え方を認めるだけの許容性が存在しなけ

＊07　衆愚政治の状況を考えればよい。

＊08　現在でもドイツでは第二次世界大戦時のNS支配体制の反省を行っている。

れば真のデモクラシーは存在しないから、様々に異なる権利の調和を図ることが社会組織を存続させるための基本ともされているようである。だからかもしれないが、自治体が都市建設上の規定を作成する場合も、公の機関や半公共的な個人の組織が建設開発を行う場合でも公開されるのが普通で、直接そのプロジェクトにかかわらない市民でも批判と提案の権利をもつのが当然とされている。ドイツでは、公共事業での建設や銀行などの公共性を有する企業の建設のほとんどが競技設計で決定されるというのも、この基本的な考え方から出発しているのではないかと思われる。

新聞も見識のある批評を展開し世論のアジテーターの役割を全うし、住民もそれぞれの根拠をもって自分の論証を試みている。そして、批判をしたら必ずそれに代わる提案がなされるという、当然と言えば当然のフェアーで質の高い議論がそこでは繰り広げられるのが通常である。けちをつけることや反対だけは簡単にできる。しかし、ある提案を否定するのであれば、それに対しての代案を提示しなければ公平な議論にならないだろう。やり尽くされた議論の後での決定には、官も民もしたがって街が建設される。官も民も人間だから間違いも当然起き得るという前提で、つまり絶対の正当性は神にしかないという了解のもとで、決定された後もその正当性を時の流れに応じながら両側から監視して、時には見直しもして、お互いの権利と義務を見据えながらバランスをとりあっていると言える。社会組織を規制する側と、その規制を監視する側の調和がとれるのが最善であるという範例である。

自分の住む街を自分の手で快適な街につくりあげていく行為は、自分がその街に住んでいるという自覚から始まる。街づくりのプロセスの中では、様々な価値観と思考をもった隣人たちとの共同作業が必要になってくるから、不公平を起こさない一定のルールを共有

ベルリン・欧州のユダヤ人虐殺の反省を象徴するホロコースト記念碑
設計：ピーター・アイゼンマン

することが重要である。権利よりも義務を優先する共同体ができれば、街づくりはスムーズに展開する。これは民主主義の基本でもあるが、日本ではこの街づくりの基本的概念をはっきりと意識することが急務のように感じる。

都市行政と専門家-餅は餅屋の地方行政の必要性

省エネというエコノミカルな視点から環境保全というエコロジカルな問題に社会の関心が移行する中で、街づくり・環境計画手法の規範をドイツに求める傾向からか、ドイツにおける都市建設の講演や、民間資本の建売住宅の団地や大規模開発のアドヴァイスをする機会が増えてきた。そこには自治体の都市建設局の方たちの参加もあるが、ときどき、建築を学んだことのない方がおられるのに戸惑っている。ドイツの都市計画建設局は、職能として建築と都市のデザインでは権威をもっている建築家でほとんど占められていて、実務を経験したフィールドの建築家が役所に入ることや、役所から外へ出てフィールドワーカーになることは比較的簡単である。もともと、大学での教育現場と実務現場との交流もスムーズという背景がある。

ミュンヘン・テクニカル・ユニヴァーシティの建築学部では、建築設計から都市デザインまで、実務をも含めた幅の広い教育がなされる。設計課題は教授の専門分野によって様々なテーマで提示される。都市デザイン研究室の課題はほとんどがミュンヘン市や周辺の現実の問題に対処する設計演習で、設計授業が実務に即したものであるため、普通、卒業するときには一人前に実務ができるようになっている。学問は学問のためにあるのではなく、知識を世の中に還元するために行うものだと考えられているから、現実に即さない学問は学問としての用をなさないという認識があるように思える。

だからだろうが、社会的問題を研究室に持ち込むことに抵抗はなく、建築学部の教授が事務所をもつことに矛盾はない。産学協同が問題視されることはここでは全くない。卒業時に国家称号の「DIPLOM INGENIEUR」を修得できれば、その後の経験次第で建築家協会に登録申請をし、審査の結果、登録公認の許可がされる。そこで「ARCHITEKT」の称号が得られ、「建築家」として活動できることになる。都市建設の権限は地方自治体にあり、その計画と政策は現実の問題に基づいたものであるから、建築家がその担当であれば、街の都市計画的問題に専門的に対応できるというシステムがスムーズに機能する。「餅は餅屋」の諺があるにもかかわらず、建築家でも技術系でもない人が都市計画に携わることができる日本の役所とは大きく異なる点である。

ある自治体の街づくり推進課の方から、田圃を綺麗にするために畦道に紫陽花の花を植えたという話を聞いたことがある。これは、「あるものを綺麗にするには花を飾ればよい」という明らかに素人的な発想と言わざるをえない。畦道に花を栽培して農作業に支障はないのか、年間を通じての手入れは誰がするのかなど、基本的事項が考えられていないという初歩的誤りをまず指摘できる。棚田が何の化粧もなく、その造形自体で美しさを感じさせるように、田圃の風景を美しくするということは、田圃自体の造形に工夫を凝らさなくてはいけないのが本来のあり方である。無機的に造成された用水路を、菖蒲などの植栽や、水棲動物や昆虫などの回帰が期待できる自然植栽の可能な形にしたり、規格一辺倒なアスファルトの農道をやめて、少し拡幅して稲架（はさ）木の並木を植えるというようなことを施行したほうが実務的で、その結果、田圃の風景もいくぶん楽しくなるというのが政策の本筋ではなかろうか。

この場合は、それほど実害がないと言えるが、他の自治体の都市計画部の方の例は実害を伴うものである。三〇メートル弱の市街地基幹道路に路面電車を設置する計画があり、そのためには道路を拡幅するか市街地全体を歩行者優先地区にするなど、市街地構造を大きく改造しなくては不可能で、現状のまま路面電車を導入すれば、市街地の交通に混乱をきたすという話をしたときに、「やってみればいいさ」と事もなげに言い放たれた無責任さに呆れたことがある。万が一にも成功するとは考えられないが、百歩譲って成功し、効果をもたらしたとしても、その効果とそれを実現するための費用の、この場合税金であるが、バランスを全く考えていないことや、うまくいかなかった場合の処理とその費用とを含めた責任の問題などは全く考えていない人が職員として存在できるという現実に言葉を失った。一本の木がそうであるから全体の森もそうであるとは言い切れないが、未だ日の丸が掲げられた船団に安住している態度で、丁髷の時代の考え方という[*09]状態では、街並みの景観をコントロールすることを行政に期待するのは無理な話だろう。

　ドイツの都市計画を語るのと平行して、いろいろな街づくりの報告書に目を通す機会も増してきた。都市計画が街づくりと言い換えられるようになったのと同時に、環境に配慮したとか、地球に優しいという冠詞が街づくりにつけられるようになった。街の将来についての言葉の説明は非のないものばかりだが、どの街の報告書もほとんどが同じような言葉で展望と方針が書き綴られていて、ひょっとしてどこかにマニュアルがあって単に都市の名前だけを入れ替えているのではないかと思えるほど類似性があるのに気がついた。加えて、その言葉の新しさに反比例してイメージ図が今まで通りのものであったり、絵がそれぞれの街で似ていたり、ヨーロッパのどこかの街を真似たような街並みが示されていたりする。だから、街の将来を語った言葉が立派であればあるほど、現実の政策が過去の継承か、繰り返しでしかないこととの落差が滑稽で悲しい。

＊09　親方日の丸、頭に丁髷

街づくりは税金の使われ方に大きな影響を受ける。しかしながら、その税金の使われ方が公正でない割合が、日本では大きいように感じられる。例えば、政治家の思いつきとか、見栄とかで建設される「大プロジェクト」が、ある一部分にしか効用をもたらさず、住民の生活に何の役にも立たないことで、時間とともに風雨に曝されるものが日本各地に存在することでも理解できるだろう。それに加えて、公金を溝に捨てるような行為の責任を誰もとらず、もっともらしい言い訳だけを述べる官吏の姿を観察すると、未だ税金は年貢としか考えられていないのではないかという見方さえできる。

年貢はとられる側からすれば搾取されるもの、接収する側からすれば自分のものという感覚が、今でも根強く残っているように思える。さらにとられたら諦める習慣と、とったら自分の勝手に使うという傍若無人さが、社会の底辺に残っているのではないかと思える。税金を使って施行して、結果的に失敗しても構わないという態度に、「どうせ自分の腹が痛む金ではない」という無責任な方たちの周りに、補助金とか助成金とかを目当てにしてたむろする輩もいらっしゃる。政治家の専門的でもない意見を助長して、それに合わせて報告書を構成するのに、何の躊躇もない方たちがいらっしゃることも、その無責任さを蔓延させる原因になっている。

個人一人ではできない公共的な事柄を、皆で少しずつ出し合って行うという税金システムの本質を考えれば、もう少し自分が払ったお金の行く先、使われ先に注目をしたほうがよいと感じている。お上に盾突くこともせず、右へならえという親方日の丸を担ぎ上げた護

「自然と調和した潤いのある街づくりを進めるため、水辺や保安林などの保全・育成に努め、身近な緑へとつなげる水と緑の都市空間の形成」とか、「土地利用と整合し、環境に配慮した道路網の確立」を謳いながら、四〇年前ほどに都市計画決定された道路を市街地から海岸線に向けて走らせ、保安林であり近隣住区の保養地でもある松林の伐採に躊躇する姿勢も見せない行政の無感覚さに出会った。住居地域になぜ四車線の道路が必要なのか、防風林を切り開いても後の問題はないのかなど、住民の質問にはいっさい解答せず、すでに決定されていることだからという姿勢を崩さない行政の無知さと傲慢さに、日本の荒涼とした景観の原因の一端を見たような気がした。

同じ報告書に「公園緑地の整備や街並みの緑地の推進、水辺・道路などを軸とした緑のネットワーク化を図ることにより、緑の多い美しい街の創造を目指します」というどこの街にもあてはまるような宣言がある。この言葉の裏に、どれだけの政策がなされなくてはいけないのか考えてみる。緑化推進というとフラワーロード、緑化フェアーなどの政策が謳われ、完成したときの華々しさだけが特記されている。しかしその後は、その華々しさとは裏腹に、会場は荒れ放題に放置されている例が多い。お祭りをすることが行政の仕事ではなく、その後の定期的な手入れを行い、美しさを整備保全するという日常的な連続的な作業が本来の仕事であるはずなのだが、現実の状況はそれとはほど遠いものになっている[*10]。

ドイツにも毎年、国際的レベルから連邦レベルまでの庭園ショーが開催される。八三年にミュンヘンで開かれた国際庭園展の敷地は、市内環状線から南西へ抜けるアウトバーンに沿った資材置場が選ばれた。周辺は密度の高い住宅地域で、車の交通による騒音と排気のために建設が進まなかった一角である。そこが選ばれたのは、住宅地と高速道路の間の

送船団が、歴史的に大きな過ちを犯したことを反省しているのであれば、精神の丁髷はすでに切り落としていてもよいはずである。

＊10　厚化粧　三月も過ぎれば　飽き化粧
街づくりと言うと、マンホールの蓋に色を塗ることや、カラーアスファルトで舗装することと思われていた時期があった。現在は、町の中に何とかロードと命名して、石碑やレトロな街灯を設置するように変わっている。しかし、完成時はお祭り騒ぎで、一見街は活性化したと勘違いをするが、いつの間にかそれらの、直接生活に結びつかない税金の無駄遣いは、忘れ去られ、時には邪魔者扱いにされる。街をつくりあげていくというのは、目新しいものをつくるということではなく、街の中の不便さを解消し、生活を快適にして、商店街の場合は商売が儲かり、そして、今まであったものを手直しして街並みをつくるという地道な、日常的な住民の努力で成り立つものであるということが理解されていない。

緩衝帯という機能と、庭園展後には周辺地域住民の近隣保養地として活用できるというのが理由である。二十数年経た後、植栽も落ち着きこの地域の住環境のグレードアップに貢献している。

自治体には専門家を配する造園課があり、公園、沿道の植樹の枝払い、芝刈り、花壇の花の入れ替え等、税金をしっかりと使ってつねに都市の緑地を整備しているドイツと日本の現状とは違いが大きい。民有地の緑化促進も、行政側が費用の面で支援をしているように、緑の整備一つにしても、それだけの予算を用意しなければ言葉だけの綺麗事になってしまう。例えば、公共施設の集中駐車場を、手入れの手間と費用をかけない方針で芝生ブロックを敷くことはもとより植樹もせず、環境上最悪なアスファルトで覆ってしまうようでは、都市政策スローガンの言葉の美しさと実際の政策の格差に気がついていないのかという疑問を感じる。

水辺の環境を整備するということはさらに本質的な内容が問われる。例えば、ビオトープを本格的につくるには、それだけの土地をまず用意し、生活汚水にしろ工業排水にしろ、人間が使って汚した水を自然に戻す施設から、水の再生能力を取り戻すために、コンクリートで固めた護岸から堤にすることなど、時間と水の流れを自然に任せるという、水の環を大きく視野にした政策が必要になってくることには気がついていない。自然に任せて生じた遊水池を放っておけば、いずれはそれがビオトープになり、植栽が戻り、昆虫が帰り、その結果、人間の環境が整うという息の長い考えは政策ではないと思っているのだろうか。

このように、行政側には一つの言葉の裏には、専門的な立場で熟考された様々な政策、施策の根拠、裏付け(予算も含めて)が用意されていなければならないはずである。それがなければ、すべてが絵に描いた餅でしかない[*11]。にもかかわらず、日本の行政の都市デザイン・

＊11　餅は餅屋の絵に描いた餅
専門家に頼んだほうがよほど得になるのに、そうしない風潮がある。税金は税理士に頼み、裁判は弁護士に頼むのが有利であるように、専門領域は専門家に依頼するのが得策であるのは自明の理である。ただし、自嘲的に言えば、専門家の独り善がりほど始末におえないものはなく、提案はあくまで住民の理解と賛同がなくては、それは単なる「絵に描いた餅」でしかない。提案はそこに住む人の意志と努力とで実現するということを専門家は知らなくてはいけない。

左頁　ミュンヘン国際庭園展　一九八三年開催
フェアーの後は周辺住宅地の近隣保養公園になって活用されている。

街づくりではそれがない。言葉でいくら説明しても街並みが綺麗になるわけでない。言葉の内容を具体的に形にしてみてはじめて、その言葉が意味をもってくるのである。住民参加で行われる街づくりでは、官と民の対話が不可欠で、日本の美学の「無言実行」は実務的な都市形成の手法には有効ではない。できないことは言わない、言ったことは完行するという「有言実行」の責任感を、少なくとも行政はもたなくてはならないし、その「有言実行」を全うできる根拠をもてる専門家がそこには必要なことは言うまでもない。

街並み保存

歴史を生き抜いてきた建物を保存しながら、現代という時代のエポックに活用することは街並みの質を保つ一つの方法である。日本においては古いものを、これは建物でも自然のものに関しても、破壊することには抵抗がなく、「今まで流れてきた時間の積み重ねをその時点で切り捨ててしまう」という行為が歴史的に鑑みて犯罪的であるとは誰も考えていない。それに、幾重にも重ねられてきた生活の歴史と知恵をその一瞬で捨て去ってしまうという、都市計画的には破壊的な行為になるというのも気がついていない。単に残せばいいのかと言うとそうではない。「建物は使うもの」で「見せるもの」ではないから、博物館的に残しても建物は生かされない。床の間に飾っておくのであれば彫刻のほうが効率的である。建物は生活の空間として使用されてはじめて建築であるのだから、そのための工夫を考え、その手法をもつべきである。「現在」という「未来の伝統」を残す工夫を意識すべきである。昔から存在していたものを壊すことに対して、日本と西洋の歴史的価値観の隔りに、呆れて絶望的な感覚にとらわれることをたびたび経験した。

あったままの自然の姿を変えるのに何の配慮もなく、機械が簡単につくれる直線で土木

工事を行うことから、歴史的価値がある建物を壊して、いわゆる近代的な建物にしてしまうという、経済的効能だけを考えた行為に何の反省もない建設に多く出会った。自然の摂理を知っていれば少なくとも単純な造成計画はしないだろうし、建設物の歴史的重要性を知っているのであれば、新しいもののために邪魔だからと言って簡単に取り壊しはしないだろう。木を一本切るにしても、まず、なぜそこにあるのかという事実を考えるべきである。必ずそこには、人間の勝手な我儘を一蹴してしまうほどの自然の摂理に基づく理由がある。また、切ってしまった後に同じような木を育てるにはどれだけの労力と時間がかかるかという、時間の流れの重さを考えることが必要なのである。

同じように、幾世代も超えて、街並みの中に存在し続けてきた重要な意味を認識すれば、保存問題が起きたときは、まず保存することから検討を始め、いかにその建造物を活用できるかという考慮をするのが理に適っているだろう。どんなに建物の老朽化が進んでいても、計画にかなりの無理があっても、歴史への配慮があれば、新しい機能をその空間に合わせながら街並みの中に残すことを最優先に考えるのが当然ではないだろうか。都市建設に関してはもちろんだが、歴史的記念建造物保存に関しても、専門的知識の有無により政策決定に大きな影響が出てくる。

ノスタルジックに、単純に昔のものを残せと言っているのではない。古くから継承されてきたものの価値は、新しいから、古いからといった平面的な二者択一の判断では理解できるはずもない。古くから存在し続けてきたということは、歴史の中で生まれ、展開されてきた一つ一つの価値観の異なった時代の中で、その存在理由を説得し続けてきたということに他ならない。様々な場面を越えてきたということは、今という現代をも含めて、これからの時代を再び存在し続けていく可能性があるということである。一度、壊してしま

えば元通りにするにはよほどの労力と経費を注ぎ込まなくてはならないし、例え昔のように復元したとしても、そこには時間を刻んだという事実は絶対に戻らない。「覆水盆に返らず」を思い起こすべきである。

　これからも日本の街づくりは様々なことを、いろいろなところから学ばなくてはならないだろうが、その際には、形を輸入する以前に、その本質を翻訳（本訳）する重要性に気づかなくてはならないだろう。街をつくる最初のステップは自分がその街にアイデンティティーをもつことで、言葉を代えて言えば、輸入した「民主主義」をもう一度理解し直すことから始めなければならないのかもしれない。

前頁　ベルリン・ポツダム広場地区　古い建物が新街区に組み込まれて計画された例以前から存在する建物を新しい街並みに生かそうとすることから計画が始まる。取り壊すのは、いろいろな検討をした結果、それ以外の方策がないという場合だけである。

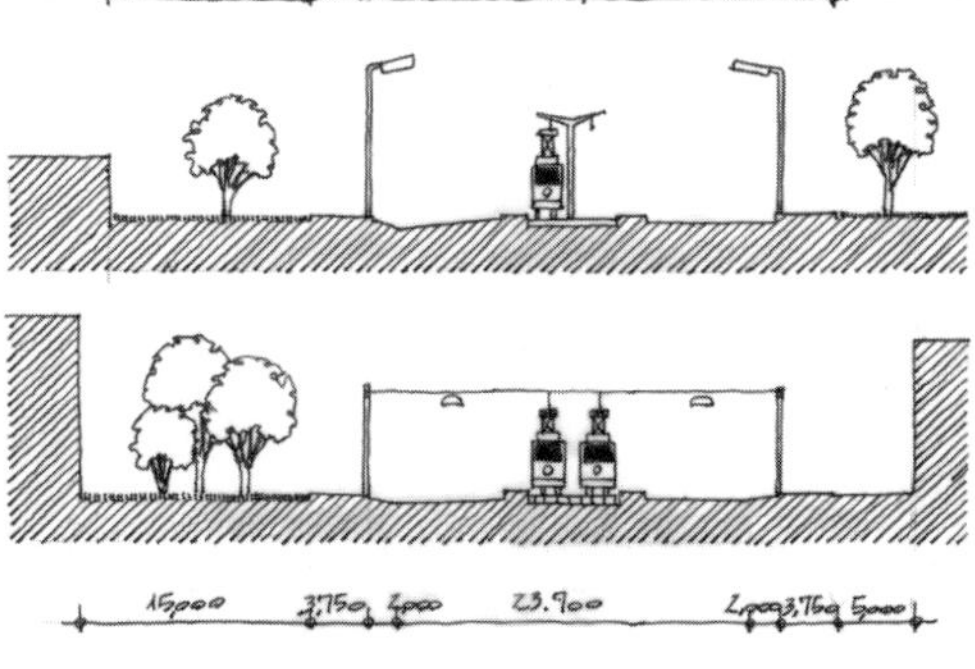

路面電車を設置する場合の道路幅員のドイツ標準値

スウェーデン・ヨーテボリ港

第二章

欧州における都市の変貌

政治・社会と都市

都市の概念は、社会学的には「その時代の政治・社会体制が具体的な形態として表現される場所」というように定義づけられている。その実際は、二〇世紀末に起きた都市形態の様々な変化が、世界の二極体制の崩壊、高度成長の破綻といった政治・経済体制の変化というハードな部分と、それと並行して起きた技術革命（IT革命）、価値観の変遷というソフトな部分の変遷による社会体制の変化に起因しているという現象から理解することができる。例えば、IT革命によってもたらされた流通システム（ロジスティック）の変革は国家や都市の交通システムなどを根本から変えて、様々な都市計画的問題点を発生させ、ロンドン、パリ、アムステルダムなどの都市にその変化に対応した具体的な解決策を迫った。

一方、社会的には、生産と建設を極端に重視した政策によって生じた環境破壊に対しての反省から、環境の整備に関しては自然の摂理にしたがう国土・都市政策の手法が尊重されるようになり、都市開発が機械的な利便さの建設から、都市空間の中に生活のための快適な環境をつくりだすという建設に重点が移ってきている。自然災害によってダメージを受けた森林を意図的に放置して、その変化の過程を観察しながら、自然の治癒力とそのプロセスの記録を環境保全に活用するといった息の長い取り組みから、コンクリートで固めていた灌漑・治水一辺倒の護岸工事から、自然石や間伐材を利用しながら水の流れに逆らわない堤工法が重視されるようになってきている。

都市においても、ミュンヘンをはじめとして、ドイツの多くの都市で施行されている車交通を市街地からできる限り排除することで歩行者空間を確保する街づくりや、ブレーメンやジュッセルドルフに見られるように、河畔を単に都市交通だけに使用していたことから、水辺が都市に有効な居住環境をもたらすという本来の機能を再発見し、水辺に再び都

ミュンヘン・ヴュルム川
護岸工事をするというより、文字通り自然の流れに任せているという方法である。

市生活空間を取り戻そうという街づくりが活発に行われるようになっている。

シードルング（SIEDLUNG：集中居住地）では一九八〇年代までは住戸数量産時代の後遺症を残しながら、それでも建物スタイルに特徴をもたせたりして個別化を図ろうとしたプロジェクトが行われるようになった。しかし、ほとんどは居住地密度が緩やかになったことが感じられる程度で、計画のコンセプトに大きな変化はなかったと言ってよい。その中で環境保全、具体的に言えば、光熱費削減を重視して建設する住宅の流れが例外的に起きていた。カッセルのドキュメンタで試みられた、台地のように植栽のある屋根をもつ住宅が、一時期、センセーショナルな感じでもてはやされたが、流れをつくるまでには至らなかった。洞窟のような住宅に住むという居住性の是非以外に、工費と快適性の収支バランスがとれなかったせいと考えられる。

それと並行して八〇年代に入ると、エネルギー削減を考えるプロセスの中で、集合住宅地全体の環境をエコロジカルに造成するプロジェクトが試みられるようになる。その環境保全というキーワードの社会性と光熱費削減と建設スタイルの特性という具体的効果により、一部のマーケットに定着する。それがさらに、地球温暖化等の問題が重視されるようになり始め、九〇年代に入ると、住宅地環境を積極的にビオトープなどのそれまでは居住地に設けようとは考えられなかった自然環境を導入するプロジェクトが建設されるようになる。

アムステルダムとロッテルダムの中間にあるベッドタウンのアルフェン・アン・デル・ラインにエコロジーとコロニーを組み合わせて「エコロニア」と名づけられた集合住宅地がある。オランダのエネルギー環境省によって開発された、環境保全を考慮するという時代を先取りしたプロジェクトである。時代に適した技術を積極的に取り入れ、エネルギー、

カッセルのエコ住宅
環境重視と生活の快適さのバランスに疑問が感じられる。

リサイクリング、断熱といった環境問題を重視した工法を用い、それらの効果を簡潔に、また明瞭に計量化できる設計を条件として計画された。エコロジー的には、この町の周辺にはよく見かけることのできる湿地帯のように、あたかも以前からそこにあったような形にした雨水貯水池があり、コロニー的には、その池を囲む住宅群はユニフォームの統一性を避ける多様な造形で構成され、住民たちの社会的行動を呼び起こして近隣関係を近づけるように、都市空間が造形されている。例えば、ヨーロッパの街角でよく見られた風景、歩行者、車、自転車、遊ぶ子供たちが仲良く共存していた路がここでは復活している。

オランダの場合は行政主導による田園都市風な開発であるが、ドイツのケルンには私的ディベロッパーが行った都市的な環境重視の集合住宅地がある。ケルンの市街地の南から西の縁を囲むグリーンベルトの一角を占めるベートーヴェン公園に接した敷地になされたものである。敷地全体を環状に配置した地下駐車場を設けたことにより、地上に制約のない造成が可能になり、オーナーはこのプロジェクトに特別な性格を与えるような大胆な決定をする。中心軸上にビオトープの水面を設け、その周囲に合計三八五の住居をもつ、二三個の四階建てアパートブロックを配置した。当然、経済性を優先するプライベートな開発であるから、開発費用が許容範囲で納まることが重視されているための密度である。しかし、水面に接する住居では近隣保養区を庭にもつような、都市内では期待できなかった環境を享受できるようになっている。

マーケットのニーズがその傾向を許容するまでにはなっていないので、集合住宅地の建設は未だ過去の手法でなされているのが主流であるが、環境保全が社会的に重要性を増すにしたがって、テーマはエコロジーからビオロジーに移行して、このコンセプトのデザインが徐々に当たり前の流れになるだろうと予測できる。

ビオトープが中心にある居住地域
エコロニア
設計：ルシアン・クロール

政治体制の変化の一番大きな影響を受けたのはベルリンで、都市の構造を全く逆転させられてしまうような変貌を強いられている。一九八九年に突然に壁が崩壊し、東西のドイツが統一され、連邦憲法に記されていた統一ドイツの首都をベルリンに戻すことが議会で決められると、欧州最大の建設現場が出現する。ベルリンはヴェニスよりも水面の面積が多いとベルリン住民が言うように、どの現場でも地下水との戦いが工事の大部分を占めている。東西ベルリンを分けていた壁があったティアーガルテン地区では、旧帝国議会の建物がフォスターの設計で連邦議会に改築され、政府機関地区の都市計画ではアクセル・シュルテスのドイツ統一をシンボルとした「東西の掛け橋」案が採用され、議員会館、首相官邸等の建設がなされた。壁崩壊の数年前にボンでは連邦議会の増築や政府機関の整備がなされたばかりであり、予算の問題で議会でも国民の間でも、残留と移転の意見で二分された議論の末の結果である。

そこからシュプレー川対岸に、地下鉄・快速電車の駅であったレーター駅を中央駅にする工事が並行して進められている。この計画の特異なところは、大都市では一般的であった従来の終着駅型を採らず、既存の通過型の軌道に新設の軌道がクロスするというコンセプトで競技設計がなされたことである。これは、ドイツ首都の中央駅ということはもちろんだが、さらにパリ-モスクワの東西軸とコペンハーゲン-ローマの南北軸という欧州全体の中心線がベルリンで交わるという大きなヴィジョンを垣間見ることができ、ヨーロッパの中央駅ということをその最終目的に据えたドイツの大きな考えが読み取れる。

地上を通せば地域を分断して健全な都市の発展の妨げになるのと、緑地帯が大きく損失されるという弊害を避けるため、新しい軌道はすべて地下を通すように計画されている。そのため駅の主要な機能の部分は地下にあり、地上にはシンボル的な駅舎が覗いているだ

アム・ベートーヴェンパーク
設計：ベーデカー&ワーゲンフェルド
冬は暖かく、夏は涼しいという住環境への効果に加えて、自然に接した生活という利点がある。

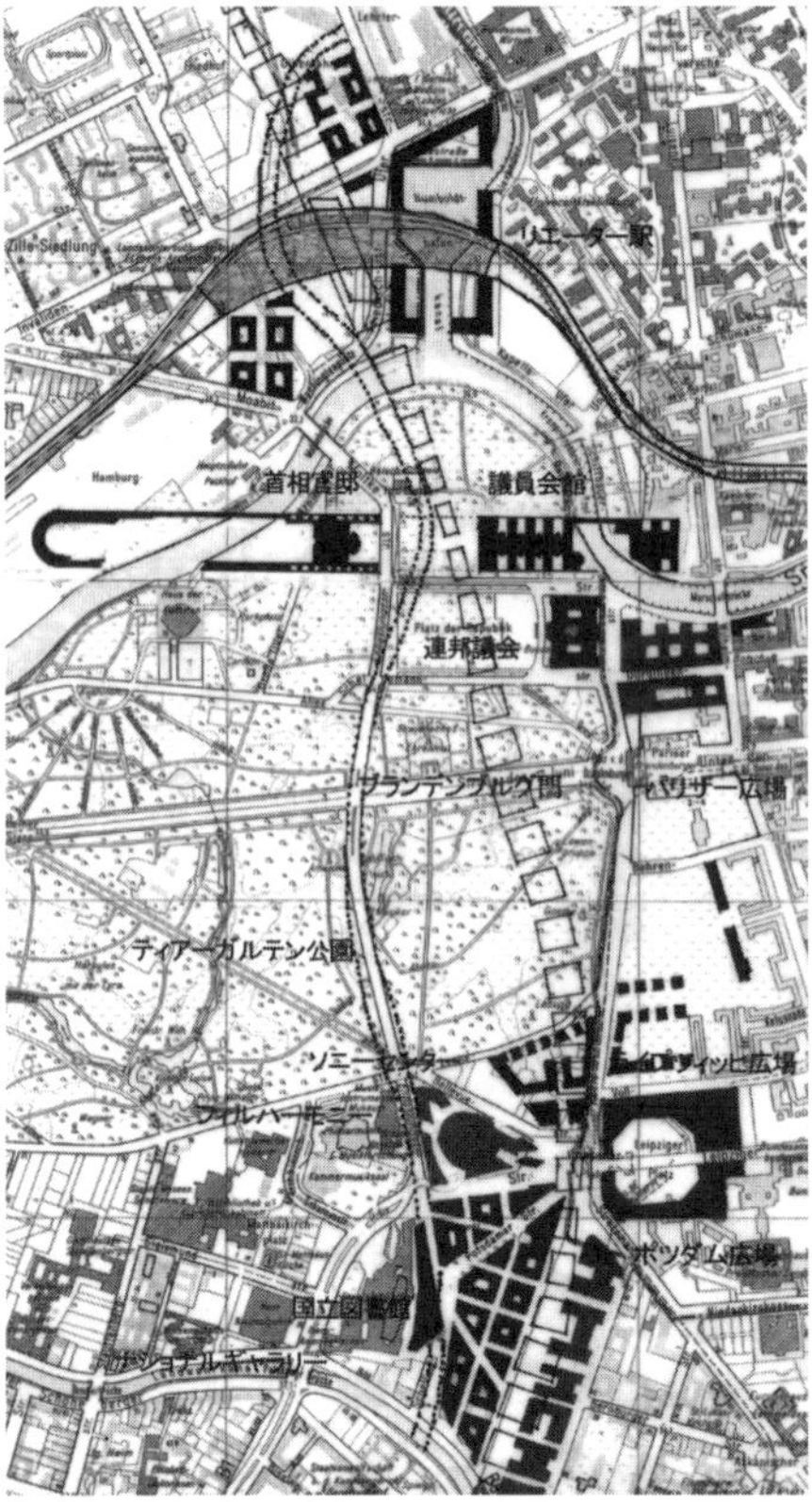
首相官邸
議員会館
連邦議会
ブランデンブルグ門
パリザー広場
ティアーガルテン公園
フィルハーモニー
国立図書館
ナショナルギャラリー

フンボルト港
レーター駅
シュプレー川
旧帝国議会
ブランデンブルグ門
ティアーガルテン公園
フィルハーモニー
国立図書館
ナショナルギャラリー

ベルリン・ティアーガルテン地区
東西を分けていた壁が消滅した前後の変遷
右頁
右上　建設前の都市図
左上　建設計画図
右中　壁
左中　壁跡地に建設された街並み
右下　旧帝国議会
左下　連邦議会　設計:ノーマン・フォスター
左頁
右上と中　首相官邸
設計:アクセル・シュルテス
左上と中　議員会館
設計:シュテファン・ブラウンフェルズ
下段　リェーター駅
設計:フォン・ゲルカン&マルグ

SCHLUSS-VERKA

右頁　ポツダム広場建築群
左頁
上右　ブランデンブルグ門後方パリザー広場の建築
下二段　ソニーセンター
設計：ヘルムート・ヤーン

ポツダム広場の建築群とソニーセンターの建築群を比較すると、街区の形成手法の一つのヒントが得られる。都市計画的造形はどちらも一人の建築家の創造によるものであるが、建物の設計はポツダム広場のほうは複数の建築家、一方ソニーセンターはそのまま一人の建築家が設計して建設された。デザインの趣向という部分を抜いて観察すると、ソニーセンターの街並みは、やはりいくら才能のある建築家のデザインであってもどこかに個性が一つというモノトーンからくる飽きを感じる。ポツダム広場のほうは、それぞれの建築家のタイルの色の選択に疑問を残すが、逆にそれも多様性をつくりだしているという見方もできるように、街並みの中にいろいろな表情を見出すことができ、楽しみがある。

けである。それは、ティアーガルテンの南側にあるミース・ファン・デル・ローエのナショナルギャラリーのコンセプトを連想させる。

ドイツが東西という国家機構の全く異なる国であって、交わることは不可能というような政治的な「さらしもの」になっていたブランデンブルグ門の周辺では、門の内側のパリザー広場には国賓専用のホテル、銀行、その他の富を象徴する建物が集中的に建設され、ユダヤとの暗い過去を過去のものとしないための記念碑がアイゼンマンのデザインで完成し、現在アメリカ大使館が計画中である。

一九二〇年代では、ヨーロッパで一番活気があったと言われたベルリン・ポツダム広場はドイツが東西に分裂されたときに境界線が引かれたため、無機質な壁だけが通った全くの空白地帯となっていた。しかし、ベルリンが統一ドイツの首都になると、自然と再びこの広場をダウンタウンの中心にする計画がもちあがった。地域全体のアーバンデザインのコンセプトを求めて一九九一年に行われた都市計画の競技設計では昔の街区を生かした案が選ばれた。ドイツにおいては大規模な開発を行う場合は、最初の段階で一体的な街並みを構成するように計画するのが通常であるが、この段階では敷地の西側に隣接したハンス・シャローンのフィルハーモニー音楽堂と国立図書館はその不整形のためか、街区のデザインの中には組み込まれた形にはなっていなかった。現代的になったのは容積率が五・五と増加したこと、交通機関が路面電車から地下鉄に変わったこと、それに緑地を大きく設けたということである。

この案をもって都市計画決定をし、その後、その枠組みの中で、広場の南西にダイムラー・ベンツの社屋を含めたブロックがこれも競技設計で建設計画が決められる。採用されたレンゾ・ピアノ案の特徴は、一番の問題点であった、統一前の壁に沿った空地の中でも、先に

このグリーンベルトの下に鉄道が通る。高密な街区に緑の環境が提供され、憩いの場所が生まれる。

行われた競技設計での新たな都市計画の中でも孤立していた不整形な二つの建物を取り込んで街区を形成したことである。それによって全体が纏まりをもった街区に出来上がっている。加えて、高密度の土地利用にもかかわらず、南側のベンツ社とミュージックシアターの間に大きな水面を設けて都市の気候に配慮をしたことである。

一部の建物の設計と街区全体のデザインの監修はレンゾ・ピアノが担当したが、その他の建物の設計は競技設計に参加した数人の建築家たちが担当して建設された。彼の意見で、街区内のすべての建物のファサードにはタイルが使用されている。担当した設計者のそれぞれの建物で少しずつ色相が異なっているが、街区の統一性をもたせるためにレンゾ・ピアノとの話し合いの中で、協調性を損なうような色のものは避けられている。

そのブロックの北側、広場の西側にヘルムート・ヤーンの設計でソニーセンターが建設された。これはいくつもの建物を纏めて街区を構成するというものではなく、多くの種類の機能を一つの建物の中に纏めて、一つの街区が形成されているものである。ここでは、壁面線は都市造形計画の枠組みの中に納まる形を採りながら、その胎内に大きな都市空間を内包して市民に公共空間を提供するというコンセプトで、ダイムラーブロックとは逆の考え方である。この空間は同時に各種の建物の前庭的な役割も果たしている。大きなテントの下の広場は、常時、人で溢れている。

このように、この旧ベルリンの壁に沿った三つの地域で起きた変化は文字通り、政治と社会の組織と仕組みが変わることによって都市の像が一変するという、教科書的な現象である。

街づくり提案05

街区形成のための都市計画指針が明確であれば、そのルールの中で複数の建築家が自由に設計しても、街並みは秩序をもったものになる。

駅とその周辺-停車場から停者場へ

交通機関で言えば、一番に変化したのが鉄道である。例えば、国営のドイツ連邦鉄道が株式会社ドイツ鉄道になって、ドイツ国内の駅が大きく変貌したことに顕著に表れている。それまで放置されてきた所有地の有効利用といった、投資の短期的経済効果という企業の営利的な計画から、公的な都市全体の発展に関しての長期的な投資効果というものを考慮した、駅舎地域の地下化という計画が実行に移され始めている。

フランクフルト中央駅では、旧西ドイツ最大の大きさを有効に生かしながら整備され、清潔になった構内にはブティック、ファーストフード、生鮮食料品、郵便局、テレコミュニケーション業務の店舗と、さながらタウンセンターの様相を見せている。ミュンヘンも同様で、切符売場と少々の売店スタンド以外は何もない閑散とした単なる大空間であったのが、切符売場がオープンカウンターと友好的に変わったのと平行して様々な店舗が入り込み、乗車以外の目的でも人々が集まるようなスポットに変化した。

ドイツ最大規模のライプツィッヒ中央駅の改造はもっと大胆に行われた。ホームにつながるコンコースの部分に、地下二層を吹き抜けた大空間をつくり、その周りにショッピング街とも思えるような商店が出現した。ホームの冷気を遮るためのガラスの仕切りがこの大空間の換気を妨げ、飲食店の匂いが洋服店にまで届くという欠点が目につくが、エスカレーターのスロープやガラスのエレベーターを装備し、パーフォーマンスの可能なスペースを設け、噴水やベンチのファニチャーが歩行者に優しい雰囲気をつくっている。中心の商店街が未だ整っていないにもかかわらず、商業上、競合する施設をつくったことで、中心市街地の活性化を妨げるという反発や、商業優先の計画で駅としての機能が十分に考えられていないという批判もあった。しかし、それらの批判は、麻薬常習者の溜り場であっ

仕切りが取り除かれて開放的になったミュンヘン中央駅構内

たというドイツ統一直後の暗いイメージの駅であったことからすれば、どれほどのものであるのだろうかという感じもする。

駅には終着駅型と通過駅型の二通りの形がある。フランクフルト、ミュンヘン、ライプツィッヒは終着駅型である。終着駅型は市街地の中心近くまで入り込み中心街には便利だが、列車一本に対して発着用に線路が複数必要で、そのために市街地に楔を打ち込んだ形になってしまい、中心地区周辺の発展にはマイナスの影響を与える。都市開発には弊害を起こしながらも街の要として変貌して成功している理由は、駅舎が市街地に正面を向き、市街地の軸上に駅舎、線路が揃えられて建設され、列車から降りたまま市街地に向えるというオリエンテーションのよさや、中心市街地に近い部分まで入り込んでいるため、乗降客にとっては便利であるということによる。その駅の形態を有効に活用して、列車からバスやタクシーへの乗り継ぎがスムーズというだけの人の流れが早く過ぎていく停車場型ではなく、人が集まっていろいろなことが起きる停者場型という新しい形で変化を遂げたことが活性化の要因であろうと観察できる。通過駅型は市街地を二分して、前と裏というカテゴリーの異なる地域を生み出してしまい、都市の全体の纏まりに悪い影響を及ぼすという欠点がある。

この都市構造的な欠陥を、地下化することで解決しようとする計画がドイツ国内の主要駅で行われている。日本においてこの地下化に関しては、地震の際の復興が困難ということと、地下水対策のための工費が嵩むという理由で反論されるのが通常である。地震後の復興が困難という論証は一時の電信柱論争と同じで、街区の景観改善の際にケーブル地下埋設を提案すると、必ず地震後の復旧が困難という理由で反論がなされ、実行されることは皆無であった。しかし、近年、住民の街づくりに対しての意識が強くなり、良好な景観

ライプツィッヒ中央駅構内

フランクフルト中央駅付近市街地図

の重要性が強調されるようになるにしたがって、いつの間にか電信柱は街の中から消え始めてしまっている。現在、地下ケーブル埋設が常識になりつつあることからすれば、地震を理由に反論していたことは、単に「やらないことに対しての言い逃れ」でしかなかったかという穿った見方さえできるであろう。もちろん、電線ケーブルの埋設化と鉄道軌道の地下化とのディメンションの違いは大きいものではあるが、ここで問うべきは実行する意志があるかどうかということである。この日本の状況とは逆のドイツでの例をあげてみよう。

ベルリンのリェーター駅を中央駅にする工事の現場は、フンボルト港が隣接する地域であるから地下水は十分すぎるほどある場所で、どこでも地下水との戦いである。しかしながら、通過軌道を地上に通せば地域を分断し緑地帯を大きく損失させるため、新たな軌道はすべて地下を通すように工事が進められている。駅の主要部分の機能は地下にあり、地上にはシンボル的な駅舎が覗いているだけである。地下水対策で工費が高騰するという理由で、あえて景観の劣悪化や地域分断の都市計画的問題を生じさせても、地上、または高架軌道を建設するのが得策なのか、都市は長い時間をかけて成長するという視野をもって、次世代で成果が得られる建設が得策なのかを熟考する必要があるだろう。

地下では採光が十分に確保できないという、デザインを放棄したような反論もある。高架の上にある日本の駅舎でも採光は十分ではないという無意味な反論は別にして、ヨーロッパのいろいろな都市で、地上からの光を取り込んで地下空間をドラマチックに造形した地下鉄駅を見出すのは簡単である。パリのシャルル・ド・ゴール空港駅は、地上を航空機のために空けなければいけないという前提条件での建設であるということで、街の中での建設と状況は少し違うが、地下駅としてはうまくできている。空港からの乗り換えは地上の空間で行われているが、列車のための空間は地下である。航空機の発着のレベルから

パリ・シャルル・ド・ゴール駅
地下にいるとは思えないくらいの明るさが確保されている。

街づくり提案06
地下水や災害時対策は現在の施工技術においては問題は少ない。ゆえに、地下空間を有効に活用することを考慮するべきである。

エスカレーターで地下に降りていくのだが、地下空間という重苦しさはなく明るく開放的ですらある。ここでも、将来を見据えた政策実行者の意志と設計者の能力とが問われているということに気がつくであろう。

駅舎の変貌に加えてもう一つの変化は駅舎周辺で起きている。貨物業務の郊外移転や列車運行の合理化で余剰になった広大な土地が、市街地の中心にあるにもかかわらず放置され続け、都市の発展の中で取り残されていた。しかし、民営化後は、経済効果再発見とでも言えるように、現代のニーズに対応した開発が進められ、都市の中に新たなる表情を生みつつある。

見本市会場の隣地という利点のあるフランクフルトの貨物操車場跡地ではホテル、集合住宅、その他の機能を含んだオフィスセンターの計画が進んでいる。中央駅の周辺では、全体を地下にして大規模な開発を行うための競技設計が準備されつつある。ミュンヘンではそのような計画の準備をすでに行っている。中心市街地を二つほど含んでしまう広さの鉄道の敷地が、西側から中心市街地に向かって入り込み、都市建設上に大きな問題を与えていた。敷地内は、極端に言えば、鉄と石しかないという荒涼地帯であるため、都市の気候には最悪の貢献しかしていなかった。特に気候は西側から移動してくるから、砂漠のような寒暖の変化が市街地には悪影響しか与えていなかった。その弊害を解消するために、軌道敷地を最低限に狭め、余剰になった土地に都市型住宅を建設し、緑地を設けて西側から気候を改善して市街地に近隣保養地を提供しようという計画である。さらに二一世紀においては、軌道敷地の全体を地下に埋設して、ブリュッセルのように中心街の下を西側から東側まで通過させ、駅を通過駅とし、空いた地上に住居や緑地を周辺地域と連繋して計画できるようにすることも考えられている。

鉄道軌道の両側の街区を、一体的に関連づける都市開発が可能になる。

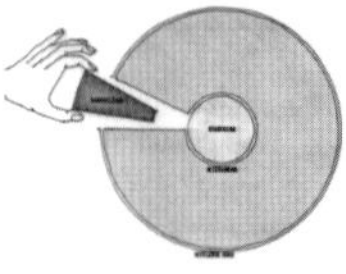

負の要因の除去

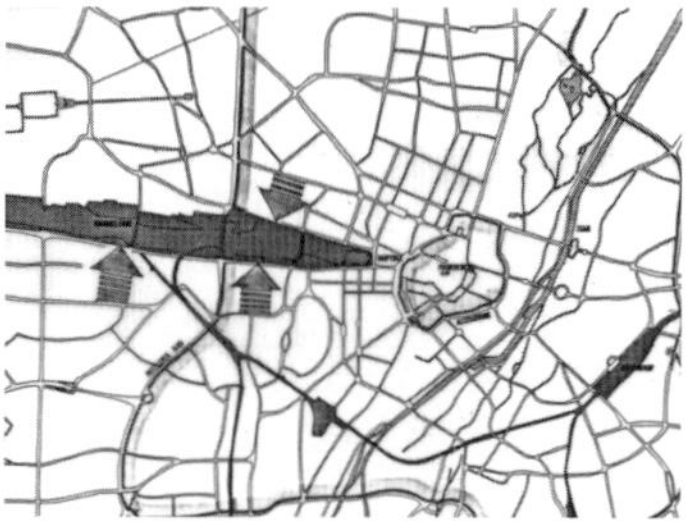

ミュンヘン市街地構造の問題点　駅西側の無機的景観が都市気候にも、街区発展にもマイナスの要因だった状況

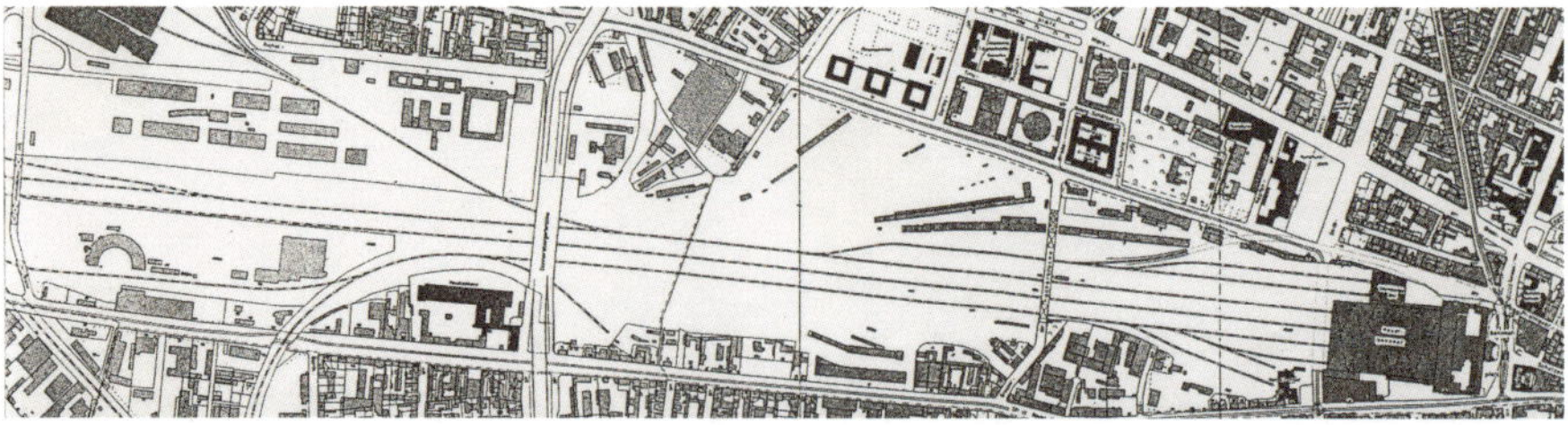

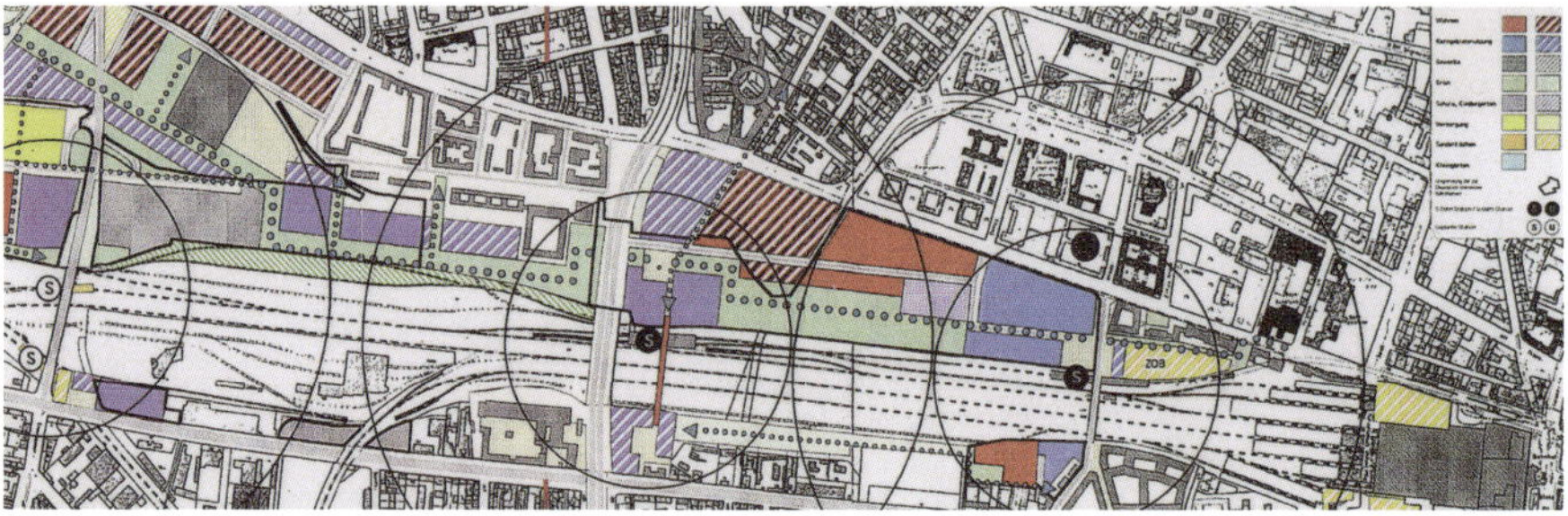

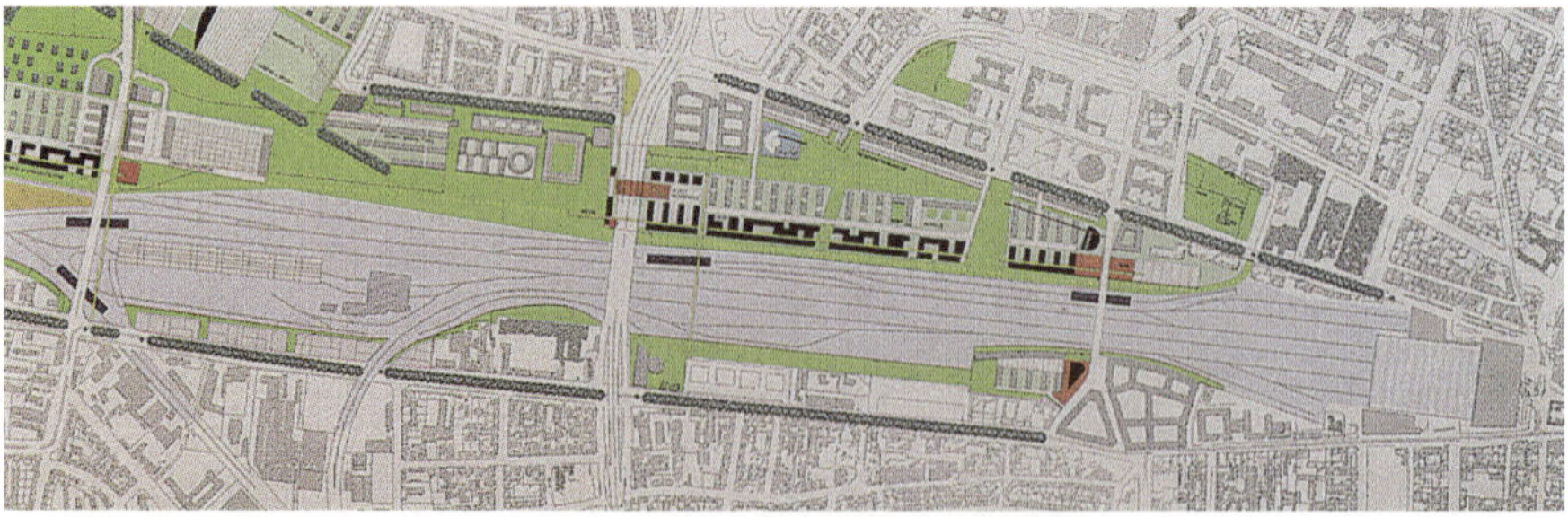

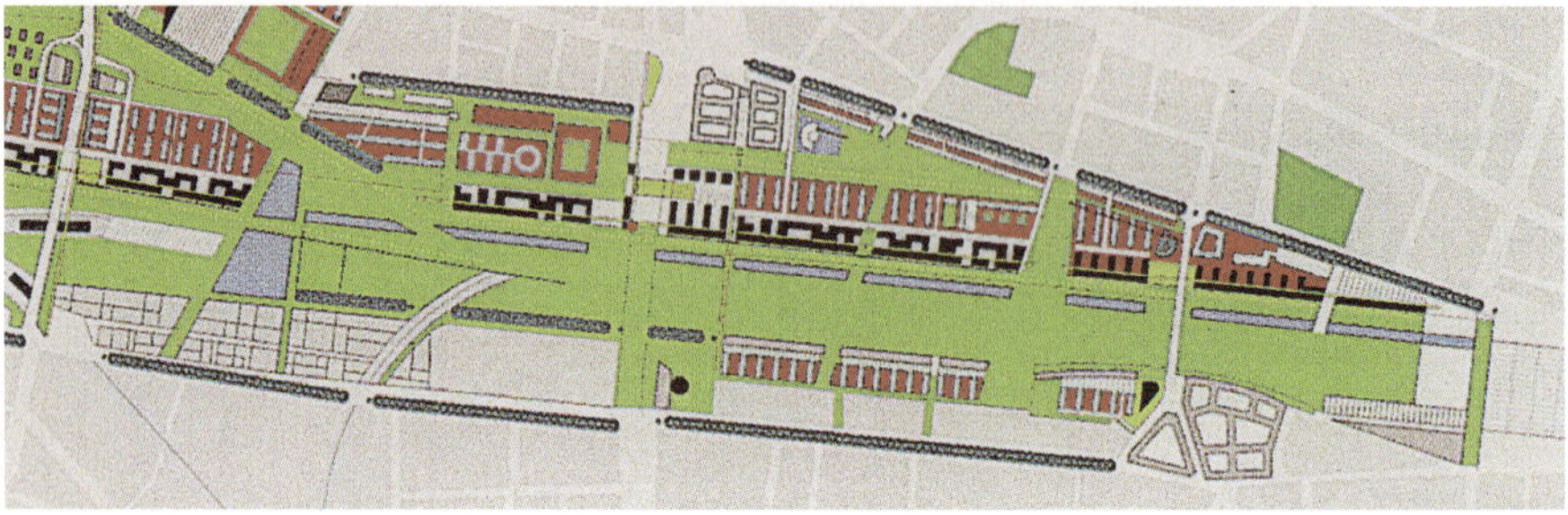

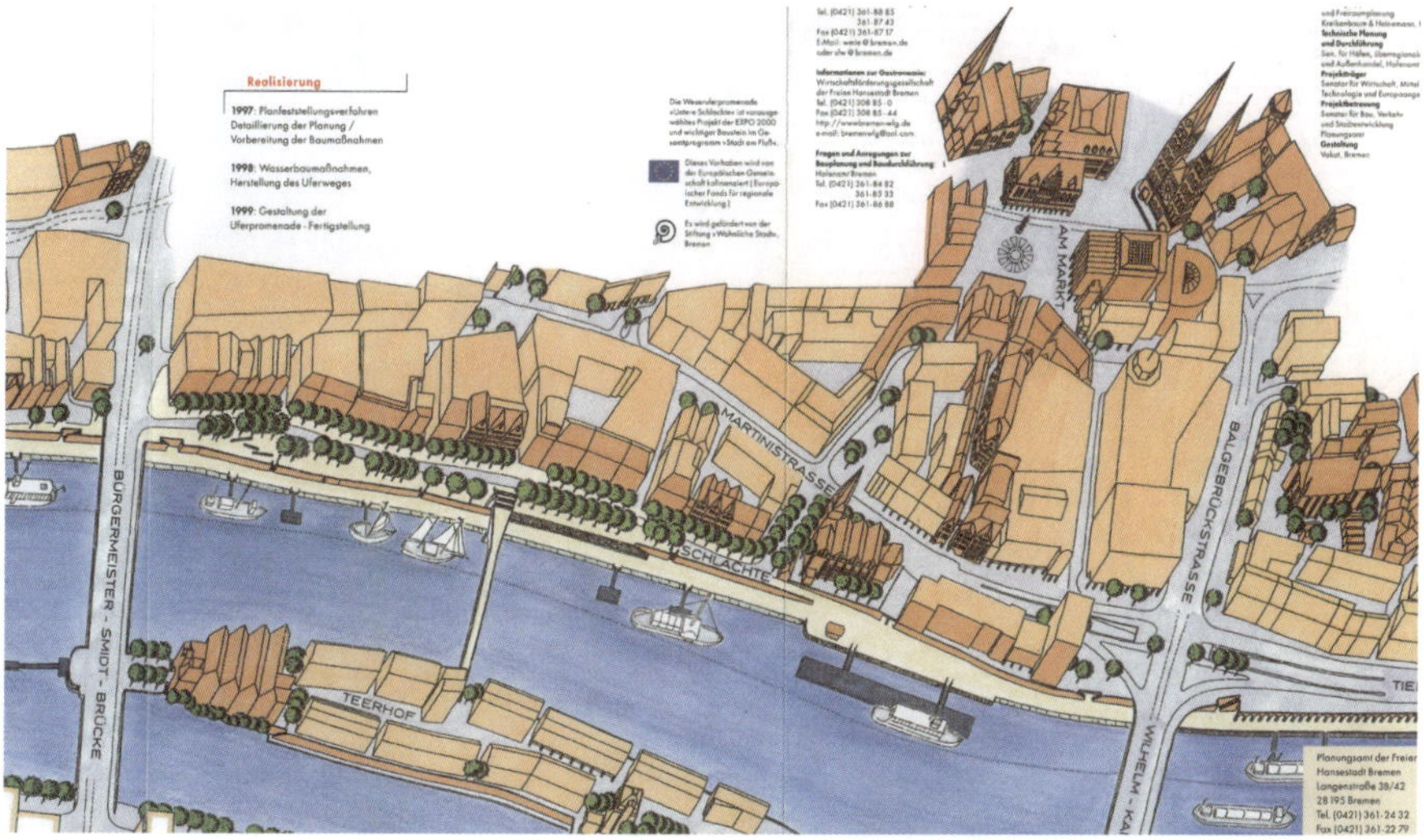

右頁
ミュンヘン中央駅周辺地区競技設計要綱と結果
上三段　競技設計配布要綱
四段目　近時将来案第一位
五段目　未来案第一位
設計：ラウパッハ&シュルク
出典：ミュンヘン市都市計画建設整備局

左頁
ブレーメン　ウェーザープロムナード
上　計画前の状況
中　計画提案図
出典：ブレーメン市建設・環境・交通省
下　完成後の風景

シュトゥットガルトでは、ボーナッツの表現主義建築である駅舎を中心とした路線を含めた一〇〇ヘクタールの敷地に、中心市街地に新しい秩序をつくりあげる競技設計が行われた。既存の引き込み線に十字にクロスする形で路線を地下で通過させ、周囲の緑地を、特に隣接する宮城庭園を取り込んで地上にグリーンベルトをつくり、環境整備を行う計画である。

ブレーメン中央駅は通過型の典型である。ブレーメンの旧市街地はウェーザー河畔の北側にあり、東西一・八キロ、南北六〇〇メートルで、その周りを城塁と堀が囲っている。北側に、家畜が一日に駆け回る範囲の大きさのビュルガーワイデ（市民の牧草地）があり、市民のリエクレーションの機能を果たしていたが、この川‐市街地‐牧草地という都市軸が一八八一年の鉄道建設で切断されて表と裏の明暗が生じ、ビュルガーワイデと駅の北側は都市の発展から取り残されてしまった。一九六四年にビュルガーワイデの一角に市民ホールが完成したが、昔あった市街地から家畜を牧草地に連れていくという道筋が線路で切断されている状況は改善されなかった。

七九年にビュルガーワイデの造形の競技設計があり、この南北軸を通すことが必要と再認識され、駅の中に貫通路をつくることが考えられる。この路の北側の開口から市民ホールまでの道筋の競技設計で、日本の谷間のせせらぎの音をデザインに組み込んだクラングボーゲン（響きの彎曲路）と名づけられた案が選ばれると、それをもとにして九〇年代には見本市会場、音楽ホールの競技設計が催される。それに併行して、北口駅舎と線路に沿った敷地の建設計画がなされた。

一方南側では、表口広場改造の競技設計と、駅舎西側の八ヘクタールほどの鉄道線路跡地に、九四年にプロモーションパークと命名した競技設計が行われた。これは、一三万平

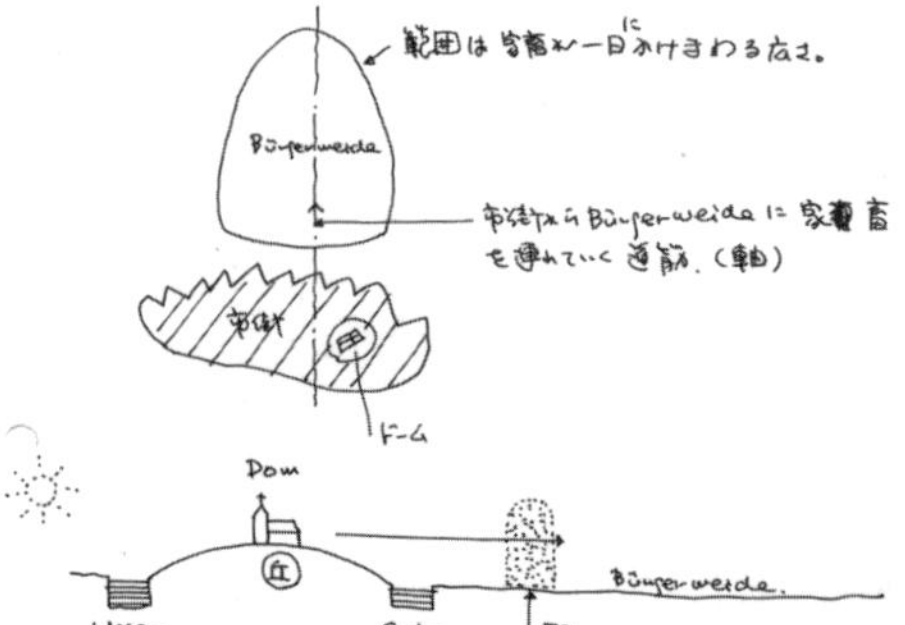

ブレーメンの構造図
ビュルガーワイデと市街地を鉄道軌道が分断した。

方メートルの総床面積で、インフォメーション・コミュニケーション・マーケティングセンター、ホテル、展示ホール、ギャラリー、事務・サーヴィス業務、住居、映画館、店舗等の複合建設物のプロジェクトで、広場改造は九九年夏に完成し、プロモーションパークは都市建設図（B-プラン）の準備中である。駅の構内では、築後一〇〇年以上経て修復箇所が増え駅舎の改修が必要になったことを機に、連絡通路を兼ねた大きなコンコースを設けて都市軸を通す工事がなされた。

駅の構内は数年前と比較して、人が溢れて活気を見せてはいるが、ビュルガーワイデ側の活性化は未だ取り残されている。それは、非日常的にしか使われない施設しか存在していないということによると考えられる。集合住宅等の日常的に人が往来する施設を設けることが簡単な解決策であろう。駅前広場が広くなったにもかかわらず、人がとどまれず、落ち着ける雰囲気が皆無なのは、路面電車がわがもの顔で通過することによる。歩行者は危険と隣り合わせになりながら都市軸を駅から市街地へ進むことになり、計画の見直しが必要ではないかと考えさせられる。駅の構内に設けたコンコースが生かされてはいないという結果が残念である。

川-水辺の生活空間としての復活

ブレーメン旧市街地には駅周辺と同様に、分断により纏まりのある街づくりが妨げられている地域がもう一つある。ウェーザー川とマルティーニ通りに挟まれた地域で、その通りが旧市街地のヒューマンスケールを超えた幅員で、ウェーザー川と平行して東西に市街地を貫通し、都市軸を切断して街と川の直接のつながりをそこで妨げている。中心市街地が歩くにはほどよい広さであるにもかかわらず、歩いていても川を意識できないのはここ

エッジ（K・リンチ：都市のイメージ）のマルティーニ通りとその下を抜けてオールドタウンとウェーザー河畔をつなぐ地下道

に原因がある。六〇年代の車至上主義でつくられた道路は街の纏まりには障害でしかないという証明である。

人の賑わいがないので河畔は駐車場として使われていただけで、加えて岸辺は二〜三メートルの狭い遊歩道で歩いて楽しくなるような空間ではなかった。それを、水辺を街の中に取り戻そう、積極的に街並みの中に取り入れようという計画案がもちあがる。河岸の遊歩道は歩行者と自転車の軋轢がないようにと八メートルに広げ、河畔への車の進入を制限し、都市のオープンスペースとしての機能を取り戻すための計画が進められた。さらに、船着場を復活させ河畔を昔の姿に戻すことが加えられた。それらの建設が完成した今、人の往来が増え、レストラン、カフェができ、河畔が都市のテラスの役割を担い始めている。プロムナードを広くしたことで自転車の通行が可能になり、市民の利用度が画期的に変化したことは言うまでもない。

戦後寂れて廃墟になっていた川の中島・テアーホーフには、競技設計で島に唯一残っていた博物館と調和するようにレンガのファサードの集合住宅が建設された。住居の中から水面を眺められるように計画されているが、居住面と水面の高低差を感じさせないように水辺にはテラスが設けられているという工夫がある。それに、敷地条件が厳しいにもかかわらず地下にガレージを設置し、地上にはできる限り緑地を設けるなど、中心市街地に隣接するという魅力ある住環境を提供しながら、同時に川の景観をも高めている。

ジュッセルドルフのライン河畔は最近まで都市高速道路が走っていたため、河畔とそこから発展した旧市街地との関係が断ち切られていた。もっとも、つながっていたとしても、駐車場利用以外の利点はなかっただろうが。市街地にあった州議事堂の改築計画がもちあがった際に、その拡張改築によって周辺の緑地が損害を受けるという住民の反対運動で、

ウェザー川中島のテアーホーフ居住区
右　川面に面したテラス
左　可能な限り緑を設けるための公園

新しい場所に移築することを余儀なくされた。最終的に、機能のなくなっていた港の埋立地が建設地に選定され建設された。しかし、完成後の州議会はその河畔の道路によって市街地から孤立し、その弊害を解決する必要に迫られることになる。その結果、道路を地下に埋設する案が考えられ、それに伴って当時の河畔の様々な計画を含めて総合的に考え直されることになる。

計画の途中で、トンネル化した道路から直接進入できる旧市街地に接している地下駐車場の部分に旧港跡が見つかる。このような場合、ドイツでは必ず歴史的記念物保護法(DENKMALSCHUTZ)が適用され、それにより旧港が再現され、地下駐車場はその下につくるように計画変更された。ただ、その港は溜り水であるため憩いの場の水辺としては問題がある。流れのない水は汚染が早く、水の濁りと匂い対策が必要になる。駐車場として使われていた市民広場やライン河畔は競技設計によってそのデザインが決められ、今は市民の憩いの場としてカフェテラスやレストラン等が進出し活気を帯びている。人が河畔のプロムナードに溢れるにつれて、旧市街地も賑わいを取り戻している。

水辺の環境整備は、単なる建物や岸辺の建設だけにかかわる問題だけではないということはあまり考えられていない。例えば、水辺を生活空間として取り入れるためには、直接触れることができる水を用意することが必要である。そのためには、それが可能になるまでに浄化しなければならないが、それには都市の汚水処理のシステムを完備することが必須の条件である。一部の区域を整備すればすむような問題ではなく、広域の枠での整備を考えなくてはならない問題である。

ベルリンで一九八七年に行われた国際建設展(IBA)のテーゲル地区の水辺の建設がよい例である。水辺を生活空間にするために、湖に流れ込む川に汚水処理場を設置して、ある

ジュッセルドルフ・ラインオルト
旧港が復元され船も浮かべられて、市街地に憩いの空間を提供しているが、水の循環を考慮しないと水辺の効果は半減してしまう。

街づくり提案07
市街地に限らず、水面を設けたら、水が流れないと環境には十分な効果をもたらさないことに留意する。

1989

1994

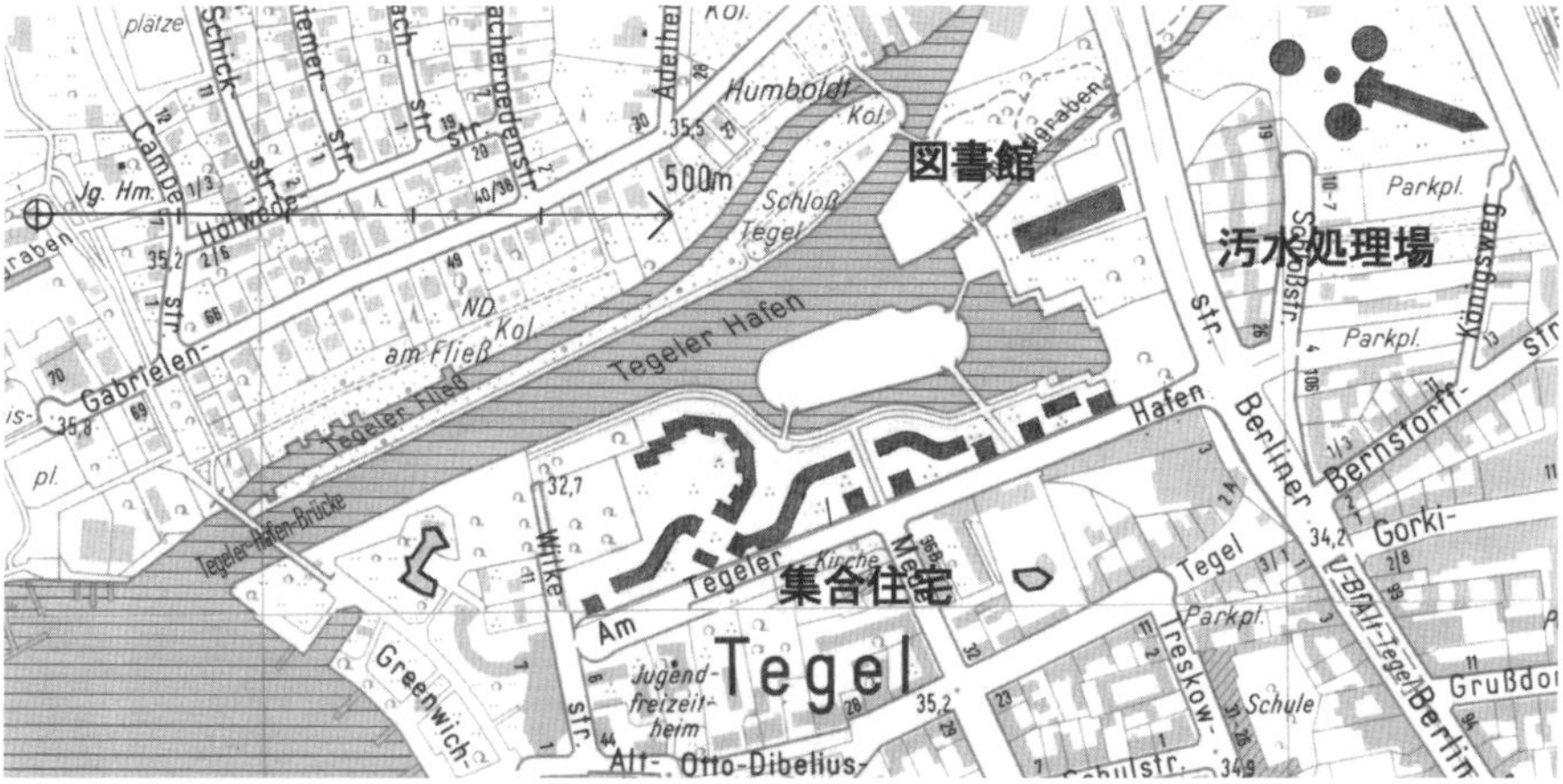

右頁
車空間から人空間への変遷
ジュッセルドルフ・ライン河畔
一段目　計画以前の状況　道路と駐車場
二段目　計画意図説明
三段目　竣工後の状況　緑とカフェ
四段目右　旧港跡地の復元計画模型
四段目左　竣工後　古い船が浮かぶ
図版出典：ジュッセルドルフ市計画庁
都市生活、都市環境にとっての効果は計り知れないほどの経済効果がある。

左頁
ベルリン・テーゲル地区
IBA一九八七での建設
上段　テーゲル地域
中段右　汚水処理場
設計：グスタフ・パイヒル
下段　集合住宅
設計：ムーア、ルーブル、ユーデル
低層から高層、都市型ヴィラから集合住宅と様々なタイプの住宅が、文字通り集合して街区を形成している。片方で水辺に沿った壁面線をとることで、自然な姿に見せ、もう片方で囲んだ空間に自然に近い形の植栽を設けて、人工的な線を消そうとしている。水辺を有効に利用した環境と融合する一つの都市型住宅地の規範が示されている。

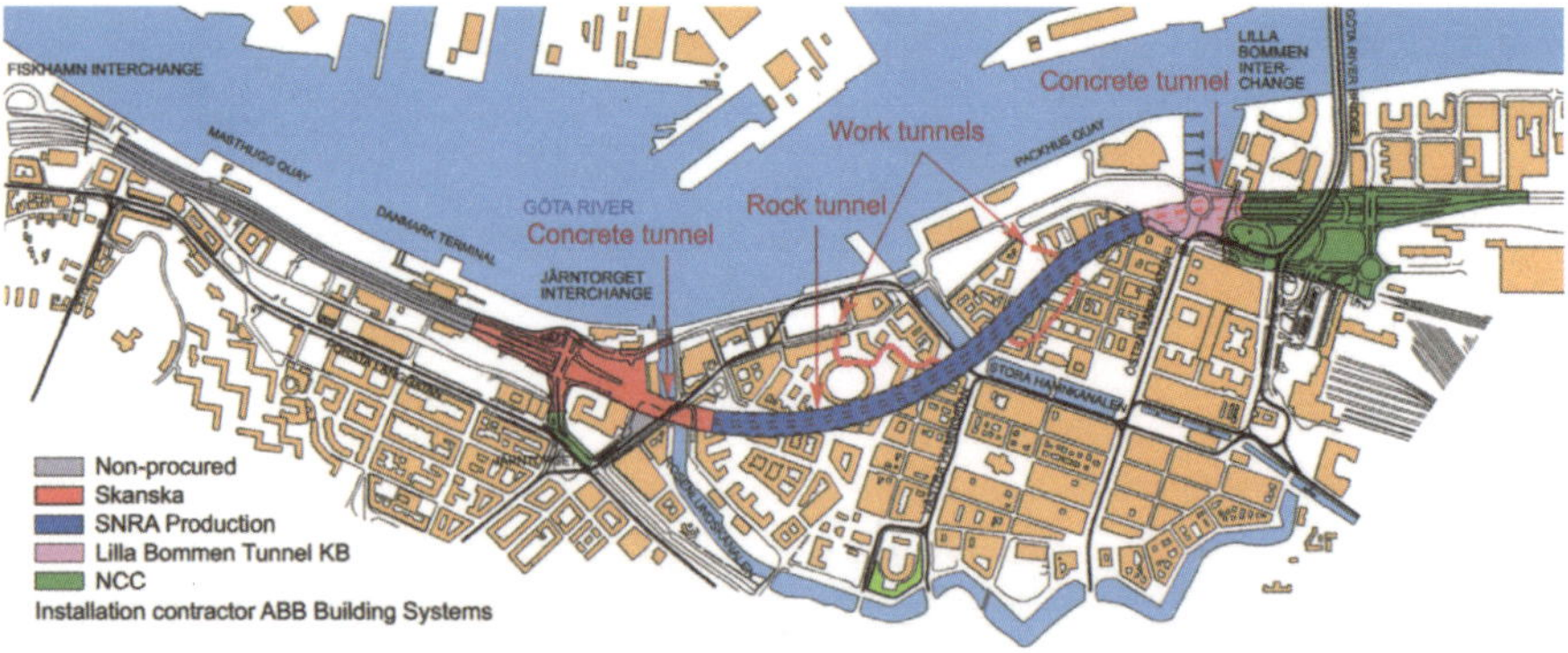

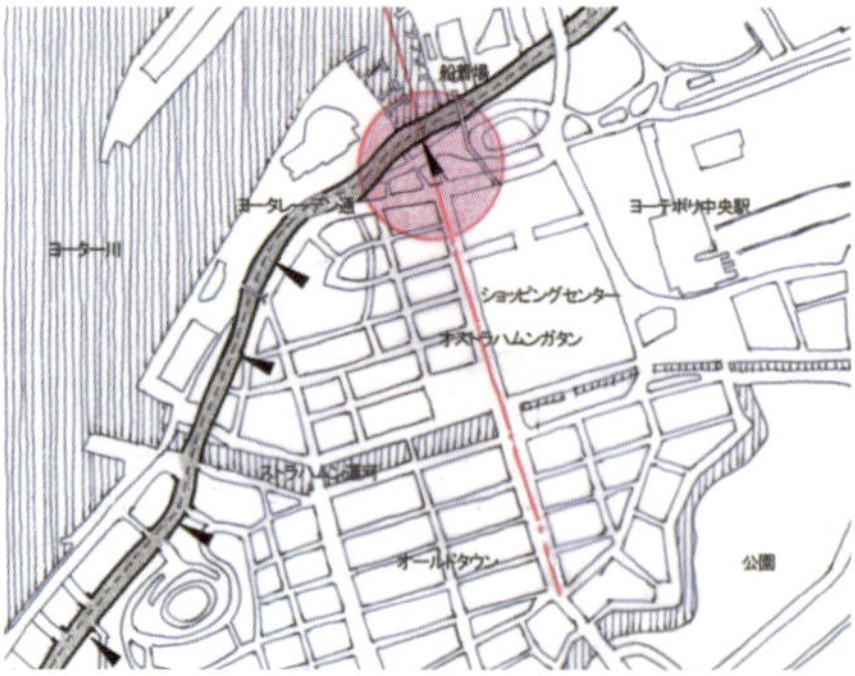

ヨーテボリ幹線道路埋設計画
上　全体計画図
中右　港付近計画図
中左　計画地域俯瞰図
下右　港付近完成予想図
出典：スウェーデン交通省
下左　港と都市軸の関係図
現在は、港へ安全に行くためには中心市街地から歩道橋を渡るしかない。オールドタウンのディメンションを越えた道が地上からなくなれば、水辺が都市に戻るだけでなく、グリーンベルトがつくられ、一気に都市生活と都市環境が好転するという効果を期待できる。

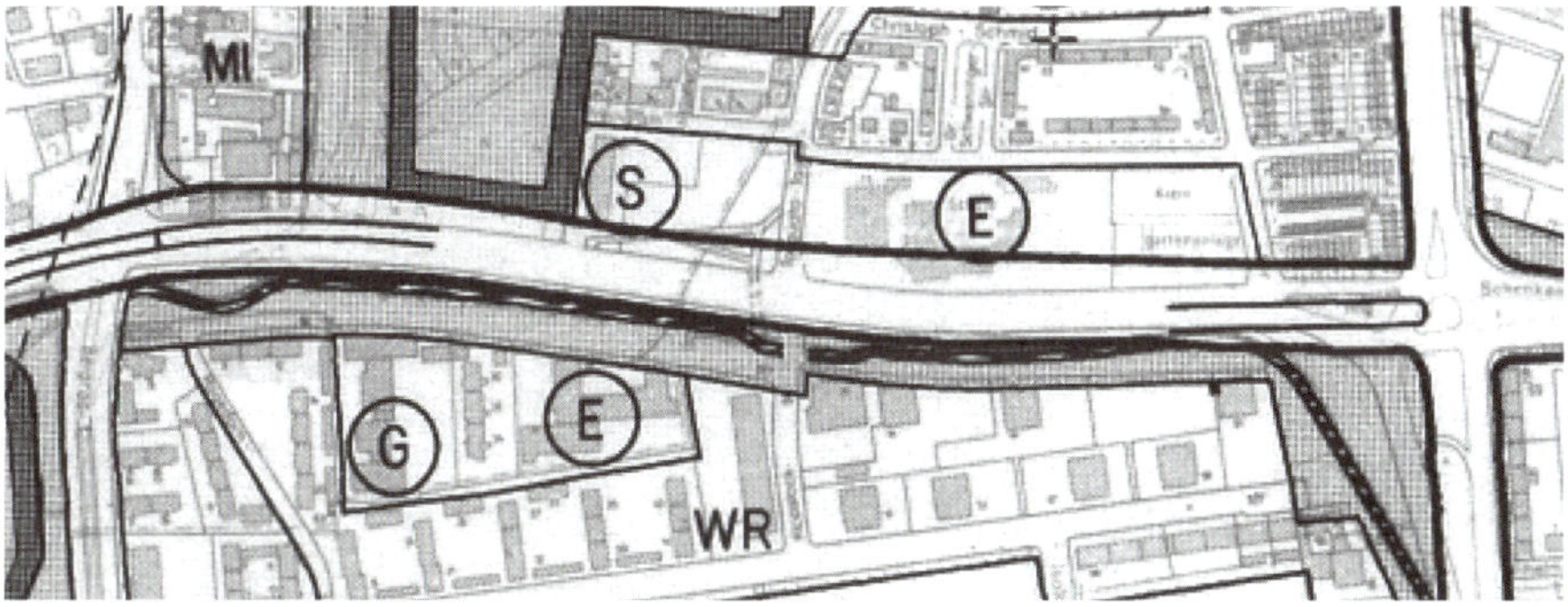

ミュンヘン中央環状線北部地下埋設化計画
上　計画前の土地利用図
中　計画図
出典：ミュンヘン市建設局
設計：ユーリング＆ベルトラム
下　竣工後の公園
少し前までは環状線が通っていたなどとは予想もできない風景に変化している。周辺の住居地域にとって、道路という負の環境から、近隣保養地という正の環境に変わった。

程度水を綺麗にしてから湖に流し、そして、その湖の周りに集合住宅を配置している。居住空間に快適性をもたらすためにはその区域だけの環境を考えるだけでは不十分で、大きな都市システムの環の中で計画することが必要という、言ってみれば常識的な事柄をここでは教えられる。一地域の街づくりが都市という枠の中で考えられなくてはならないというのは、同時に長期的な展望が必要ということでもある。そのような観点でつくられたものが、長い時間を経て徐々に生活空間に利点をもたらすという参考例である。

路の地下埋設化

ベルリンのリェーター駅や、ジュッセルドルフのライン川河畔で説明したが、近年、鉄道軌道や幹線道路を地下に埋設して、通過交通が原因のイミッシオンの削減はもとより、交通から解放された空地に緑地を設け、周辺地域の環境改善を図ることや、道路や軌道によって分断されていた地域を連繋させるなどして、都市計画的問題点を解消する傾向が顕著になってきた。

ミュンヘンとシュトゥットガルトの中央駅が将来に向けて地下化されることは述べたが、そのドイツ鉄道路線内で一番走行列車数が多いミュンヘン－シュトゥットガルト間の軌道の拡幅改修に伴って、その中間にあるノイ・ウルムでは、ドナウ川河畔で地下水が多いにもかかわらず、約一・五キロの駅構内全体を地下に埋設する工事が二〇〇八年の庭園ショーを目標に進められている。竣工後は、軌道で分断されていた両側地域の連結がスムーズになり、交通渋滞も解消され、周辺地域への騒音の影響がなくなるという利点の他に、地上に約一八ヘクタールの敷地が新たに誕生し、その敷地には住居や商業施設が設けられるように計画されている。環境がよくなることや、新たな住居や職場が増すということで、

このプロジェクトに対して住民の反対は皆無という。

スウェーデンのヨーテボリの中心市街地は、港を併設してヨーター川の南側河畔に建設されている。北側には工業地域、特に造船所が設立され、荷揚げが可能な空地が十分に存在したことで、港の機能は徐々にこちら側に移行する。それに伴って市街地のドックは埋め立てられ、運河は道路と変化する。港の風景が消滅する頃には、中心市街地はオールドタウンの境であった堀割周辺以外は、水辺のコンタクトを完全に失ってしまう。失ってから、その価値に気づき後悔するのはどこでも同じだが、川辺の重要性に目覚めた都市計画担当者は、埋め立てた堀を再び掘り起こすとか、都市高速道路をトンネル化して川辺のコンタクトを復活させるなど、市街地に再び水辺を取り戻す可能性を探る。

堀割で囲まれた中心市街地から港に向かって北に伸びた都市軸、オストラ通りは港の水際の手前でヨータレーデン通りによって切断されていた。この港には水上バスや、観光船の船着場があり人の流れは多くある。その流れは横断歩道橋で辛うじて保たれていたが、連繫されるべき地域が大きなエッジで切断されているという都市計画的問題は明らかであった。この交差点の広場が緑地と歩行者優先の空間になれば、再び港とオールドタウンは連繫をもちながら活性化していくことは明らかである。

一日の交通量が約六万五〇〇〇台という都市交通の幹線道路を水辺に埋設するという計画は技術的に困難を伴い、それゆえに工費の高騰という問題を抱えていた。しかし、諺にもあるように「牛舎が空になって牛の価値を知った」ことによる願望が強く、ヨーテボリ市史上最大の工事である幹線道路、ヨータレーデン通りの中心市街地にかかる部分を地下に通し、地上を交通量を抑えた道路と緑地帯にする計画を実行する。現在進行中であるが、これが竣工したら市街地のあちこちで水際への接近が復活することは確実である。

右頁
右　ノイ・ウルム駅周辺計画
左　ノイ・ウルム駅周辺現況
出典：ドイツ鉄道計画建設社
街区を分断していた軌道が景観から消えて、街が連繫する。

街づくり提案08
施工、または工事が容易と言って、簡単に道路や軌道などの交通網を高架にしない。交通車両が頭上を通るということは、イミッシオンを上から撒き散らすという環境汚染と、万里の長城を街区に築くという、都市景観的な弊害をもたらす。

ミュンヘンでは、現在、通過交通路と居住地域進入路を分離して交通体系を簡潔にし、騒音や排気ガスを抑制することで、周辺地域の環境改善を図るために、基幹交通路を地下に埋設する工事が進行中である。中心市街地をめぐる約三〇キロの環状線を、二〇年から三〇年かけてほとんどを地下に埋設する都市計画工事である。二つのアウトバーンが近距離で交錯していた南西部分は二一世紀を待たずして完成し、交通公害で悩まされていた周辺居住区の環境を数段も良好にするという結果をもたらした。この改善で、この地域の住居の市場価値が上がるという予期せぬ影響も出ている。

これに引き続いて、環状線北側部分は二〇〇四年に竣工した。ミュンヘンの北側区域は、比較的高密な集合住宅が広域に広がって建設されている。しかしながら、オリンピック競技場や大型の自動車工場などの工業地域があるのに加えて、南の都市ミュンヘンから北へ向かうアウトバーンの出発点の位置にあり、この区域を貫通する片側三車線の環状線は交通量が多く、周辺住宅地域にはイミッシオンで問題のあった区間である。約二キロ弱の道路を地下に埋め、それまでその存在をほとんど意識されていなかった水路を積極的に活用して、自然公園的な緑地帯を設ける一方、都市的な公園やパヴィリオンを建設して、周辺居住者のための近隣保養地をつくりだした。ここでも、環境改善により不動産の高騰が見られる。現在は環状線東側の部分の工事が進行中である。

地下工事は、地下水対策などで工費が嵩み経済的ではないという、短絡的な意見を聞くことが多い。短期的には、周辺の土地や家賃の高騰という偶然的な効果もあるが、本来、都市計画の投資効果は時間軸の中で計られるものである。これらの事例は、短期的に工費を限られた予算内に納める（これはこれで重要な課題ではあるが）のが有効か、次世代で得られる成果のほうが効果的かという判断を容易にするものであろう。

港と港街の現在と未来

港とその交易で栄えた商業都市は連繋して発展してきた。港は市街地の発展を支え、市街地は港の一部として形成されてきたと言っても過言ではない。しかし、交易の拡大により輸送機器と船舶が大型化し、港の機能が市街地のディメンションを超えるにつれて、次第に港が市街地から郊外へと離れていき、その結果、市街地の中にある港の跡地は大きな空白地として市街地形成に大きな問題点を生じさせた。

ジュッセルドルフのライン港では、現在はメディエンハーフェンと称して市の建設局指導で建設されているが、もともとは市街地開発の枠からは取り残されていた。ところが、自然発生的に大空間の倉庫が撮影に有利ということでテレビ関係の企業が入り、アトリエに使えるということで芸術家たちが住むようになった。それに伴って、魚介類のレストランが進出した結果、次第に雰囲気のある街に変化し始めた。

その流れを建設局がうまく活用して、都市建設的規制を設けながら建設を進めるようになった。しかし、建設物は住宅、事務棟、撮影所、アトリエと、「港」とは直接関連のないものばかりで、計画を消極的に感じさせる原因となっている。都市建設局でも水辺ということは意識しているようだが、港を積極的に計画の中に取り入れるとか、港の特質を生かそうとするコンセプトはまだもちあわせていないように見受けられる。そのコンセプトのなさは、港の景観を見たときに強く感じられる。歴史的建造物保存法に則って改築されたとは言え、表層一枚だけを保存しているという無策ぶりは許せるとしても、およそ都市計画的造形の意図を微塵も感じられない建設物群が並んでいるのを見れば、やはり後追いでしか政策を講じられなかった都市計画局の限界を感じるのは否めない。

フランクフルトではオールドタウンの東西に隣接して港がある。両港ともその機能はな

街づくり提案09
周辺の建物のあり方に合わせるような、自己主張が少ない建物が並んだ街区のほうが落ち着いた雰囲気を醸し出す。

フランクフルト西港
質実的な建物が並び、ある意味では力強さも感じる景観である。飾り気はここでは不協和音になるだろう。

くなり空地となっていた。二〇世紀末から競技設計がなされて、ここでも中心市街地に近いという条件から事務棟や集合住宅が計画されている。東港は資材置場などで使用されていたり、やや中心から離れているということや、また、区域面積が大きいということで投資額が大きくなるということだろうか、計画されてはいるものの開発は始まっていない。西港は中央駅の南側に隣接しており、北側のメッセ会場にも近いということもあって開発が進んでいる。埠頭にできたアパート群は、ここでは公共緑地など最初から期待していないという設計意図がポジティヴに造形に表現されて緊張感のある景観をつくりだしている。水面の落差を利用した地下の駐車場の採り方も、ここでは景観を損なうようにはなっていない。

オランダの住宅建設は二〇世紀初頭から公共主導でなされ、つい最近まで全国の住居のうち五〇パーセント、ロッテルダムやアムステルダムにおいては八〇〜八五パーセントが公共住宅として建設されている。そして一九〇二年より、土地はほとんどが公共に属し、自治体が土地を賃貸してよほどのことがない限り個人には売らないことになっている。住宅建設に関しては自治体が事業主であり、開発当事者であり、個人的開発は少ないということで、すべてが自治体主導という開発システムになっている。このオランダ特有の住宅建設政策により、市街地に近いという利点のある港の空白地を住宅開発にあてたのは自然の成り行きと考えられるが、正しい決定であったかどうかは疑問である。ウォーターフロントとしての環境のよさを前面に出して建設が進んではいるが、その水に囲まれた場所ということが問題点と観察される。

社会住宅という公共住宅を建設する場合の重要な課題は、販売価格をできる限り下げることである。しかし、このロケーションでは次にあげる理由でかなりの困難が伴う。周辺が水域であるから、現場の排水から地下水処理まで工費が嵩む。これ自体がすでに問題点であるが、住居一戸当たりの価格を下げるにはかなりの密度で建設しなければならない。住居個数が増えれば、それに比例して駐車の可能性を増やさなければならない。しかし、港という敷地が限られた地域では建設できる容積に限度がある。駐車場を地下にするとしても、駐車場の地下工事費が地上の駐車場に対して割高ということで深さと広さには限界がある。しかし、地上は住居建設が優先であるから駐車場建設には限りがある。したがって、駐車場に収容しきれない車はどうしても路上駐車になってしまう。この結果、地域全体が車で埋まってしまうという景観になる。事実、ほとんどの空地が車で占拠されるという、都市景観としては好ましくないものになっている。

連棟の都市型住宅地域では、片側に中庭を設けるなど住宅自体のデザインには工夫が感じられる。しかし、その反対側にガレージを設けたことで、ガレージの大きな扉が道路片側に連続していることに加え、路上駐車を処理できなかった結果により、街区の景観は良好ではない。市街地の船着場の倉庫を集合住宅に改築した例があるが、景観的には問題はなかったが、倉庫のスケールと住宅の寸法との次元の違いに設計上、困難があったというのは想像に難くない。

周りすべてが水面という港の埠頭での建設で、建設可能面積が限られているという計画であるから、公共空地を十分に確保することが不可能になる。加えて、植樹も地下水の関係で問題があるから、緑地の造成自体も困難で少なくならざるをえない。水際という環境は、成人にはロマンチックな場所であっても幼児には危険なことなど、港の住宅地は住環境としては欠点が多すぎて、快適性を求めるのは難しいと判断せざるをえない。

アムステルダムの旧港の再開発は、港と住区、または船と人のディメンションの差から

アムステルダム東港集合住宅地
良質な住宅が構成する纏まった街区ではあるが、駐車の問題がこの好感のもてる街区の雰囲気を半減させている。

して困難であると言わざるをえないが、比較的成功裡に展開したと思われるのが、スウェーデンのヨーテボリの造船所跡地を改造した居住地計画である。一九七〇年代まで興隆を極めていた造船業に八〇年を待たずして幕が下がると、この地域には内外の空間に空きが目立つようになる。もともと、スウェーデン人には水辺に居を構えるという願望と郷愁は強いという傾向がある。それにもかかわらず市街地は都市高速道路建設により水辺とのコンタクトを失っていた、という事情がさらにその郷愁を強めたことによって、このドック跡の地区を居住区として開発するという発想には困難はなかった。

この地区を良好な都市内居住区にするための立地的条件は、その要求に見合うように揃っていた。ヨーテボリはヨーター川を挟んで南河畔に中心市街地、その反対側に造船所などの工業地域という構造であるので、橋を架ければ中心市街地は隣接することになる。北河畔ということで南からの太陽を遮るものはなく、しかも水辺への眺望は確保されている。それまでの土地利用が主に河畔近くの造船業地域と限られたものであったため、通過交通のための幹線道路もなく、それゆえに静かな環境が保持されていた。

マスタープランは、都市建設局のグリーンベルト構想の中で作成され、高密・高利用度の建設が目論まれた。長さ約四・五キロ、面積二五〇ヘクタールの地域に一〇〇万平方メートルのオフィスと住居面積を提供できると計算され、それによれば二万人の居住者と労働人口が見込まれた。加えて、造船工場の建物をホテル、展示場、シアターに改修、または改築することや、水際にはヨットハーバー、ドックプロムナード、その他公園やスポーツ施設などが計画された。南河畔との連絡は現在利用されているフェリーに加えて、橋の建設が計画されている。

地域全体に統一的な性格を与えるため、すべての造形に海洋を感じさせるモチーフを用

ヨーテボリ・エリクスベルグドック再開発
水に浮かんだようなレストランは、ヨーテボリ最初のミッシェランの星がついたレストランになり、それがまた、この地域のアトラクションとなって人を惹きつけている。

いることが条件とされたため、船舶のニュアンスをもったアパート群や、失われた港のデザインを復活させた水際のプロムナードという建設がなされた。デザインからマテリアルに及ぶまで、高い質を保持することがコントロールされ、簡潔で控えめであるべきともいう規則性にしたがって構成されている。建設物はもちろんのこと、街灯や舗装から公共空地に置かれているオブジェまで、目立たないがどこかに共通のルールをもっているようで、好感度で安心感のもてる環境に仕上がっている。

ヨーテボリでは、アムステルダムと比較して港の規模が小さいということで、居住区としての開発が比較的成功したとは言え、水辺という利点だけでウォーターフロント地域に集合住宅、オフィスセンターといった単一的な開発は港の本来の姿とは重ならないだろう。単に海洋のモチーフを用いることだけでは、港を意識する開発では消極的ではなかろうか。もちろん、デザイン的には反論する根拠はない。しかし、住宅建設にしても港や海との関連を意識した形を取り入れたり、異なる世界との接点であった港の本質を積極的に生かす展開を考えるべきではなかろうか。同時に、港町であるなら港を街の核とした計画を考えるべきであるだろう。駅が単なる乗り換え点から街の核と変貌したように、港も船着場という乗り継ぎ点から、陸と海とが混在する生活の拠点へと転換できると思える。

ブレーマーハーフェンの旧港は船舶博物館として姿を変えつつある。アムステルダムでは、同様に船舶博物館や二〇世紀初頭の船員会館などの特徴ある建物があったにもかかわらず活気はなかったが、レンゾ・ピアノ設計の科学技術博物館が建設されてから、その屋上テラスから市街地が眺められるというアトラクションもあり、次第に人が集まるように変化している。しかしながら、港という機能を活用するというまでにはなっていない。

他のどの輸送手段よりもキャパシティーがある船舶を使って、時間さえかければ世界の

右　ブレーマーハーフェン船舶博物館
左　アムステルダム科学技術博物館　設計：レンゾ・ピアノ

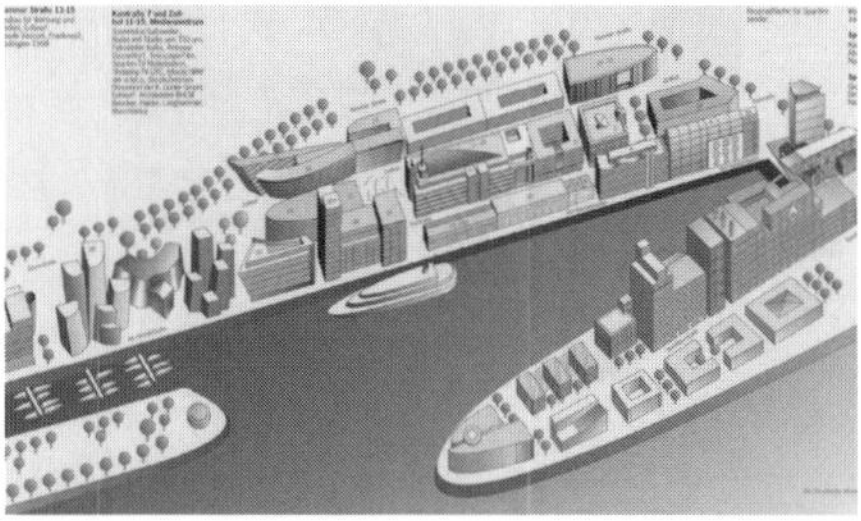

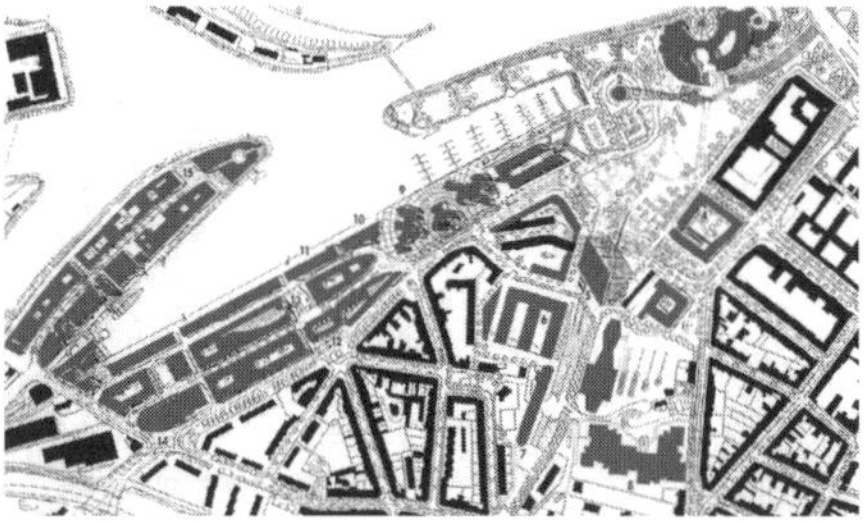

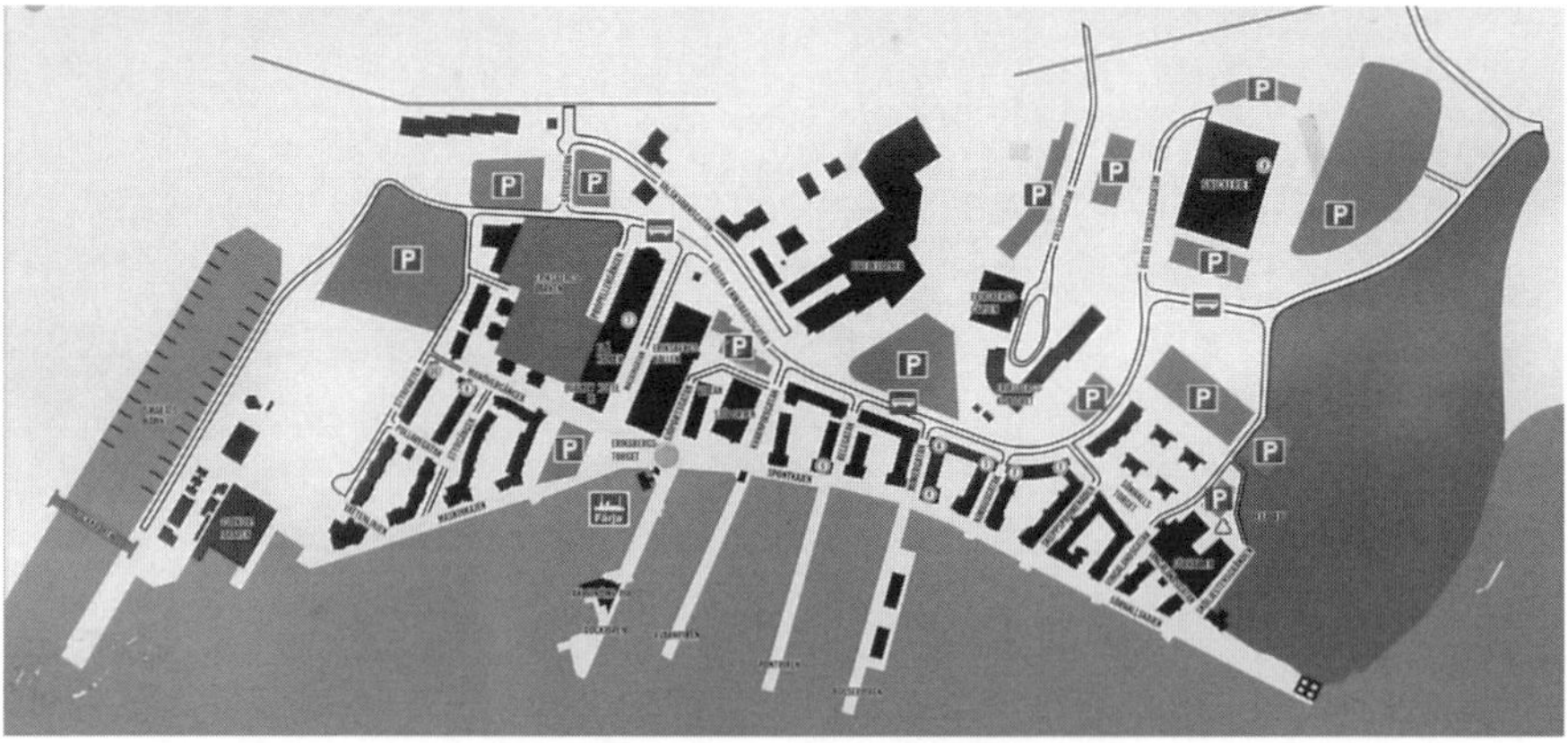

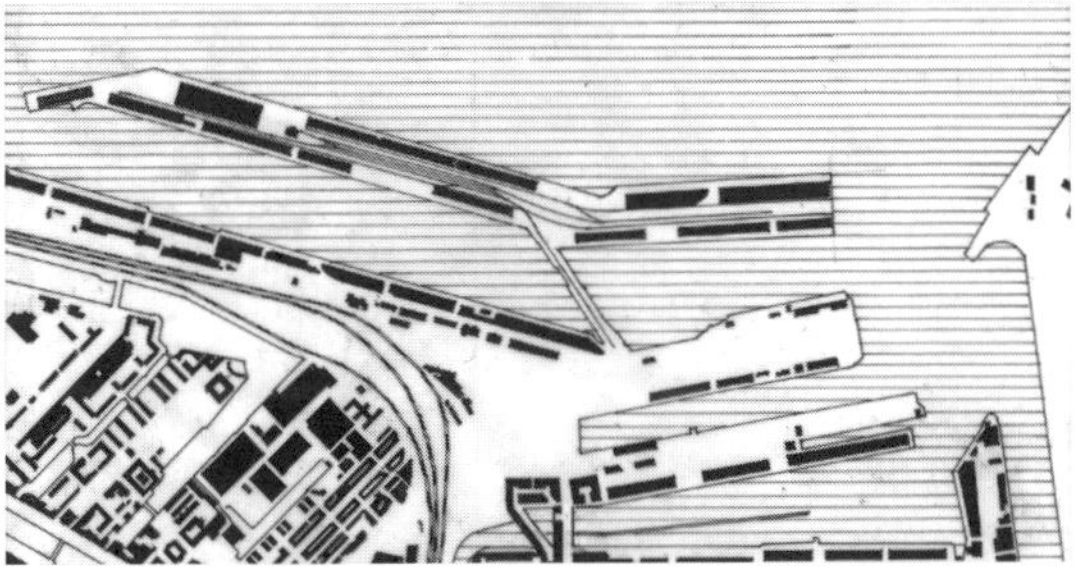

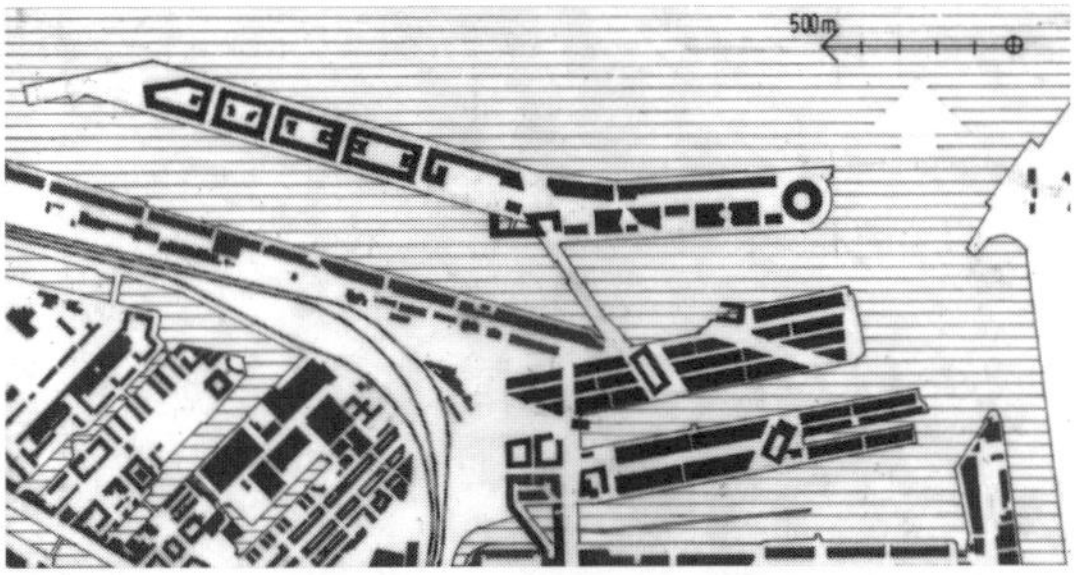

右頁上二段
ジュッセルドルフ・メディエンハーフェン
右上　B・プラン
左上　イメージ図
出典：ジュッセルドルフ市計画庁
右下　メディエンハーフェン
左下　集合住宅　設計：フランク・ゲーリ
B・プランがあるにもかかわらず纏まりがない景観になっている。高さ制限や壁面線などの造形的な規定を決めていないのかもしれない。自由な造形は街づくりには必要であるが、ある程度の規律とルールがないと、街並みは落ち着きがなくなる。

右頁下二段
ヨーテボリ・エリクセンドック再開発
上　配置図
下　住宅（右）と劇場（左）

左頁
右列上二段
アムステルダム東港再開発計画前後
左列上二段
アムステルダム東港集合住宅地
右下　対岸からの景観
左下　港地区の高密集合住宅

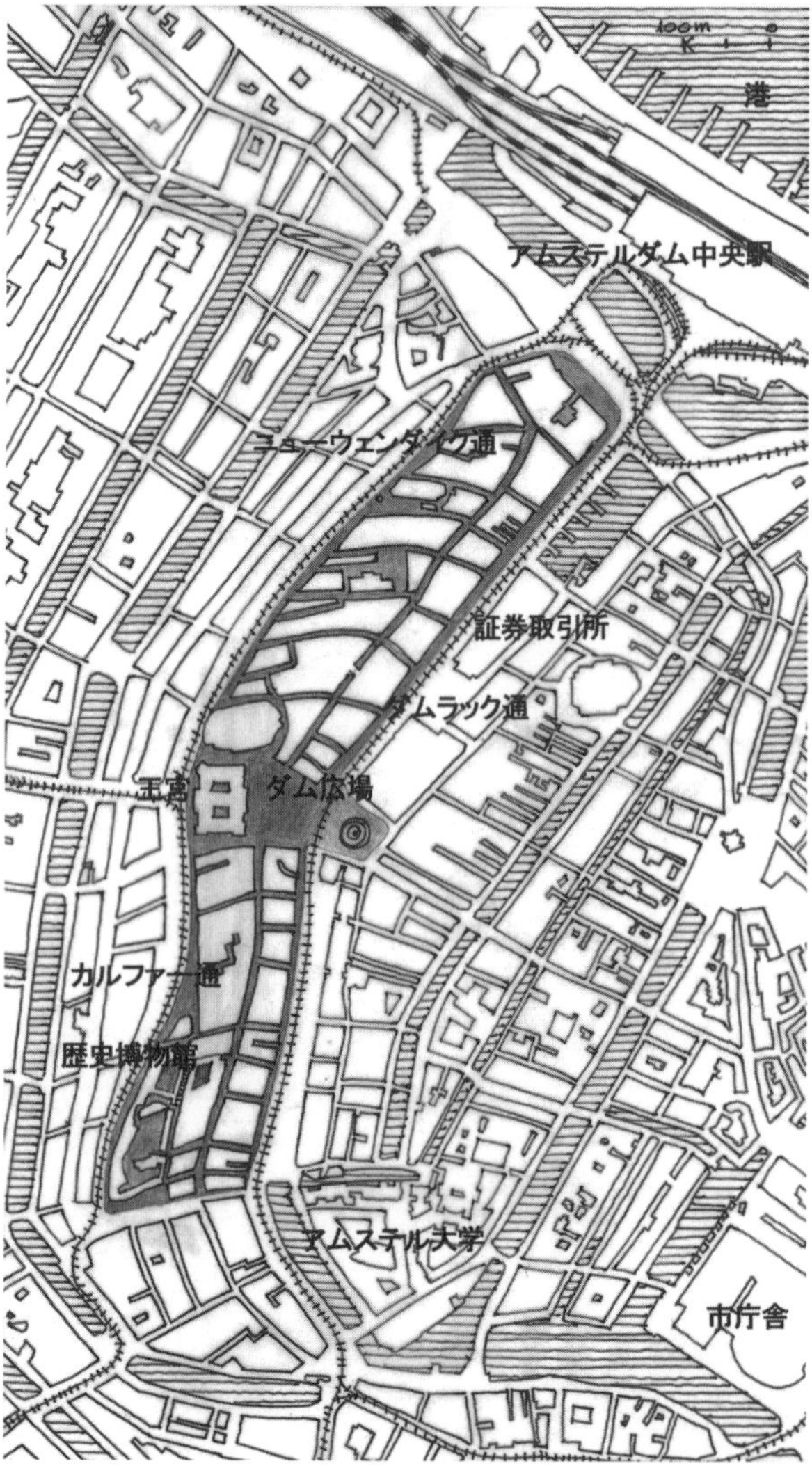

アムステルダム中心市街地歩行者空間
右上　ダムラック通り
右下　都市図
左上　ニューウェンダイク通り
左中　歴史博物館。付近の街路地からの外観
左下　路地の上に屋根を架けたギャラリー

ブレーメン・オールドタウン歩行者軸

ブレーメンでは、建物の隙間のような空間や普段は人も通らない小路を整備してガラス屋根を架け、パッサージュとして裏側の区域を歩行者に開放する政策を進めている。今まで、裏側であった物置や、駐車場等の経済的には有効に活用されていなかった空間に人が入るようになり、店舗などに改築されて街全体に活気が溢れるようになる。この結果、建物のオーナーたちは裏側をも修復せざるをえなくなり、必然的に街の景観のクオリティーが以前と比べて数段よくなったという副産物も得られた。

上　オールドタウン図

写真上二点　ガラス屋根のパッサージュ

写真三点目　ボェットヒャー小径
設計：ヘットガー。北ドイツ表現主義の傑作とされている。

写真下　オールドタウン中心軸の歩行者ゾーン

すべての地域とつながるという利点を積極的に活用すれば、港には、人、魚や貨物の他にある特殊な情報が絶えない環境を生み出すことができるはずである。二一世紀の港は、魚市場から見本市までの物流交換から、国際会議、文化交流等の情報交換や人の交流まで、海を媒体とした情報・物資交換が日常生活のレベルで常時起きるような可能性が潜在的にあると思われる。その意味では、考え方としてジュッセルドルフのメディエンハーフェン(情報集積交換港)の考え方は一つの指針であろう。

中世都市と車

ドイツ・ロマンティック街道を歩いてみると、ほっとする街とそうでない街があることに気づく。ローテンブルグやフュッセンは街の中をあちこち見ながら歩いていても疲れないが、中世の都市として同じカテゴリーに属しているにもかかわらずディンケルスビュール、ノェルトリンゲンやションガウでは、いつの間にか歩くのが嫌になってしまう。その原因は車である。ローテンブルグやフュッセンでは必要以外の車は街の中には入ることができないから、広場も街路も人間の専用空間で、路の上に座り込んでも、店のあちこちを眺めて歩いても自由に行動することが可能である。一方、ディンケルスビュールや他の都市では、城門から車が入り、歩いていても車に注意を払うので神経的に疲れる。街の広場や道路は駐車で埋められ、空間としての使われ方も景観としての見え方も、中途半端で落ち着ける雰囲気がない。

ノェルトリンゲンが数年前に建都一一〇〇年を祝ったように、中世の街はすべて一〇〇〇年以上の歴史がある。その一〇〇〇年の間に社会組織も生活様式も飛躍的に変化したのに、都市の構造だけはほとんど変化していない。当たり前だが、ヨーロッパの都市は、

ディンケルスビュール(右)とローテンブルグ(左)

都市を構築した頃は車というものなど想定できるはずもなかったから、道の幅、広場の大きさを含めて街並みのスケールがすべて人間の行動尺度をもとにつくられている。その静的な空間の中に、動きやエネルギーの全く異なる要素が入り込んできて、庇を貸したら母屋を奪ったような振る舞いをするのだから、もともとの住人は避難するしか方法がないだろう。

戦後の車優先の社会が都市の中から人間を遠ざけてしまい、街としての纏まりがなくなった大きな原因がここにある。車のない生活は現代では不可能なのは事実だが、元来の都市構造は近代交通体系のディメンシオンをもちあわせていないということも事実である。一九七二年のオリンピックを契機に地下鉄を建設したことで、それまでは車や路面電車が通行していた中心市街地の中心軸を歩行者空間に変えて成功したミュンヘンにならい、街の中に車を通さない施策が様々な都市で紆余曲折を経ながらも試された。その結果、最近ではアムステルダムのように、車に非友好的都市と宣言する街が出現するまでになっている。都市の中の空間を人間のための空間に再生させようとするのが、現在の都市改造の主流に変化しているのが感じられる。

都市の軸-人間空間への再生

アムステルダムでは市街地への車の進入を必要な限り制限して、路面電車等の公共交通手段に乗り換えるか、または環境に優しい自転車を利用するという政策が全面に押し出されて中心市街地の整備が進められている。八〇年代まで、中央駅からダム広場までのダムラック通りは街の主軸でありながら、整備される前までは車に占領され楽しんで歩けるような空間ではなかった。それゆえ、行き交う人も少なく、周辺の商店街も駅の前という有

ミュンヘン市庁舎前のマリーエン広場
正面に見える古い形の塔は、八〇年代に修復されたものである。以前はこの部分が開いていたので広場の纏まりは明快ではなかったが、この塔が建設されたことで広場は閉じられて、都市の居間という性格が明らかになっている。

利な条件であるにもかかわらず、活気はそれほどなかった。それを、車道を通りの中間にある駐車場に行くためだけの必要な幅に押さえ、路面電車の軌道を様々なストリートファニチャーで仕切り、自転車が歩道に乗り上げないように段を下げた自転車道を設け、残った部分をすべて歩道にあてて拡幅し、人を中心とした道に転換させた。

その結果、駅で乗降する人が直接ダムラックに流れ出て、そこから旧市街地の商店街のある歩行者空間に移っていき、地域に活気が溢れるように変貌した。商店街の売上げが伸びたことは当然の成り行きである。さらに、ダムラックの他に、交通量の多いヨーデンブレー通りを、同じように歩行者を優先した道路面の区分をしたり、歴史博物館の小路にガラス屋根を架けて博物館の一部にしてしまったり、街の中を通る人に見えるように博物館の展示物のインフォメーション装置を設けたりして、街区全体に歩くことが楽しくなる空間づくりを推進した。その成果により、街の中は人で溢れるようになっている。

ブレーメン市では、九〇年代に今まで街並みの裏側であった区域を含めて、市街地の中を全面的に歩行者に開放する計画に取り組み、その過程で得られた結果を施策にして建設を進めている。駅からドームまでの約一キロの道を歩行者の流れの中心軸として、そこから、今まで裏庭であった建物ブロックの中までアーケードやパッサージュの半屋外の空間が入り込み、街区全体が一体的な纏まりをもって歩行者に歩きやすい空間を提供している。

ドーム広場は市場などに使用されてはいたが、北側に道路が接していたため街の中の広場としては存在感が薄かった。しかし、近年、パヴィリオンが交通の多い道路に仕切りのように立つ案が競技設計で選ばれて建設され、都市の内空間としての落ち着きが広場の中に再び戻っている。河畔のプロムナーデが完成してマルティーニ通りを地下道で越えて、北ドイツ表現主義の建築群で構成されたボェットヒャー小径の延長上で中心街の歩行者

ブレーメン・ドーム広場のパヴィリオン
車の通りがあった道路に向けて衝立のような役目をすることで、広場が閉じられた空間になった。

街づくり提案10
隙間が多くて纏まりのない空間を閉じることによって、その空間に性格を与えることができる。

ゾーンとつながった結果、ビュルガーワイデからウェーザー川までのドーム広場を中心とした都市軸を人のための空間として整備しながら、ブレーメンの中心市街地の再生を進めている。ここの他にもう二箇所ほど地下道が設置されると、さらに河畔と旧市街地は関連を深めるのは確実である。

ジュッセルドルフのライン河畔の整備で、オールドタウン地域は一気に人間の街に戻り活気が溢れ出ている。ブルグ広場は駐車場から一変していろいろなイベントが催される広場に変わり、ライン河畔は歩行者、ローラーブレード、スケートボード、自転車と様々な人力前進システムの姿が見られ、ビアースタンド、カフェテラスの休憩所も賑わいを見せている。最近では、一見場違いにも思える、スキーのクロスカントリーの選手権なども催されて、車で埋まっていたということが嘘のようである。

道路を通せば街が活性化するなどという前時代的教条は、逆の結果しかもたらさないということがここでは明らかになる。街が活性化するのは旧態然とした机上で考えられる利便さによるものではなく、便利さを我慢しても、生活環境が快適になり街の表情にゆとりが生じるような政策を行うべきことにヨーロッパは気づいている。都市空間をヒューマンスケールで再構成し、街を「人間都市」に再生することが次の世代への道しるべであるとして、欧州都市は都市計画、アーバンデザインの方向転換を急いでいる。

都市建設と路

路は都市のストラクチャーを決定する大きな要素である。とは言え、鉄路・水路・道路、そして、ここでは述べていないが空路も含めて、単純に言えば移動・輸送手段という機能の違いはあれ、基本的には目的地までの前進運動の手段要素に他ならない。二〇世紀では、

ジュッセルドルフ・ライン河畔
車の洪水と人の洪水では、どちらが都市の風景としては好ましいかは説明の必要はない。

都市建設においてその前進・輸送の一つの機能だけを優先させれば、都市の構造に偏りができてしまうという経験を十分に重ねたということになる。鉄道が市街地に弊害をもたらし、中世都市に無理に自動車路を通したために人間を街から疎外していったという事実を述べてきた。港が船舶のスケールの変化によって市街地に存在できなくなったように、空港はそのディメンションゆえに、最初から市街地とは直接の関連もなく計画され建設されてきた。その結果、航空機の離陸・着陸の機能を主に考えられている空港は、市街地のスプロールに飲み込まれたときに問題が生じている。

道路をやみくもに通すことが都市計画ではないように、すべての都市空間を歩行者ゾーンにすることが最良の街づくりではないことも確かである。歩行者ゾーンには、それを支える輸送のための道路が確保されてはじめて街が機能するという簡単な例を出すまでもなく、目的・機能にあった空間を都市の中にバランスがとれた形で配置することが必要なことは言うまでもない。二〇年前には考えもできなかったITが、二一世紀には大きく都市の生活にかかわってくるだろう。これに対して、都市は未だ空間を造形するうえでの十分な準備をしていない。この技術の発展に伴って、業務ビルの建設方法が確実に変革しているし、PCが家庭に普及し始めて、確実に住宅設計に変化をもたらしている。このようにプライベートな生活範囲にとどまらず、社会全体の生活形態に少しずつ影響が出てきている。労働する場所が定まった場所である必要がなくなるとともに、住宅が居住だけの機能では対処しきれなくなってくるだろうし、大規模なオフィスパークの建設も余分なことになってくるかもしれない。

このような変遷によって生じてくる様々な新しい要素をどのように都市空間の中に配置し、デザインしていくのかがこれからの都市建設上の大きなテーマになるだろう。穿った見方をすれば、住居と労働の場所が一緒であることや、建物の細分化、小型化という流れだけを見れば、都市はストラクチャーを再び中世のディメンションに戻していくのではないかと言えるかもしれない。中世都市は人間のスケールで造形されていたから、ある意味でこの流れは都市が「人間都市」へ再生することなのかもしれないし、または、都市は人間の生活を基本としたところから計画、建設されてきたのだから、本来のあり方に回帰するということなのかもしれない。

ロマンチック街道
ノェートリンゲン市街地図

第三章

ドイツの都市計画

街並みの纏まり

ドイツには花で家を飾ったり、古い建物を修復したり、また街並みを整えたりするコンテストが個人から自治体レベルまで多くある。自分の住む家の周りに花壇を敷き詰めたり、崩れかけてスクラップに近くなった古い建物を修復して甦らせたり、街並みの修復や保全に自治体が競い合ったりと、官と民が揃って自分たちの住んでいる町を美しく整えることに力を入れている。そのせいだろうが、ドイツと言えばアルプスの風景には庭に花々が咲き乱れ、バルコニーや窓際には花が溢れている家々を抜いては考えられないし、小さな村でもその家並みの中に入れば、中世の姿を残しながら隅々まで手が行き届いた家々が続き、訪れた人を和やかにしてくれる。

日本人にとって典型的ドイツと思われているロマンチック街道筋の町は、つくられてから一〇〇〇年以上も経ており、幾度か手を入れられ改築されてきたとは言え、現代の生活をするには基本的に適応できない構造のままである。生活様式は飛躍的に変化したのに、町の構造は道の幅、広場の大きさを含めて、街並みのスケールはすべて人間の尺度でつくられた成立当時のもので、当然、車などを想定していない中世の環境の中に、二〇世紀の機械が入り込んできて、そのストラクチャーとは無関係な振る舞いをするから、街にとっては迷惑千万という状況になっている。ましてや、グローバルな情報化社会に対応できる改善はいろいろな要素に絡んで不可能である。それでも、町が一体となって古い建物を修復し、昔の街並みを復元することに力を入れている。

この街道の代表的な街であるローテンブルグは第二次世界大戦でほとんど廃墟となった町だが、中世の都市の特徴をもった街並みを復元したことによって観光客が数多く訪れている。日本では一般的に、この街道筋の町々は観光を目的として街並みを整備したと考え

ディンケルスビュール（右）とローテンブルグ（左）の町屋。飾られたゼラニウムの花には、街を華やかにするだけでなく虫除けの効用もある。

られている。確かに、観光を目的として考えれば、点より線のほうが効果的であるから連繋を組んだという経緯はある。しかし、それぞれの町がそれぞれの特殊性をもち、それゆえに異なる問題点を抱えているので、これらの町の都市計画はそれぞれ独自に行われている。やり方は別でも共通しているのは、街づくりの主目的は「いかにしたら住民にとって町が住みよくなるか」という、観光目的とは全く逆の発想でなされていることはあまり知られていない。

例えば、ローテンブルグでは、観光だけに目を向けて街づくりを行ったら「町は生活する場でなくなってしまう」ということを住民も、自治体もある時点で気がつき、街づくりの方針を考え直す。そして、町というのは住民が快適に生活することができてはじめて街と言える、というもっともな理由を基本とした都市計画図を作成する。この計画図の大きな二本柱は、観光客相手の商売にはなるが、住民の生活を直接支えるものでないレストランやお土産屋などの新たな開店を規制することと、生活をサポートする目的以外の交通を規制することである。今まで日用品を販売していた店が土産専門店になれば、住民の日常生活がそれだけ不便になる。住宅であったところがレストランやホテルになったら、訪れる客の車交通の増加と、それに伴った駐車スペース不足からくる混乱が起きる。それに、レストランやホテルの電気、ガス、上下水道等の都市施設使用量は急激に増加し、周辺の住環境にマイナスの影響を与える。その結果、それほど快適ではない住環境がいっそう劣悪になる。それを規制する政策である。

具体的には、店舗以外の建物の店舗への改築は不可能だが、店舗であったところを店舗に改築することは可能である。しかし、そこにファーストフーズの店が入っても、街の景観を損なわない装飾にすることが許可の条件である。ここでは築かれてきた街並みを保つ

ローテンブルグ
左側の店舗はハンバーグのファーストフーズ店である。店独自の宣伝方法は自重させられ、周辺の店舗の看板と協調するように指導されている。それが建築許可の一つの条件である。現在は経営者の違う飲食店となっている。

ことが最優先で、商業優先の独特の装飾は自重させられ、周辺の街並みに協調するように指導を受けることになる。一方、観光客の利便性だけを考えて安易に街の中に駐車場をつくったら、観光客の車が街の中に溢れ、住民の生活にも観光客自身にも弊害になってしまうという不便さを生む。それに、纏まっていた家並みの中に隙間ができてしまい、街並みの一体性がなくなってしまうという都市景観上にも欠陥を生じさせてしまう。そこで、集中駐車場を城壁の外に設け、訪問者はそこに車を止めて街の中を歩くように規制されている。必要以外の車が入ってこないので、歩行者にとっても街の中は快適な空間になり、ここを訪れる人たちにも当たり前の規制として理解されている。そのせいだろうが、訪れる観光客は以前に劣らず多くなっている。

街道最南端の町フュッセンは、国境に位置するために交通量の多い街道が都市の中心軸上に北から南へ貫通していた。さらに、この街道が中心付近の地点で西に分岐するので、町が小さいにもかかわらず三分されていた。六〇年代後半から七〇年代前半にかけて、西側の部分で建物の老朽化が進み、ところどころで解体もあり、あちこちで空地が目立つようになった。その結果、街並みに纏まりを欠くようになり、急遽、自治体は何らかの施策を講じざるをえなくなる。B-プランを作成して住民に公聴するが、住民の反応は「街全体の将来像が明確でなければ、限られた地区に関しての議論は不可能」という反論で、自治体はさらに街全体の将来へ向けてのヴィジョンを作成しなければならいことになる。

中世の特徴をもつ建造物を残しながら、新しい時代の生活に適応できるような保全と修復をするという、一見パラドックスにも似た脈絡を保ちながらオールドタウンの調査が始まる。都市構造、交通状況等の現況調査がなされ、分析されるという通常の都市計画の過程がとられるが、ここで特徴的なのは、それに加えて建造物の老朽化の度合いを詳しく調

左頁　ロマンチック街道の町々
右
一段目　ローテンブルグ
二段目　ハーブルグ
三段目　アウグスブルグ
四段目　フュッセン
左
一段目　ディンケルスビュール
二段目　ノェートリンゲン
三段目　シュタインガーデン
四段目　フュッセン
ロマンチック街道と纏めて捉えてしまうが、それぞれの町の特徴は様々である。その異なる町の形の独自性ゆえに、一つの街道の概念で関連性をもたせたのが、逆にそれぞれの個性を際立たせているのかもしれない。

Gasthof Krone

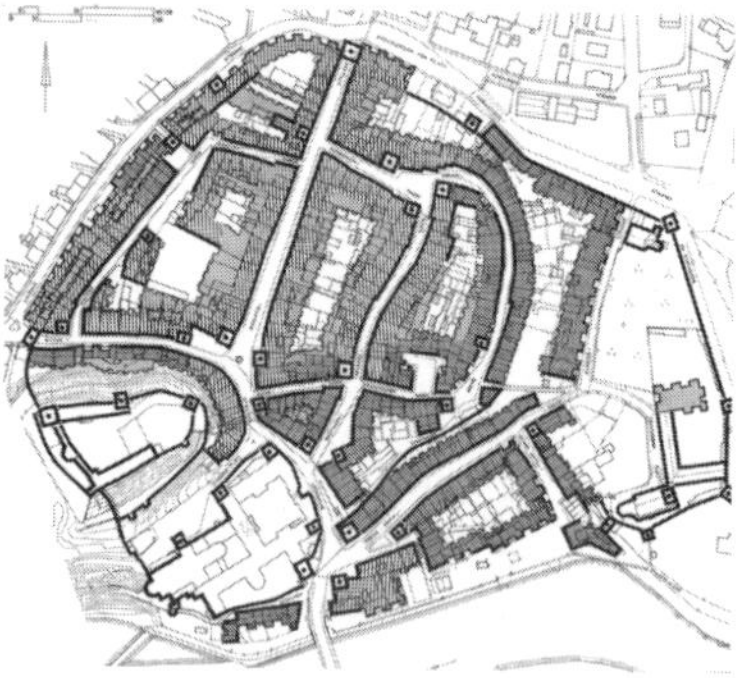
Neuordnungsrahmen
Baulinie bindend
Raumgliedernde, raumbegrenzende Gebäude und Gebäudeteile bindend
Baulinien und Baugrenzen im einzelnen noch festzulegen -
1–2 Geschosse
2–3 Geschosse
3–4 Geschosse

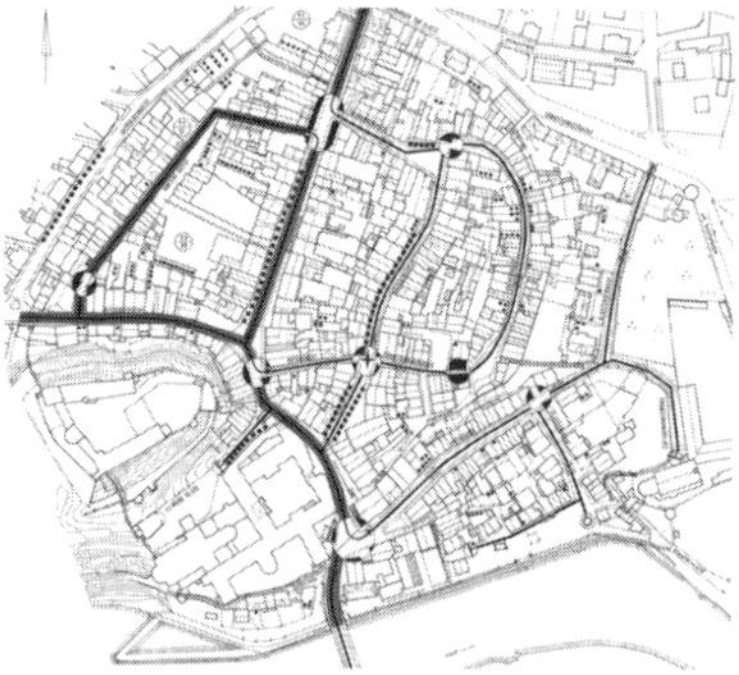
Konfliktbereich: Stauungen beim Linksabbiegen
Unübersichtliche Kreuzung
Engstelle
Sackgasse ohne Wendeschleife
Sackgasse mit Wendeschleife
Halböffentliche Parkfläche mit Angabe der Stellplätze
Parkuhren
Private Garagen und Stellplätze
Verkehrsampel
Funktionsüberlastung
Reine Fußwege

Bebauung
Ausstattung der Wohnungen
Gebäudezustand
Ausstattung der Wohnungen Blockweise Quelle: Gebäude- und Wohnungszählung 1968
90–100 Punkte Ausstattung mangelhaft
100–120 Punkte Ausstattung ausreichend
Gebäudezustand
sehr gut
gut
Mittel
Schlecht
Abbruchreif
Zur Zeit der Erhebung im Bau bzw. im Umbau begriffen

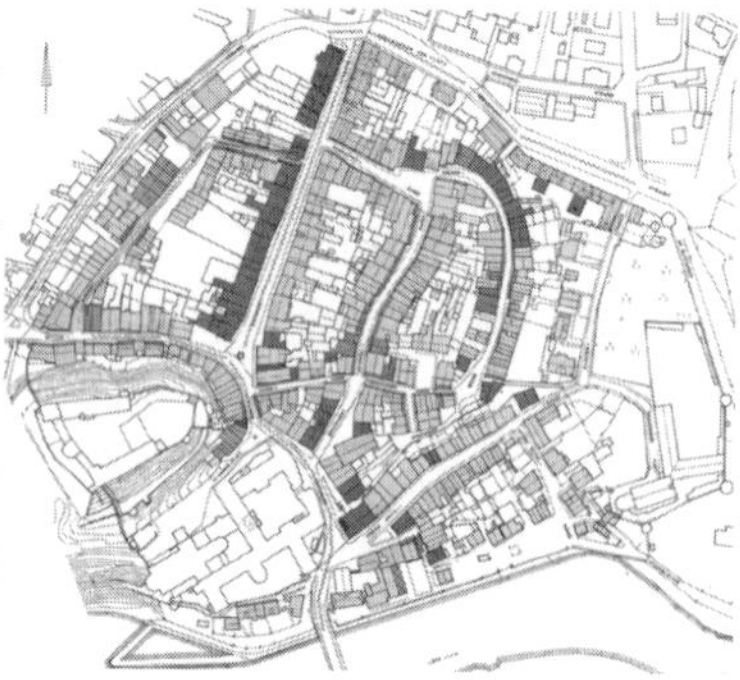
Belichtung
Besonnung
Verkehrslärm
Belichtung nicht ausreichend
EG bis 2. OG
EG bis 1. OG
EG
Besonnung ausreichend
im EG
im 1. OG
im 2. OG
im 3. OG
Besonnung nicht ausreichend durch Topographie oder Himmelsrichtung
Besonnung nicht ausreichend durch zu geringe Gebäudehöhe und Straßenbreite
sehr starker Verkehrslärm

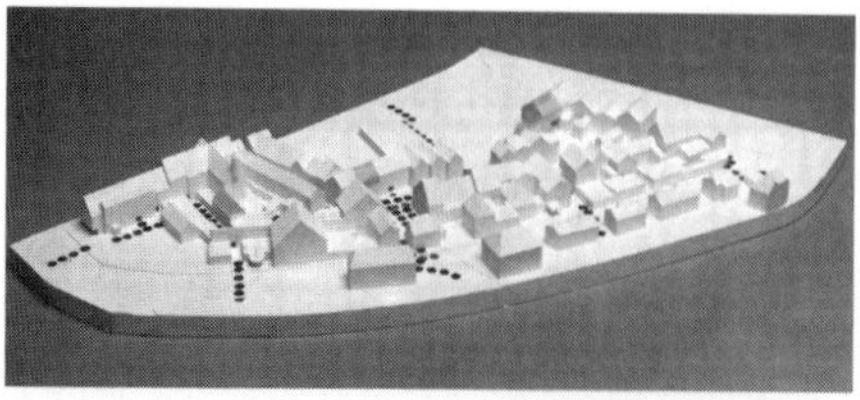

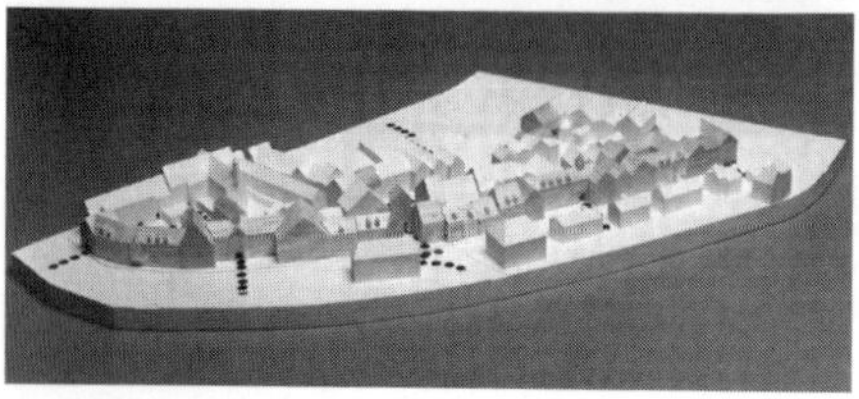

Erneuerungsbedürftige Bereiche
Materielle Mängel (Mängel aus Wohnqualität und Gebäudezustand)
1. Grades
2. Grades
Immaterielle Mängel (Mängel aus Stadtgestalt)
1. Grades
2. Grades
Zur Erneuerung anstehende Bereiche
1. Grades
2. Grades

べて、自治体側が建物の建て替えの予見を立て、街並みの保全を先取りしたことである。ここでの政策の基本は「MUSEUM or CITY（博物館か街か）」と行政側が住民に問うたひと言で表せるように、観光には極めて効果的である博物館的都市に改修するのか、または、住民が現代的な生活をするのに十分な快適な環境を確保するための改革をするのかの二者択一であった。街区の建物所有者の六割が街の住民であるから、官の側は住民の参加がなければ行政の案も砂上の楼閣にしかならないと民の「経済的」と「実働的」な協調を訴えた。住民が生活都市への指針を支持したが、結果的には古い街並みを可能な限り保全しながら、街並みを快適な住空間に改善するという折衷案にも見えるものである。

短い期間で仕上げなくてはならなかったと自嘲気味に自治体は反省するが、逆にそれゆえに対応が早く、短い間に施策が講じられたということで言えば、大きな問題に発展する前に対応策がとられたという模範的な事例にもなるだろう。オールドタウン全体を歩行者優先にしてまず車の弊害を除き、容積率の格差を是正して採光、通風のための空地を確保するといった街づくりがなされている。

これらの例のように、住民一人一人が共同体を保持するための「義務」を履行し、街に生活するための快適性が確保され、その過程が住民の自覚を生み、それによって秩序のある街並みが形成され、それが観光客を魅了するという結果になるのが理解できるであろう。場合によってはかなりの不便さがあるにもかかわらず、何ゆえにこのように昔からの街並みにこだわるのかは、我々日本人には理解しがたい部分がある。しかしながら、歴史的建造物保存法の規制があるからとか、つくり直すより簡単だからとかいった表面的な理由ではなく、もっと深いところにある本能的な行為に感じられるのは確かである。新しい建物を建設する場合でも、既存の街並みに溶け込むように計画され、列を乱すような自己主張

右頁　フュッセン再開発
右上　交通現況調査　渋滞状況、幅員不足、見通し不良、過剰交通量等の調査図
右二　建物現況調査　建物の老朽化や欠陥度を調査し、その満足度に応じた分類図
右三　住環境調査　採光、日照、交通騒音の状況を調べ、住環境の快適性での欠陥度図
右下　改善緊急度状況　建物の老朽化の度合いと、居住環境の欠陥度に応じた改築、修復の必要性の緊急度図
左上　計画指針図　新たな街区構造の秩序景観の構造などの他の分野にわたって現況調査はなされ、その調査結果を分析して計画指針を出すプロセスがとられる。
図　壁面線、建物階数や、景観上のシンボル性をもつべき建物を指定している。
左中　西側地区の建設計画図（B - プラン）
左下　建設計画模型　上は現況、下は計画B - プランにはほとんどの場合、模型が添えられる。住民公聴会には必需品である。
出典：フュッセン市建設部

もせずに一つの規律の中で街並みを揃えてなされる。ヨーロッパでは一人一人の自由が保障され、個人の意見や権利が尊重されると考えられているにもかかわらず、ほとんどの町で、悪い意味での自己主張の強い建物がないのが不思議であり、感銘を受けるところでもある。

集合住宅地の景観

ドイツ連邦建設法では、良好かつ快適な住環境の確保と保全を目的として都市整備を行うことが第一義と謳われている。元来、都市計画は産業革命時代に急速に建設された労働者用集合住宅地域の劣悪な保健衛生の環境を修復・改善することから始まり、その後、密度の高い住宅地域のニュータウンを計画するようになったという経過がある。都市計画や都市デザインの本質が、居住環境をいかに良好にするのかを工夫するのであれば、集合住宅計画はまさしく都市をデザインする基本と言えるであろう。このことは都市の成立当時の状況や、東西ドイツ分裂当時のベルリンで見られたように、限られた土地にいかに多くの住居と、それにもかかわらずいかに良好な居住環境を確保するのかということが計画の重要な課題であったという事実を考えれば理解できる。

ミュンヘン・テクニカル・ユニヴァーシティでも都市デザインの演習は、向こう三軒両隣（この感覚はドイツにはないが）の集合住宅や、長屋（連棟住宅）を基本とした居住地計画から始まった。その内容は、一戸の住宅を図面化して、その住宅を集めて居住地域を形づくり、片方で居住の密度にあった都市サーヴィス施設や道路を計画し、もう一方でショッピングセンターなどの商業施設を加えて、街をつくりあげていくというプロセスをとる。この過程の中では、いくつもの建物が集まったときの集合体としての造形や、それが連なったときの

ミュンヘン・ハイドハウゼンの建設例
古い街並みの中に建設された新しい建物も、周辺の建物のモチーフ、例えば出窓などを借りてデザインされている。当然、壁面線、高さ及び材料を揃えることは言わずもがなである。

街並み景観のデザインをしていくことに重点がおかれる。この場合、道路のカテゴリー[*12]をつけた明快なネットワークが街並み形成に重要な影響を与える。このプロセスを考えれば、都市デザインは住宅を集合させて計画することから始まるというのが理解できるであろう。

この例として、一九八〇年に、ミュンヘンの中心より北八キロに位置するドイツ連邦共和国防衛軍の射撃訓練場になされた集合住宅の都市計画競技設計をあげてみる。六〇ヘクタールの土地が空くことになり、敷地面積の三分の一の二〇ヘクタールの土地に、一五〇〇戸〜二〇〇〇戸の住宅と九〇〇戸の学生寮、その他にショッピングセンター、学校、幼稚園、教会や介護施設などを設ける条件であった。周辺は農地であり、敷地そのものは平坦で、デザインのきっかけとなる地勢的な特徴も、周辺の建造物もないロケーションであったが、採用された案は自然を大きく中央に引き込んで水辺をつくり、それを中心として半円状の街区を形成したものである。その形に沿って通過交通路から引き込んだ街路を、グレードを下げながら居住地内に張りめぐらせ、全体が一つの纏まりと秩序をもった特徴のある住宅地域に出来上がっている。ドイツのこのような大規模な集合住宅計画では密度の高い建設形態をとり、庭つきの住宅でも連棟住宅とするのが通常である。したがって、街並みを形づくるのは容易と言えるが、日本における集合住宅の計画方法、特に建売住宅の状況と比べてみると街並み形成の手法の違いが明確になる。

その例をあげてみよう。日本で建売住宅の売上げの伸びが緩やかになったときに、「新しい手段としてドイツの環境を重視した集合住宅の手法を取り入れて計画したいが」というアドヴァイスを請われたことがある。一戸の敷地の大きさが一八〇〜二〇〇平方メートル、床面積一二〇〜一四〇平方メートルであったので、このような広さの敷地での集合住

＊12　道路のカテゴリーが明確でないことが、日本の都市に秩序が欠けるという原因の一つである。

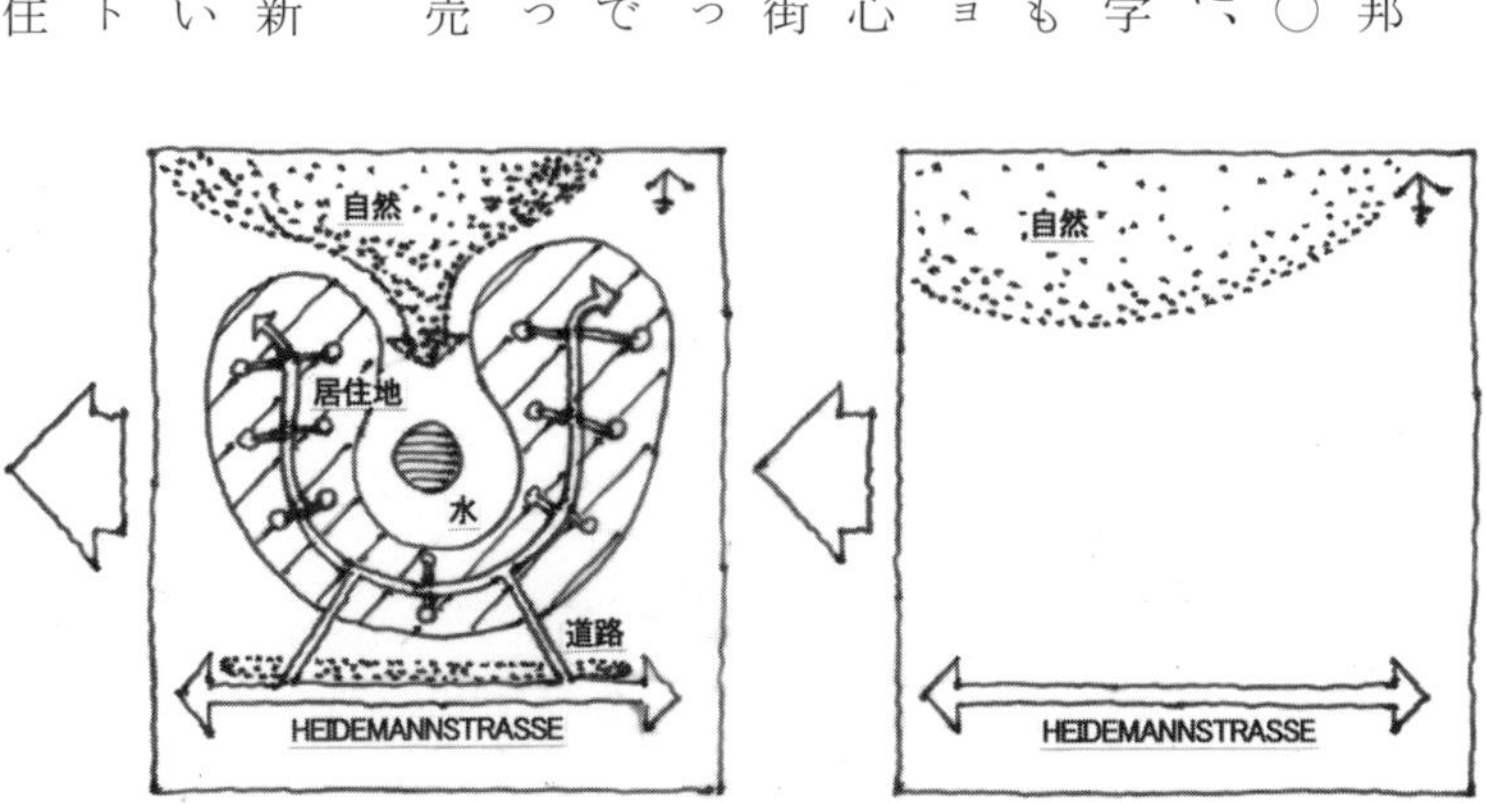

ミュンヘン・ハイデマンシュトラーセ

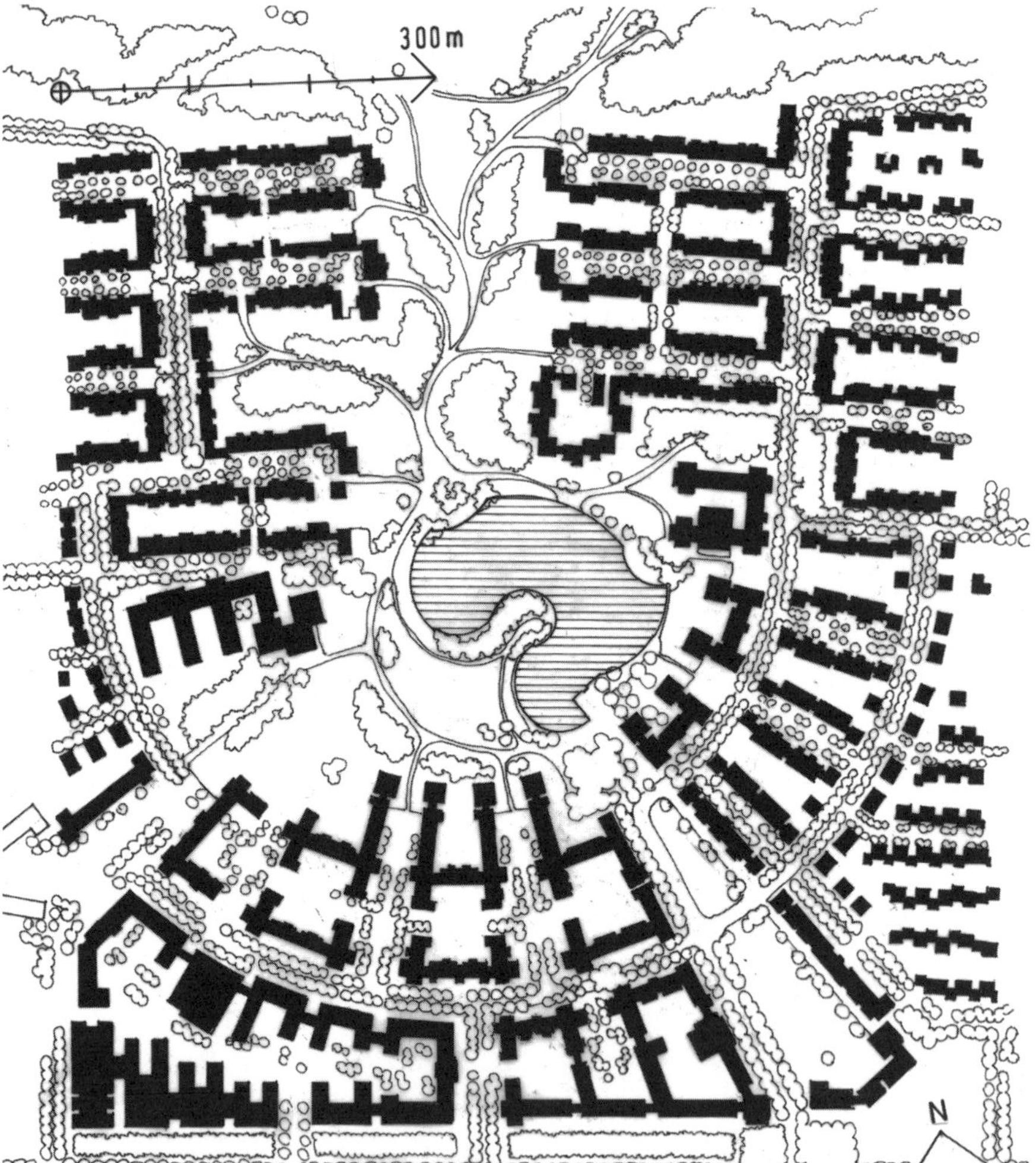

ハイデマンシュトラーセ集合住宅地
建築設計：P・ペッツォルド
造園設計：G＆T・ハンスヤコブ

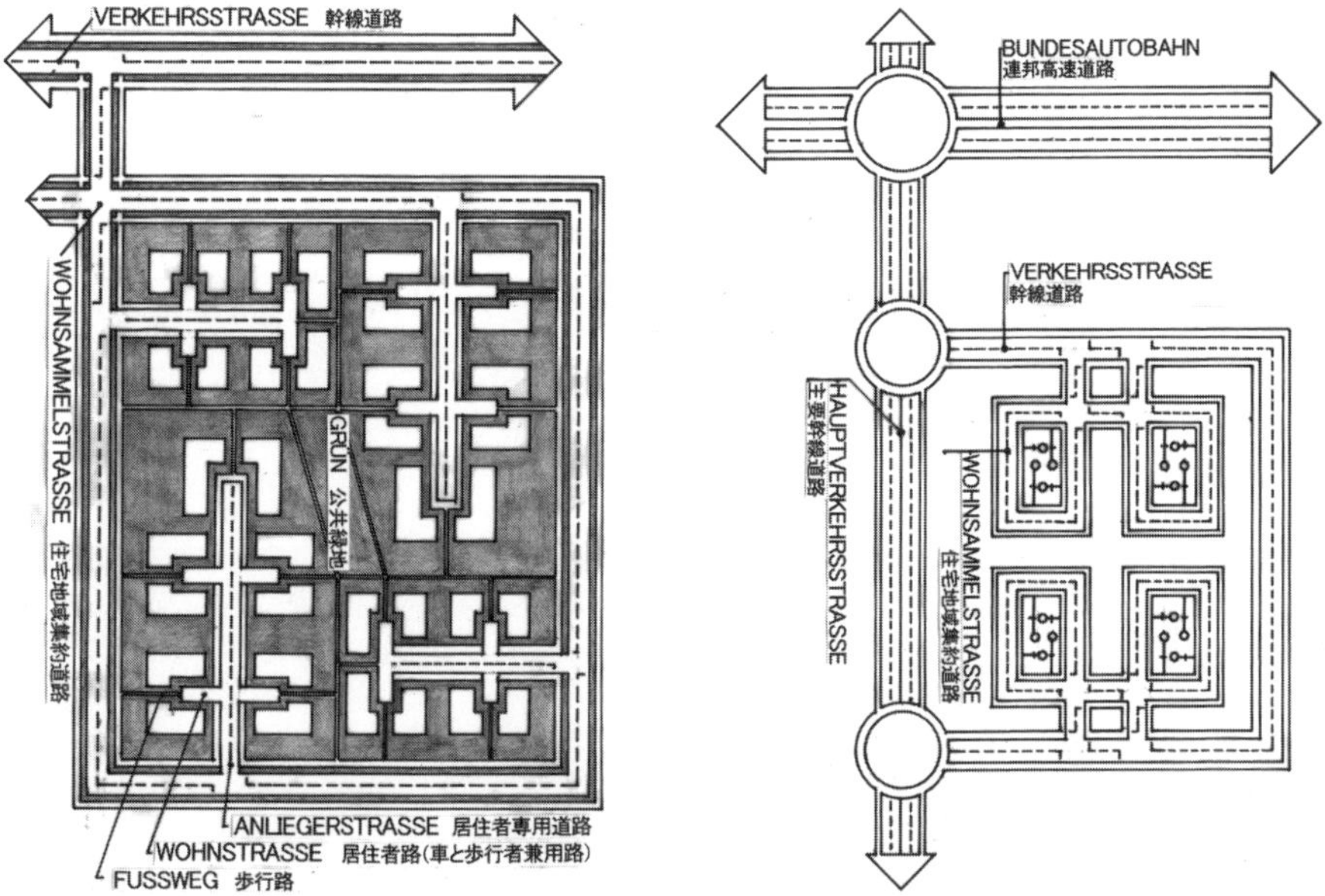

道路のヒエラルキー　右　高速道路から住宅地集約道路　　左　幹線道路から歩行者路

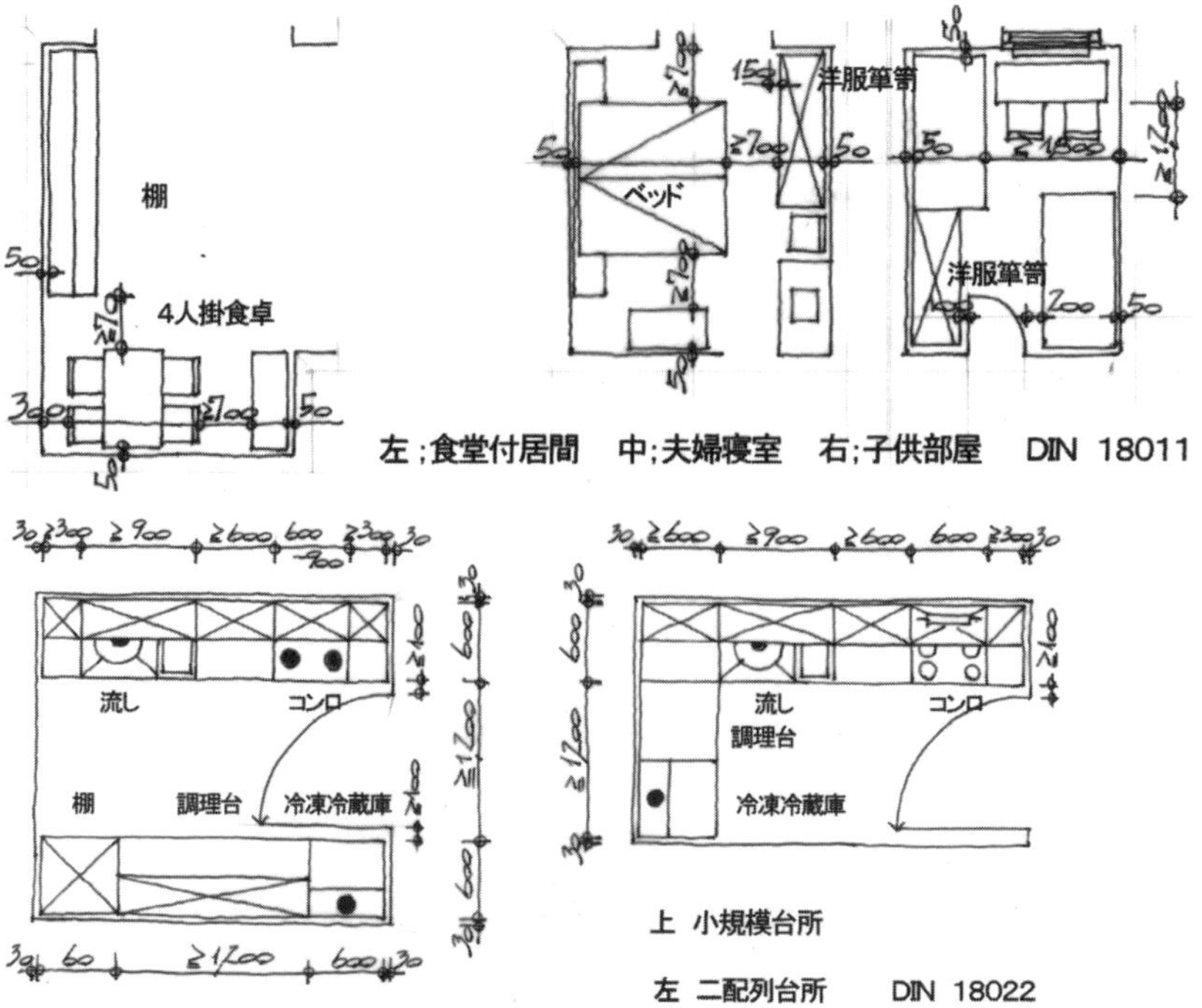

DINの基準寸法　上段　居間、寝室、子供部屋　下段　台所

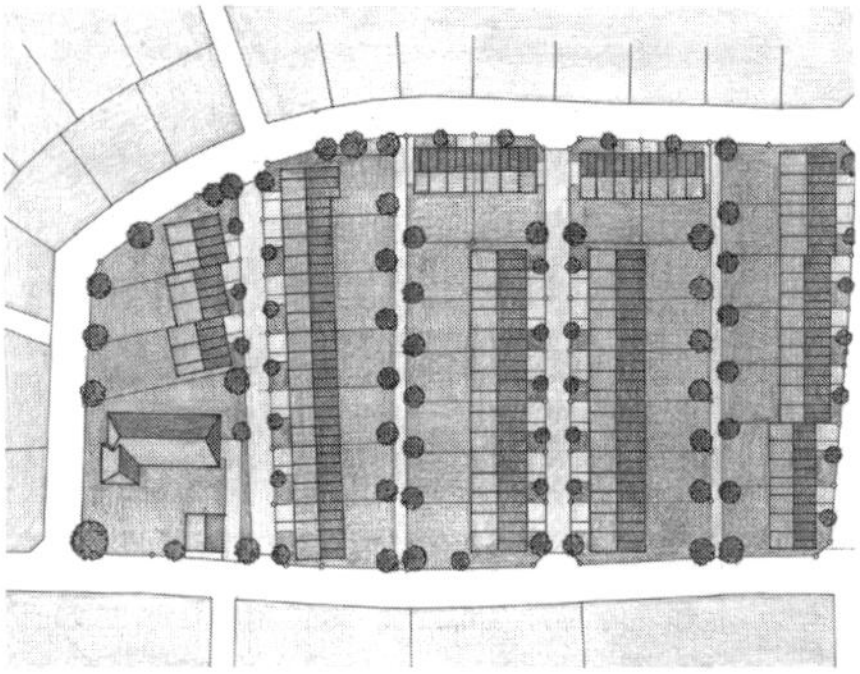

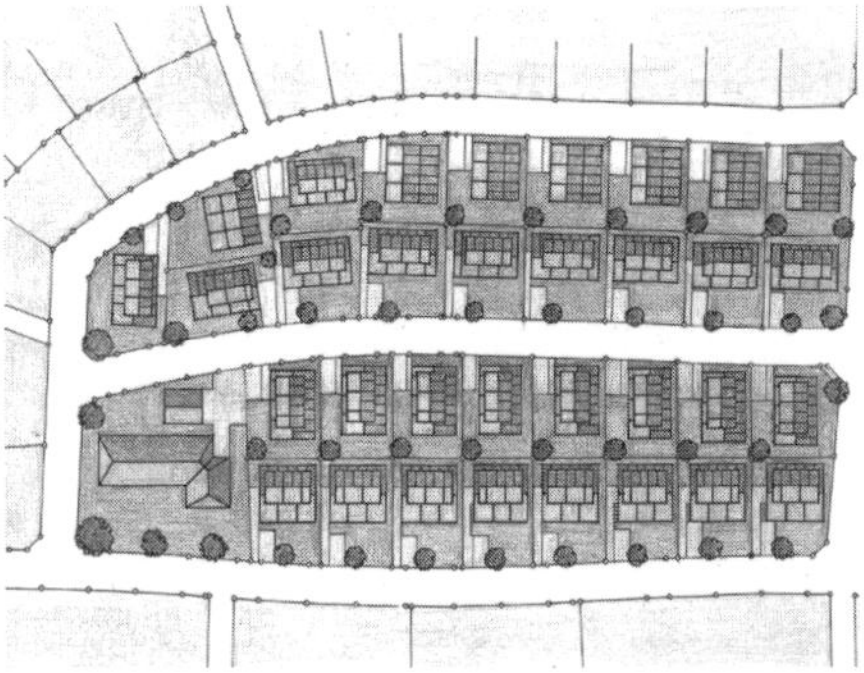

某集合住宅地計画

一個の住宅床面積と敷地面積及び住居個数は同じである。にもかかわらず緑地のあまり方に大きな差がある。戸建ての場合はあまった空地であるが、連棟で街区を構成すれば緑の中の住居地区という環境が出来上がるのは明瞭である。

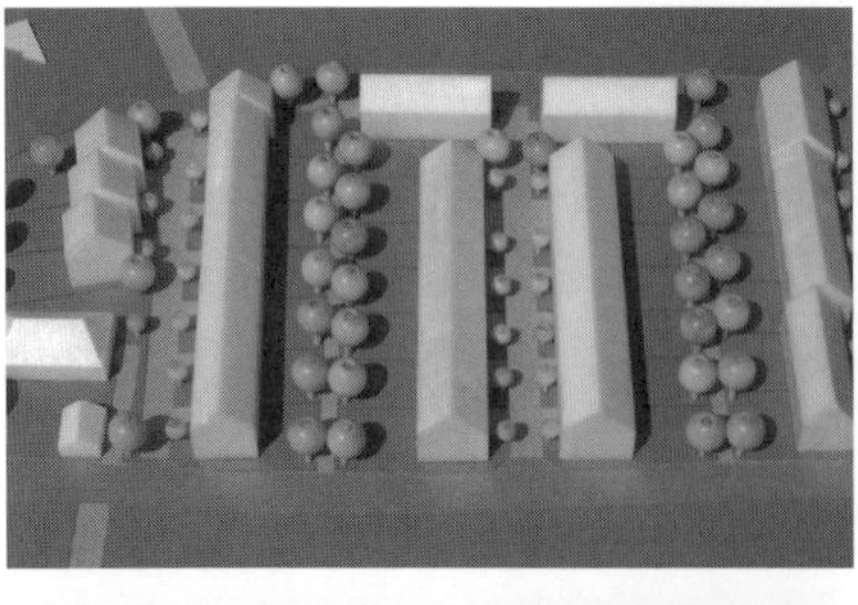

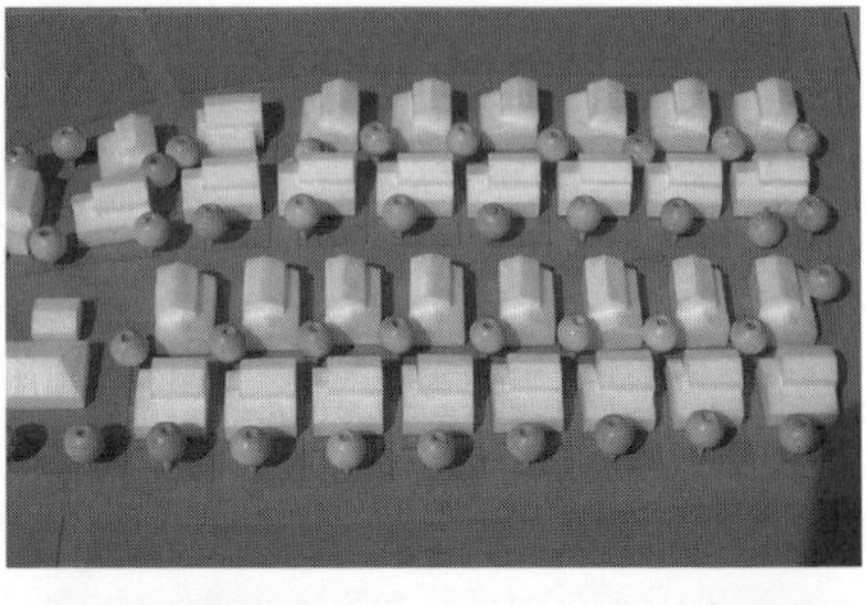

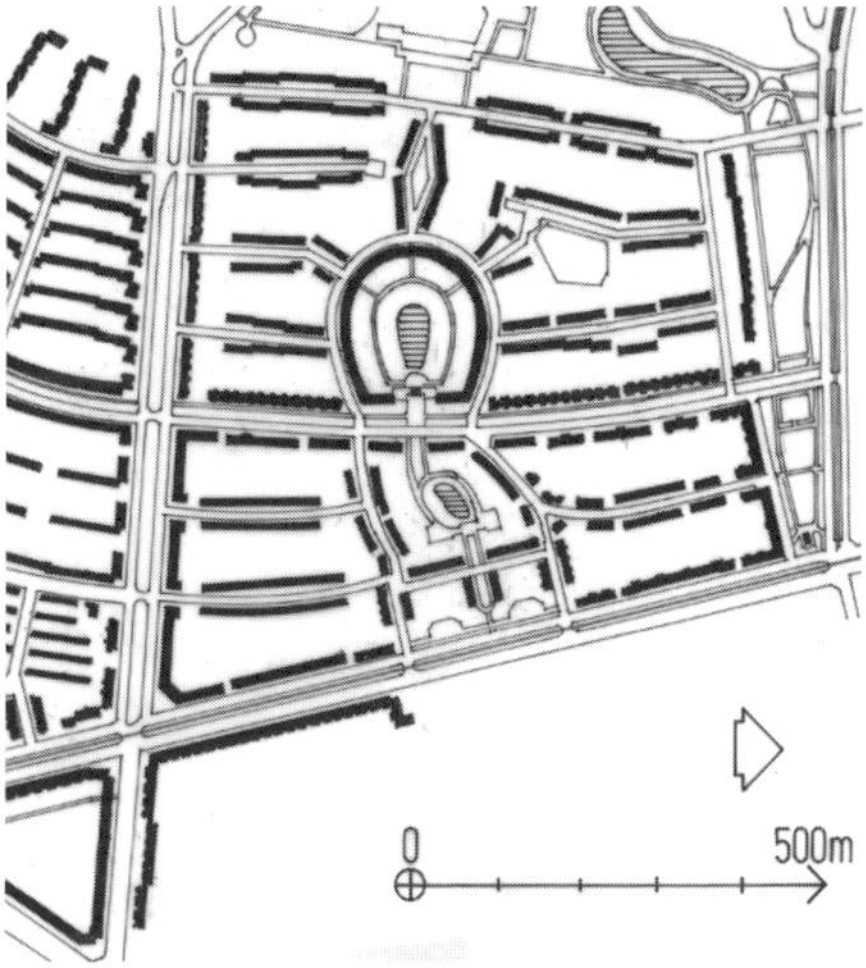

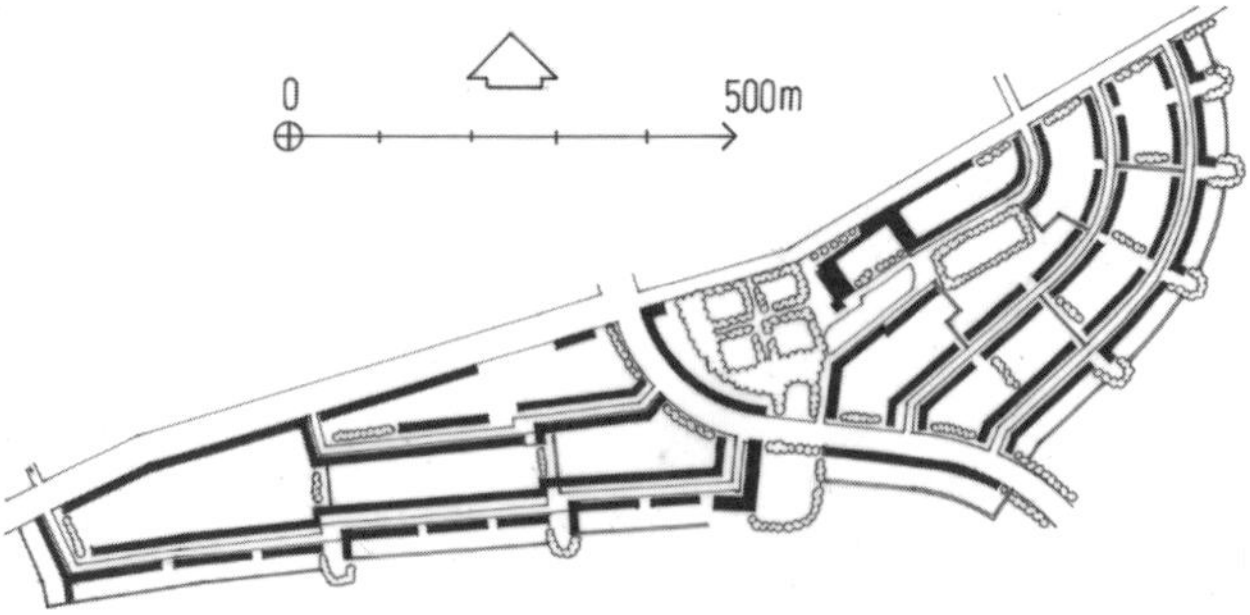

上　ベルリン・フーファイセン居住区
設計：ブルーノ・タウト
下　フランクフルト
ローマーシュタット居住区
設計：エルンスト・マイ

宅地域はドイツでは長屋をもって計画するのが通常であるので、何の躊躇もなく連棟住宅での提案をした。一つ一つの家がばらばらに建っている街区の景観のなさや、また敷地が十分な広さをもっていないので、住宅を建てた後に残った土地が環境を良好にするには不十分であったことが理由である。

日本では長屋という言葉にはよい印象がなく、販売が困難という拒否反応が感じられたので、家具の配置や採光のためには、部屋に窓は一つで十分なことや、通風に関しては町家の例も示してプランニングで解決できるという理由で、家の周りがすべて空地である必要はないという設計上の根拠を説明した。また、工費的にも一戸建てであれば建物の五面の仕上げが必要だが、長屋なら両端の家以外は三面の仕上げですむので工費削減が可能で、両隣が暖房で暖かければ光熱費を減少できる効果も説明した。

さらに、重要なのは敷地の半分近くが庭として残り、それが連続していればグリーンベルトとして環境をつくり、時間を経れば都市の環境改善にもつながるなど、一戸建てと連棟の場合での違いを示した。これが、最初に求められた課題であったので、その例として、一九二〇年代のエルンスト・マイやブルーノ・タウトが設計した集合住宅を提示して理解を求めた。また、自らの経験を混じえて、庭があることで自宅で生ゴミ処理ができ、ゴミの分別を自動的にするようになり、まさしく環境問題の自覚が生まれるとの説明も加えた。しかし、今まで長屋の経験がないという簡単な理由で否定されてしまった。「最初」に試みることが販売にとって有効であるにもかかわらず、日本では「前例」というのが重要な根拠のようであった。

これは小規模計画の例であるが、それでも工夫によって環境をつくりだすことは可能である。したがって、集合住宅地計画では、その規模が大きくなればなるほど街並み景観の

街づくり提案11

道路のカテゴリーを明確にする。道路使用目的を遠距離交通、通過交通路から住宅地道路及び遊戯兼用路といった都市機能に準じた利用目的で明確に区分する。

ミュンヘン
同じようなタイプの建物が並んで、単調な景観をつくっている。形が揃っていても、一個の単位が単調であれば景観もそのようになる。

構成の仕方に創意が必要になる。建物を揃えて建設すれば、ある程度の景観をつくることは可能だろうが、だからと言って街並みが美しくなるという補償は何もない。何の工夫もなく、単に経済性だけを先行させて建設されたアパートが並んだ住宅街は、軍隊の兵舎の無味乾燥な雰囲気と同じ感じがするのを想像すれば理解できるであろう。配置計画の質で住環境が向上するということは前述の集合住宅計画で示した。

同じように、建物一つ一つの質というものも街並み景観の質を左右する。居住条件を良好にすることは住宅地環境だけではなく、一つ一つの居住空間の快適性についても考えなくてはならない。生活するのに良好な住宅が集まって良質な街並みができるということを考えれば、一戸の住宅のクオリティーを保つことも都市を考えるときに必要である。建物による景観の美しさに加えて、そこに生活する住民の住居と街に対する満足度が自然に街並みの秩序に影響するからである。

ドイツ工業規格[*13]には、様々な工業製品の規格やクオリティーの基準などが決められているが、社会住宅基準[*14]の数値も示されている。例えば、この基準に照らし合わせると、京間の六畳はドイツ工業規格で「部屋」と称することはできるが、田舎間の六畳は「部屋」と言うことはできず、半部屋と半人前の扱いしかしてもらえない。どういうことかと言うと、まず面積を計算してみる。京間の六畳は二・八八メートル×三・八四メートル＝一一・〇六平方メートルで、田舎間は二・六四メートル×三・五二メートル＝九・二九平方メートルとなる。面積が一〇平方メートル以上でなければ完全な「部屋」とは言えないということが謳ってあって、部屋の広さから京間は一人前の部屋、田舎間は半部屋としかならないのである。新聞のアパートの広告などで、三カ二分の一の部屋数八〇平方メートルとか、二カ二分の二の部屋数七五平方メートルなどといったものを見かけるが、この分数

＊13　ドイツ工業規格（DIN）
DEUTSCHE INDUSTRIE NORM

＊14　社会住宅（SOZIALWOHNUNG）
一九世紀の労働者住宅を起源にする住宅。この住宅基準を生活するための最低基準としている。

が一〇平方メートル以下の部屋を指している。これを日本式に表現すると両方とも三LDKの表示になる。

通常、最小面積で設計がなされる子供部屋の大きさは、ベッド、学習机、本棚、洋服ダンス等の家具を入れ、フリースペース一・八メートル×一・六メートル*15をとると最低一〇平方メートルになる。したがって、一〇平方メートル以下では生活をするための最低機能を満足できないから、客室等の予備の部屋とされ、「部屋」扱いにはしない。したがって、一〇平方メートルが「部屋」の最低基準になる。さらに家族の人数によって床面積の目安が記されていて、居間の大きさは二〜三人の家族なら最低二〇平方メートル、四人なら二二平方メートル、二人家族ならトイレと風呂は一緒で構わないが、三人以上なら別にしなければならないとか、どの住居にも必ず一平方メートル程度の収納庫が必要とか、台所の寸法も食器棚の大きさも含めて、生活するのに最低必要とされているスペースに関して詳しく示されている。人数分だけ部屋数が必要とされているので二人家族なら六〇〜六五平方メートル、三人では七五〜八〇平方メートル、四人では八五〜九〇平方メートルが標準の広さになる。これが最低の基準と認知されているので、住宅、特に集合住宅を設計するときにはこの基準を参考にしている。

この住宅建設においての生活寸法に関しても、現在の日本の建売住宅は矛盾を犯している。住宅の大きさを示すのに三LDKや四DKという表現を使うように、生活様式はベッドやソファでの生活を前提としている。しかしながら部屋の大きさを畳数で表すように、寸法は未だ「尺」の単位で意識されて建設されている。西洋家具などに対応するようには考えられていなかった「尺」寸法の部屋に、異質物が入るので混乱が起きるのは当然である。狭い空間を収納家具でうまく使いこなしてきた知恵はここでは活用される余地はない。

＊15　この基準がどこにあるかは不明

言ってみれば、和食をナイフとフォークで食べるような不都合さを強要しているということに売り手は気がついていない。「和」の基準での建設なら和の生活を可能にするべきであるし、洋式の生活を想定するのであれば、洋の寸法での建設を行うべきであろう。この「洋尊和碑」[*16]の非論理さを、住宅建設だけではなく都市の建設にも見出すことは簡単である。生活様式が異なるドイツ風の景観をもった街並みを報告書に要求されることがあるのがその典型である。

建設許可

都市に関しても建物に関してもいろいろな規制があり、ドイツでは建設行為は難しそうにも思えるが、基本的に建物は公共の利益に反しないという範囲で個人の自由に建てられる。ただし、自分の土地に自分の建物をと言っても自由気ままな建設は不可能で、周辺の街並みに添わない建設は始めから許可される可能性はほとんどないと言ってよい。とは言え、時にはこの習慣が例外という事例もある。外観が彩度の高い赤で塗られた建物がミュンヘンの中心市街地に建設されたことがある。しかし、すぐになぜ建設許可が下りたのかという行政に対する批判から、街並みの落ち着きを損なうことに無神経なオーナーへの批判が、日本では考えられないほどの激しさで起こった。しばらくして、彩度の低い赤に外観は塗り替えられて騒ぎは収まった。

建設許可条件は、計画敷地が連繫建設街区内にあり[*17]、土地利用計画図の用途に指定された敷地利用の建設で、その敷地が公共道路に隣接し、生活サーヴィス都市設備が設置されていることである。建設技術上は各州の建設令[*18]の監査を受けてなされる。都市計画上の条件は、計画建設物がドイツ連邦建設法三四条の意図に反していないことである。連邦

＊16　洋尊和卑
「男尊女卑」というグローバル社会では人権問題にまで発展しそうな、日本の古くからの悪しき風習がある。それと同じ水平線上に、西洋を尊び東洋を蔑むような感覚が日本人には潜在する。この感覚を「男尊女卑」の表現を借用すれば「洋尊和卑」という熟語ができる。この感覚もグローバル社会では弊害にしかならない。例えば、欧州で名もない音楽家が日本ではマエストロ扱いを受けるが、実力のある演奏者が日本では実力以下の扱いを受けておられるように、これは建築の世界に限らないことである。これは、能力よりも外見に価値観をおくという、グローバルな価値観とは異質な価値判断の仕方である。外国人はすぐに床の間を背に座布団を敷いての歓待で迎えられるが、日本人の場合はそこまで通されるには雑巾掛けや皿洗いをしろと言われる。インターナショナルはナショナルを同じ水平で扱うことを基本として成り立っているということがここでは理解されていない。

＊17　ニュアンスは異なるが、日本での市街化区域内と言ってもよいかもしれない。

＊18　ミュンヘンでは、バイエルン州建設令第六五条の許可、または第六八条の同意が必要である。

建設法第三四条は「一街区・一地区が都市建設的に発展する方策」を示し、個別の建設行為が許可されてよいかどうかという、一見、単純にも思える一点で都市の全体像を調整している。さらに自治体がある地区に関して作成した建設計画図、B－プランがある場合は、この具体的な建設条件に準じて許可性が監査される。

これらの法制度に適合しながら作成した設計図で、ミュンヘンの場合は地方建設委員会に許可申請を提出する。提出前に造園局で緑地の面積や植樹本数、消防署との打ち合わせで防火区画や避難路の確保の確認をしながら、許可可能な図面に仕上げておくのが通常である。したがって、違反建設は起こりそうもないが、それでも違反建設がなされた場合は、それを行った申請者は責任をもって、経費自己負担で違反部分を撤去するか修正する義務を負う。

日本では違反の建設でも完成したら既成事実として認められ、既得権というおかしな権利が先行して公の側ではそれを撤去することは不可能という話を聞いたが、違反は違反という法の原理はどう考えられているのか不思議である。もっと不可解なのは、六割の建蔽率の土地に八割建てたら、撤去命令の代わりに八割分の税金の要求を出すという自治体の法に対する無責任さである。このような本末転倒はドイツではありえないし、法というものの尊厳さを考えれば、どこであっても民主主義を社会的規範とするところではあってはならないことである。もしもそのようなことがあるとしたら、公共側には、公共の利益を優先させるという理由での建設違反を取り締まるだけの正当性がなくなり、個人の我儘な権利だけが主張され続け、都市としての秩序のある纏まりは消滅するしかない。

連繫建設街区‐関連性を保って建設された街区

連繫建設街区とは、「例え（ところどころに）空隙があったとしても、一体的な纏まりの印象をもつ建設物群街区であり、各々の建物が関連をもちながら連繫して建設されていることによってその特徴が顕著になっている街区である。また、連繫されて建設されている街区は、すでに建設されている敷地、建設可能であっても建設されていない敷地、それと、自然な形で、例えば溜水や流水、または特別な目的で、例えばスポーツ施設や公園、建設がなされていない空地によって成立している[*19]」と規定されている。空隙は街並みの纏まりに弊害をもたらすと考えられるが、街区における空隙の典型である広場を考えれば理解できるように、空隙も街区の特性を構成する要素でもある。公園やその他の公共空地などで、並木が空間の連続性をつくりだすように、ドイツでは植樹などによって空隙を埋めて街並みの連続性を保つ手法を多く使う。したがって、建設可能な敷地の空隙に新たな建設を行う場合には、その建物が既存の街並み景観に参加する要素としてのクオリティーとか、その建物が建設されることによって生じる空地、つまり、その建物がつくりだす都市的空間が街区の特質を損なわないということが最低条件になる。街区の中に存在するための必然性というものが重要である。

一個の建物を街区の中に建設しようとするのであれば面倒な規定に思えるが、ある意味で敷地のゲニウス・ロキであると理解すればよいかもしれない。または、かりに自分が計画した街区に新たに建物を計画するということを想定すれば、それらの条件は自らが設定したもので、設計する際には当然、考慮するべき事項であると理解できる。もちろん、既存の街区にはなかった特質を、新たにその街区に創造することを意図するのは歓迎されることである。その場合も、街並みの脈絡に添ったものであることが望ましい。

＊19　州都ミュンヘン都市計画建設令専門部会作成『連邦建設法三四条の手引き』

ミュンヘンの街並み

ウィーンはドイツの都市ではないので連邦建設法の例としては不適格かもしれないし、また、周辺の建設様式からは逸脱していて、昔からそこに存在していたような振る舞いにはほど遠い建設ではあるが、地域の活性化をもたらした例をあげてみる。ウィーンの三区には社会住宅が多くあり、他の地区に比べてこれと言って特徴がないので、ウィーンの一角とは言え、観光客もよほど物好き以外はこの地区を訪れることはなかった。しかし突然、彫刻家のフンデルトワッサーが設計した集合住宅が市の住宅建設事業の一環として建設されると、その特徴ある建物の見学にこの地域を訪ねる人が増した。

人が増すにしたがって、周辺にカフェやレストランが進出し、お土産店舗もでき、街に活気が溢れるように変貌した。ここの住宅に住む人たちはこの建物を自分のものとして使っていて、生活をしていて楽しく、それゆえにさらに住みよくなるように工夫をしたいと一様に語る。さらに、誇りをもって、次の世代にまで引き継いでいきたい建物であると説明するので、ここでは趣向的是非は語れないが、その時代の質を反映した建築物が地域の活性化を惹き起こすという、一つの例として語ることはできる。そのような生活様式が街区全体に広がれば、それが新しい街の特質に発展していくであろう。この例はドイツにおいて実現可能かどうかは少し疑問点もあるが、必ずしも伝統を継承した建設だけが優先されるものでもなく、新たな考え、様式も街の発展には必要であるという概念の例として理解していただきたいと思う。

周辺地区への融合性-連邦建設法第三四条の基本概念

建設法三四条の基本は、「新たに計画する建設物が周辺地域の既存の健全な居住環境を保全し街区の景観に悪い影響を与えることなく、むしろ街区の特性に適合し、さらに公共

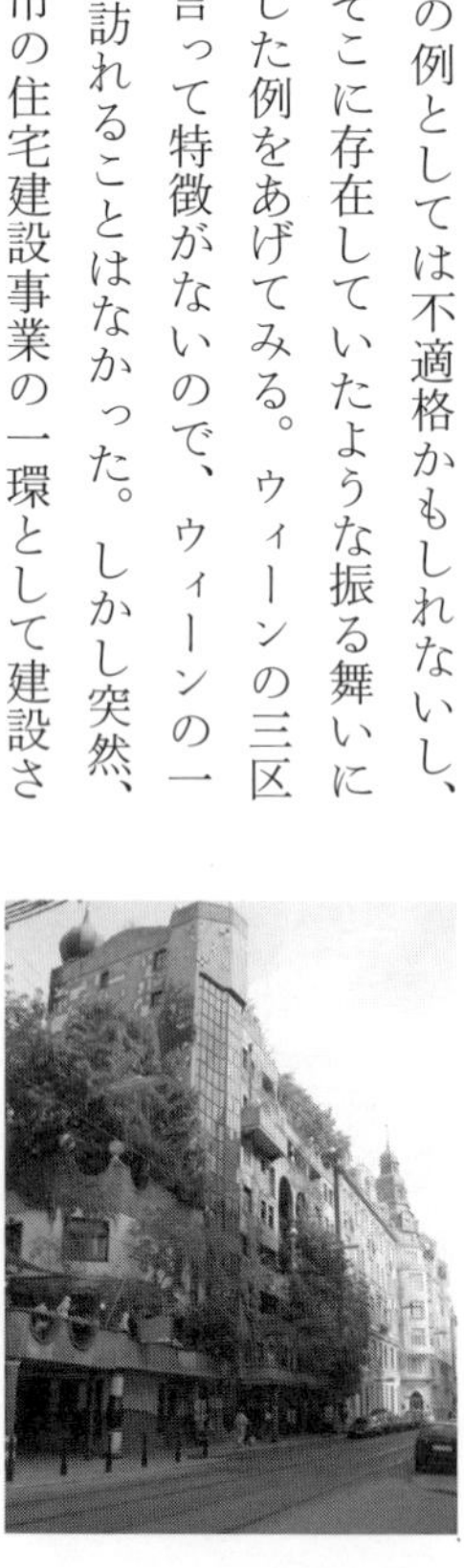

ウィーン・フンデルトワッサーハウス
市建設局主導の集合住宅政策の一つ。突然に、誰も予想できなかったような建物が出現して、街区の様相は一変した。作者の名前が冠せられている。
設計：フリードリッヒ・フンデルトワッサー

左頁　ミュンヘン・ハイドハウゼン地区再開発
高さも容積も異なるいくつかの時期の建設様式が混在して、街並みの秩序が不明瞭であった。各々の建物の老朽化の度合いにも差があり、住環境が劣悪な区域も多くあった。再開発ではその混在を逆手にとって、無秩序の中に散在していた空地を連繋することによって、グリーンベルトを街区に貫通させて建物の混在が一つの特徴となるように構成し直した。住環境が改善されると同時に、街区に一つのアイデンティティーが生まれた。

の利益に反してはならない」ということである。健全な居住環境ということに関しては、特に採光、通風、日照ということが記されている。街区の景観が新たに参入する建設物によって悪影響を受けないという部分は、周辺地域の独自性を形づくっている建築様式の調和、例えば切妻面が道路に面している配置、建設が連続しているか、個別なものか、屋根の勾配などの調和の要素に関するもので、それらの調和が乱されないこととされている。

　そして、例え周辺地域の一部に健全ではない住環境や、周りの街区の景観とそれほど調和していない地区があったとしても、この不健全な環境に準ずるような計画案は許可されないとしている。あたかも周辺地区の環境に適合するという大義名分で、我田引水的に劣悪な要素を取り込んだ計画は、新たな建設行為はつねに環境を改善するものであるという基本概念に反するから当然、許可はされない。とかくこのような場合、概念を素直に理解しようとせずに、制度・法令は規制するものであるから、そこでは自由な発想ができないという先入観念に縛られて、何とか抜け道を見つけだして、個人的な利益だけのために重箱の隅を楊枝で突つくような議論が起きやすい。これは自由（気まま）な設計を法制度が規制しているという、ネガティヴな捉え方をしている証明でもある。逆に、ポジティヴに考えれば条文の読み方が変わってくる。例えば、計画をするときに何のアイディアをもちあわせていないという場合を考えてみると、B-プランに規定されている条文を読めばある程度のデザインの指針を示してくれるという理解の仕方もあることに気づく。さらに、条文には都市デザインの方向性を示し、デザインクオリティーを向上させる指針が示されているので、ある程度の造形は条文の影に存在していることも読み取れる。それに、すでに決定されている都市計画の規制事項を超えても、環境や景観をそれ以上に改善するような提案は受け入れられるという柔軟性を行間に読み取るのは簡単である。

この基本的概念を、周辺地域の居住環境や街区のシルエットが健全であるという前提での話だが「新たなる建設は周辺地域の環境を把握して、あたかも昔からそこに存在していたような振る舞いをしながら、よい意味で現代をもちこんでその地域の向上をもたらすようなものであるべき」と解釈すると理解されやすいかもしれない。その例として、よい意味で現代をもちこんだ全く新しい建物が比較的スムーズに市民に受け入れられたのと、逆に拒否されたケースを比較しながら述べてみる。

世界一の高さの塔を有するウルムミュンスター前の広場に、市民ギャラリーを建設する競技設計で設計契約を得たのはリチャード・マイヤーである。周辺の景観に配慮している例として、周辺の建物の屋根をモチーフとしている天窓が強調されていたが、市民の間でモダンの形態に関しての賛否両論は熱気を帯びていた。しかし、周辺の建物群のクオリティーが、ミュンスターを除いては継承すべきほどのものでもなかったことや、マイヤーの建築の質が高かったことで世論を説得し、建設後は市民に素直に受け入れられている。周辺街区に、この建築の影響を受けていることが明瞭な建物も建設されていることから、これが理解できる。

一方ミュンヘンの場合は、中心地のマリーエン広場の一角を形成するデパートの例である。ミュンヘンの中心市街地は第二次世界大戦でほとんどが破壊され、戦後の復興は以前の面影を残した街並みを再建する形でなされている。客観的に見て、建物のクオリティーはウルムのそれと同じようなものと感じられる。街並みに関しても、昔のファサードを再現したように見える建物群で構成はされているが、戦前のものと比較するとどことなく本質的に違和感を感じさせるものが多いという状況である。それでも、その中にさらに全く異質な表情をもった建物が建設される計画が発表された途端、市民の反応はほとんどが拒

ウルム市民ギャラリー
設計：リチャード・マイヤー
教会前の広場に建設された。

否というものであった。にもかかわらず建設許可が出されたこと自体が不可思議であるが、現在でも景観に関する討論が起きると、悪い例として必ずこのマリーエン広場のデパートがあげられることからも理解できるように、今でも市民には受け入れられていない。

同じ都市であれば環境条件が同一であるので比較は簡単だが、ウルムとミュンヘンという新しい建築に対して寛容な都市と保守的な都市という条件の違いと、州が異なることによって建設法にも多少の違いがあるので、同一レベルでの比較にはならないという了解のもとで、最終的には建築の質、周辺街区にもたらす影響の質が市民に受け入れられるか、拒否されるかの大きな判断要素になるということは理解できるであろう。

ミュンヘンの特性-STAFFELBAUORDNUNG*20

ミュンヘンに限って言えば、既存の周辺地域の特徴という都市造形を決定していたのは一九七九年一二月三一日まで法的効力をもっていたSTAFFELBAUORDNUNGであった。これは道路沿い別に建築形態を一〇階級に分け、一～五階級を連棟クローズ建設様式に、六～一〇階級を戸建てオープン建設様式にあてて、等級に応じて建設物の階数や中庭に面した建築物の形態などに具体的に階数の値を指定していた。その他、用途地域に関しても、工業地区と居住地区などを細かく指定し、独自性をもった街路や広場を取り上げて、それに隣接する建設物や新たな建設行為に対して具体的な規制をしていた。戦後のミュンヘンでは、この等階級建設令によって都市の建設形態が決定したと言っても過言ではない。したがって、現在では法的な拘束効力はなくなっているが、建設法第三四条の「周辺地域の独自性に融合する」ためにはこの建設令は未だに大きな影響を与えているということができる。

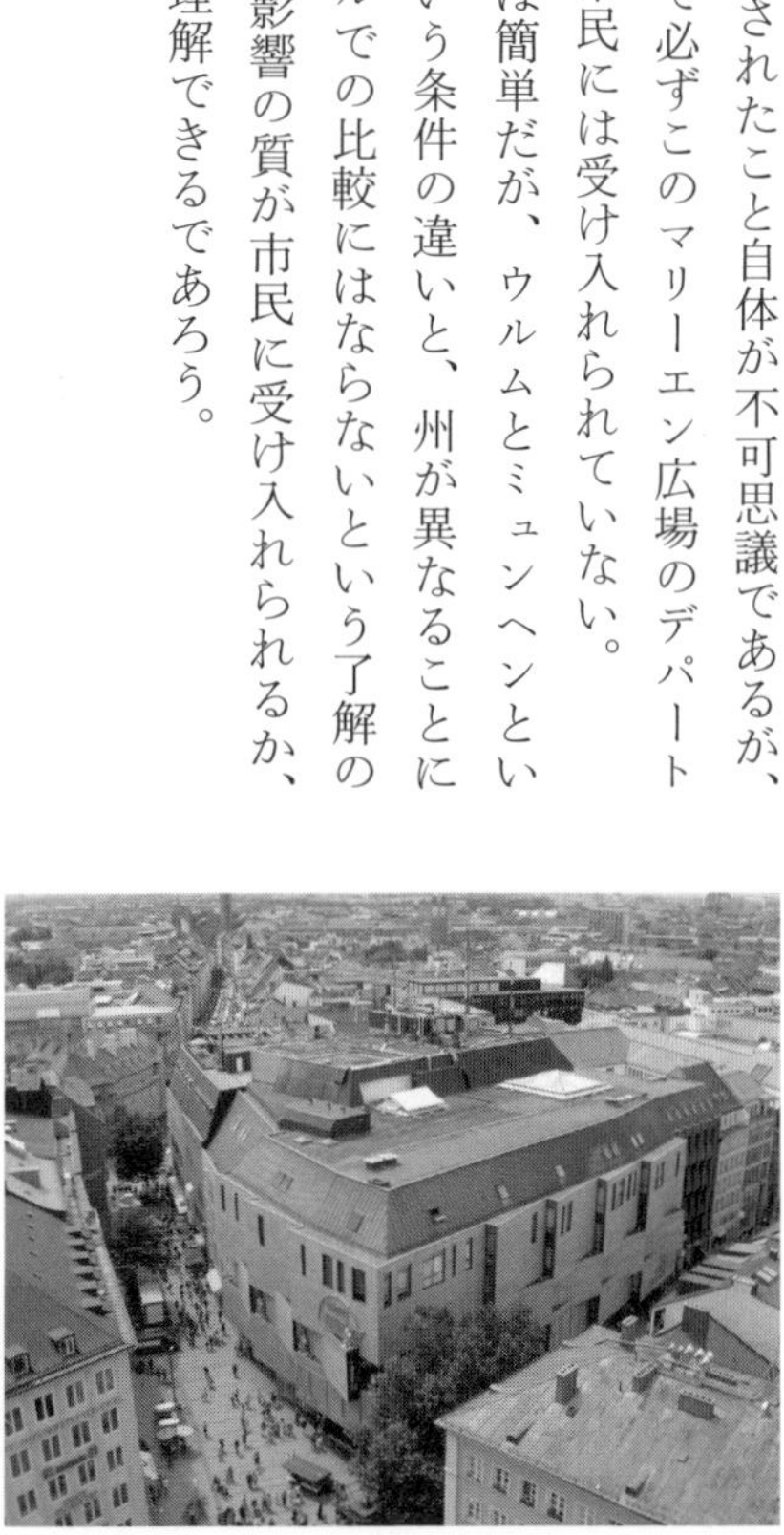

ミュンヘン・某デパート
市庁舎前のマリーエン広場の一角をなす部分に建設された。現在でも、景観を乱すという定評を保持している。

＊20　等級建設令と便宜的に訳す。

周辺地域の範囲

新たな計画がその独自性に適合しなければならない周辺地域とは、基本的には計画建設地における建設形態に影響を与える範囲である。簡単に言えば、逆にその計画が影響を与える範囲を言う。その建物が建つことによって交通量が増加し騒音や排気の影響を受けたりする地域であり、逆に既存のもので計画された建設物に交通負担や生産的な騒音で影響を与えていたり、また居住には有利な手工業を営む職種が存在し、その建設には有効に作用する地域である。

しかし、一般的にはこの「考慮すべき周辺の区画」は、型通りの固定された運用ではいろいろな場所の種類が異なる条件には対応することが困難であるし、もっと言えば、それぞれの個別の具体的な状況に対して柔軟な対応をとりづらいということもあって、実際には定義することはかなり難しくなる。例えば、それまでは、低層の建設物で構成されていた街区を一挙に高層建設物に変えた場合に、都市サーヴィス施設を含めて、都市構造が影響を受ける範囲を確定するのは困難なことを考えてみればよい。したがって、通例、計画案に影響する範囲は建設地のごく近くの周辺ということで考えるのが実務的とされている。理解を容易にするために言えば、現実的にあってはならないことであるが、周辺地域に対して全くの負の要因にしかならない建設物ができた場合に、その影響が及ぼすであろう範囲を想定すればよい。戸建ての住宅を建てる場合と、ビルディングを建設する場合とでは、その影響する範囲が大きく異なることで理解できるが、景観に適さない建物がその街区に与えるであろう影響の範囲、またはその建物よって惹き起こされる交通渋滞、及び都市サーヴィス施設の許容量に対しての影響範囲を考えたら簡単である。高層建築建設そのものが負の要因というわけではない。周辺環境とのバランスを無視した建設が、アーバンデザイ

影響を受ける範囲は、簡単にその建物が属するブロックと考えればよい。
ミュンヘン・フュンフホーフェ　設計：ヘルツォーク&デ・メロン

ンには負の要因という意味である。

そのことから考えて、建設敷地に影響を与える要因の調査に際しては、周囲に対して明らかに異質物と認められるような地域の発展的形成に寄与しない施設は除外して行う。ましてや、この判断は物議を醸し出す原因になるのだが、都市建設的に見て将来の街区形成には参与すべきでないものは考慮の対象にすらしてはならないとされている。これは、その異質物をなおざりにしてよいということではなく、むしろそれは近い将来において改善されるべきものであるし、または建設検査官によって排除されるものであるという理解で扱うものとされている。影響を与える形が将来において改善されて変化するか、または消滅して影響を与える原因にならないということで、現時点では調査対象にしても意味がないということである。

用途・高さ・奥行き

建設物の用途に関しては、計画案がF－プランに具体的に表現されている建設用途令に定義されている用途の種類に適合しているかどうかということが基準になる。この建設用途令には、土地利用の用途別に、建蔽率、容積率の他に、高さ、軒高、奥行き、建設様式（オープンかクローズ）等が指定されていて、建設物の形状を規制している。同様に建物の建設条件には、壁面間隔面*21等を規定している建設監査法（建築令）にも影響を受ける。この条件の中で、建物をデザインする場合に容積率が一番影響力をもつが、だからと言ってそれだけを特別に取り扱うようなデザインは街並みを考えたときに問題が生じる。異なる大きさの敷地で、同じ数値での容積率では、互いに全体の大きさの異なる建物をつくることになってしまい、街区の纏まった景観を損なってしまうからである。スカイラインと壁面線の統一

街づくり提案12
その街区の特徴のある建物、町の性格を形成している建物（群）、及び伝統的な建物を修復、保存に努める。そして、街区のストラクチャーを変えない。水面、樹木などの自然の要素や、小路などの街区の要素も環境改善の小道具として利用する。

＊21　ABSTANDFLÄCHE
例外もあるが、基本的には壁面高の斜線四五度の距離を敷地境界線までとることである。

性に優先権がある。

建設物の高さの展開は、道路に面した街並みの景観のうえでも、街区全体の景観、もっと大きく言えば都市の造形的な形態に関しても決定的な影響を与える。したがって、計画された建設物の階数、軒高及び全体の高さが周辺地域のものと適合することが許可条件になる。高層建設物の計画が起きた場合は、事前に遠望での都市スカイラインのシルエットバランス、実際に現場に気球を上げてその高さのチェック、建設物クオリティーの街区のシンボルとしての適合性などが、世論を交えて検討される。

周りとの協調を考慮する場合、ブロックの角地と中間地では特に壁面が連続しているクローズ建設様式で、道路の方向によって高さが異なる建物が交叉する場合では、適合の仕方が違ってくる。したがって、既存の建設様式や敷地の位置が、計画する際にその造形に大きな影響を与える。オープン建設様式の地区、特に個建ての独立住宅地域では、通例、階数が許可条件であるから、軒高は大きな意味をもたない。ここでは、階高が通常でない建設は前提にされていない。クローズ建設様式の地域においては、例えば建物ブロックの間に隣地境界からの壁面間隔が保たれなければならないような場合*22以外は、側面に隙間のない、つまり隣の建物と接しているものだけが許可される。建設様式のタイプが明らかにできない場合は、周辺隣地の建設状態を目安としている。

奥行きに関しては、オープンとクローズ建設様式の地域では異なった意味をもつ。クローズの地域では、隣接の建設物の奥行きにほぼしたがうべきだと考えられている。オープンの地域においては、隣接敷地の建物が四側面から採光が可能であるので、その建物の奥行きをあまり考慮せずに計画してもよいと考えがちになるが、この場合も、ある程度の隣地の形状を無視するわけにはいかない。特に、居住街区の景観構造が極端に変化するかもし

街づくり提案13

互いに弊害になるような異なる土地利用形態の同居を避ける。例えば、伝統的に住労が一緒の家内工業地域以外では住居と工場の混在は避けるべきであるし、住宅地の中に交通量の増加などの住居環境に弊害的要素をもちこむ事務所建築が進入するのは規制したほうがよい。当然、用途の異なる土地利用形態が混在することによって、その地区の特性が決定されている場合はこの限りではない。

*22　クローズ建設様式は基本的に建物が隙間なく連続した建設状況を言うが、どこまでも連なるというのは造形するうえで考えられないから、現実的にありえない。一般的にはブロックごとの纏まりで考えている。したがって、必ずブロックの切れ目があり、その部分の壁面に採光用の窓があれば建物間や敷地からの距離を十分にとらなければならない。この状況を言う。

れないような、造形的に逸脱した計画は許可されることはない。それは、万が一、その計画が許可されて建設された場合には、その建設物がその後の建設で適応しなくてはならない周辺地域の一要素として扱われ、それまで保たれてきた景観の質がその時点から異なる方向へと展開しかねないからである。

連邦建設法第三四条とB-プラン（BEBAUUNGSPLAN）

以上のように、この建設法三四条は、悪く言えば既存物志向で現状維持を最上とするものと理解されかねない。また、単に、周辺地域と同じように計画すればよいと保守的にとらえられることもあるだろう。逆に、これほど細かく規制してあると、自由な設計の発想が困難であるという批判が起きると考えられがちであるが、今までそのような意見をドイツで聞いたことはない。例えば、造形的に素晴らしいとされているガウディのカザ・ミラは、バルセロナの街区の角を切る壁面線を積極的にデザインに活用しているということでも証明できるように、設計条件が厳しければ厳しいほど設計が楽しくなり、それを乗り越えたときの喜びが一段と大きいことは建築家の常識なのだろうと理解している。

建設法三四条は、新たなる建設行為を行う際に周辺地域をアーバンデザイン的な立場で分析、把握し、健全である居住環境や街並みのシルエットなどを考慮して積極的に計画に取り入れ、完成後もあたかも昔からそこにあったような姿で、しかし一方で、その建物が存在することでよい意味で現代をもちこみながら、その地域に質の向上をもたらす建設を要求していると理解できる。実際に、都市はそれなりに古い街並みの中に、新しい建設を重ねながら発展し続けている。

この建設法三四条は、規律としては一般的な性格であるため、自治体がある地域の

バルセロナ
カザ・ミラ　設計：アントニオ・ガウディ
この有名なファサードの曲線は、壁面線の規制をデザインの中に取り込んで成り立っている。

都市形成に強い政策意志をもって計画指導を行いたいときには、より具体的な指針計画が必要になってくる。これに対応するのが、自治体主導で作成される建設指針計画（BAULEITPLANUNG）である。これは土地利用計画図（FLÄCHENNUTSUNGSPLAN／F－プラン）と建設計画図（BEBAUUNGSPLAN／B－プラン）で構成されている。F－プランは都市建設計画上では準備的な性格をもってはいるものの、上級官庁の許可が必要である。法的拘束力はもたないが、決定や変更には議会の承認が必要である。B－プランは自治体が自らの政治的指針を提示するもので、それゆえに法的拘束の意図をもって作成する都市建設計画図で、これは自治体が必要なときに必要な限り自治体の責任において作成できるものである。B－プランの基本的な目的は、「秩序だった都市計画の展開や、一般的な福利や健康保全に対応できる、社会的に公平な土地利用を確保すること」と、「人間の尊厳に値する環境を確保し、保持し、自然の生態の基礎を保護することに貢献すること」とされている。B－プランを作成する際には、この目的を達成するために、公共と個人の利益の相互関係を正当に配慮することが重要になる。しかし、通常、この判断はかなり公共の利益に偏っている。

建設法三四条は都市建設的開発行為において、最低基準の保証を計画者に課せるだけの規律でしかないため、自治体がB－プランを作成していない地域と、建設法三十条に指示された最低条項である、保全・修復すべき街区の指定や、建設可能敷地の指定のみの単純B－プランしか作成されていない街区を、その適用地域と考えている。一方、B－プランは自治体内のある特定地区に、具体的な規定をもって詳細に建設行為に指針を与えるから、ここでは三四条は効力を失うことになる。と言うより、B－プランは建設法三四条の条件を基本にして作成されているので、建設法三四条が効力をもつ必然性がないというほうが正しいであろう。

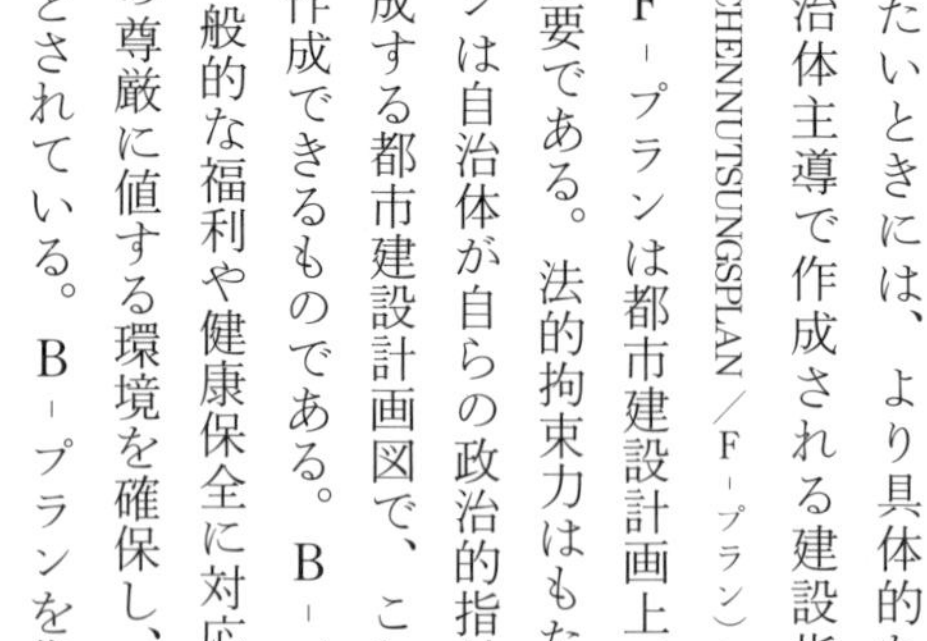

B－プラン　都市計画建設法規を表示
右　建設物の高さ、屋根の形、地下駐車場の都市計画新規定
左　交通用地、建設線（壁面線）、取り壊し建設物、歴史的記念保護物、修復必須地域を指定
地域はミュンヘン　ウェストエンデ　ブロック二三

B-プランとその実務

B-プランの作成が必要とされるのは、新たな建設のための敷地が必要になったとき、またその可能性のある場合にそのための準備処置が必要なとき、土地区画整理で土地交換が生じたときやその範囲を指定する必要性があるとき、または再開発等の建設行為に対してその程度を視診する必要性が起きたときや、都市計画を遂行するうえでの弊害を取り除く必要があるときなどである。歴史的建造物保存法に適応する建物の保存方法や、調和がとれている街区を一体的に保存したいとき[*23]に作成することもある。この計画図の基本的任務は、実用に基づいた具体的な空間秩序と空間デザインの実現化、そのための法的根拠の作成である。

自治体主導で作成すると言っても、この作成のプロセスには連邦レベルでの空間計画（RAUMORDNUNG）[*24]での決定事項、及び州レベルでの州計画（LANDESPLANUNG）や地方計画（REGIONALPLANUNG）での決定事項の影響を大きく受ける。例えば、自然景観計画の場合、その政策目的である自然保護や自然保全と自然景観改善はいくつもの地域を含んでの政策が必要であるから、州計画の一部として州開発要項に含まれたり、地方計画の一部である自然景観枠組み計画の政策目的の中に含まれたりするが、この枠組みの中に含まれる自治体はこれを無視してB-プランを作成することはできない。限られた地区の場合でも、この政策はF-プランの一部である自然景観計画図にも、B-プランの一部である緑地整備計画にも影響する[*25]。

ある特定な地区に具体的な造形上の指針を示すのであるから、その地区の状況調査と分析は重要な作業になる。地勢、自然環境も含んだ景観の特性、居住地の特徴、その用途の種類の周辺との機能的、また空間的連繋、街区の造形的特徴、都市サーヴィス施設や道路

＊23　ENSEMBLESCHUTZ
アンサンブルシュッツ
調和的街区景観保護法によって、特別な建造物がなくても、街区全体がその成立の歴史的特長によって保存すべき価値をもつと認められた場合にこの規律を適用する。

＊24　直訳すると空間整備となるが、国土整備計画と実務的には同一である。開発行為は環境という空間の変化を起こすという概念から定義づけられている。

＊25　連邦建設法第三四条の実務のための手引き　前出

の状況の把握を行うことが必要である。特に、これらの要因の中で周辺に負の影響を与えている要素の抽出、例えば建設物の老朽化、採光・日照不足、騒音等の環境弊害や都市施設の不備、景観上の異質物などを的確に把握することが重要である。それは、その負の要因を排除する、つまり改善することが政策の第一義であるから、それらの状況観測によって導き出された結果を分析・解析することでB－プランの指針・方針が必然的に明確になるからである。

個々の自治体の、それぞれの必要性に応じて作成されるために、様々に異なった都市建設計画指定がなされる。それゆえにB－プランには、ただ単に壁面線や植栽を指定しただけの単純B－プラン的なものから、窓枠や屋根の形状まで細かく具体的にデザインの内容までを指定したものまである。一般的には、デザインの内容までに及んで詳しく規定したものまで自治体自身が作業することはまれである。特に大規模な都市整備に関連して建設を行う場合や、土地利用の変更を必要とする新たな建設行為を行うような場合には、ほとんど競技設計がなされ、その結果をB－プラン的に扱って建設するのが通常である。しかし、既存の状況測定や分析・解析を行い、その結果を競技設計の要綱にするのは当然、自治体の任務である。提案のための競技設計枠は一定であるものの、提出される案は千差万別で、中にはその枠を越えて自治体も予測できなかった提案すらされることもある。その中の一案が選出されるのであるから、都市の造形が一個人の創造的な、ここが重要だが、アイディアで決定されると言ってもいい。このことを二つの競技設計の結果を例にして、その実務的な内容を考察してみよう。

一つは、都市建設的に見て考察しなければならない周辺地域において、設計に影響する関連条件の難易度が高い地域で、ミュンヘンの中心市街地の西側に隣接する、ウェストエ

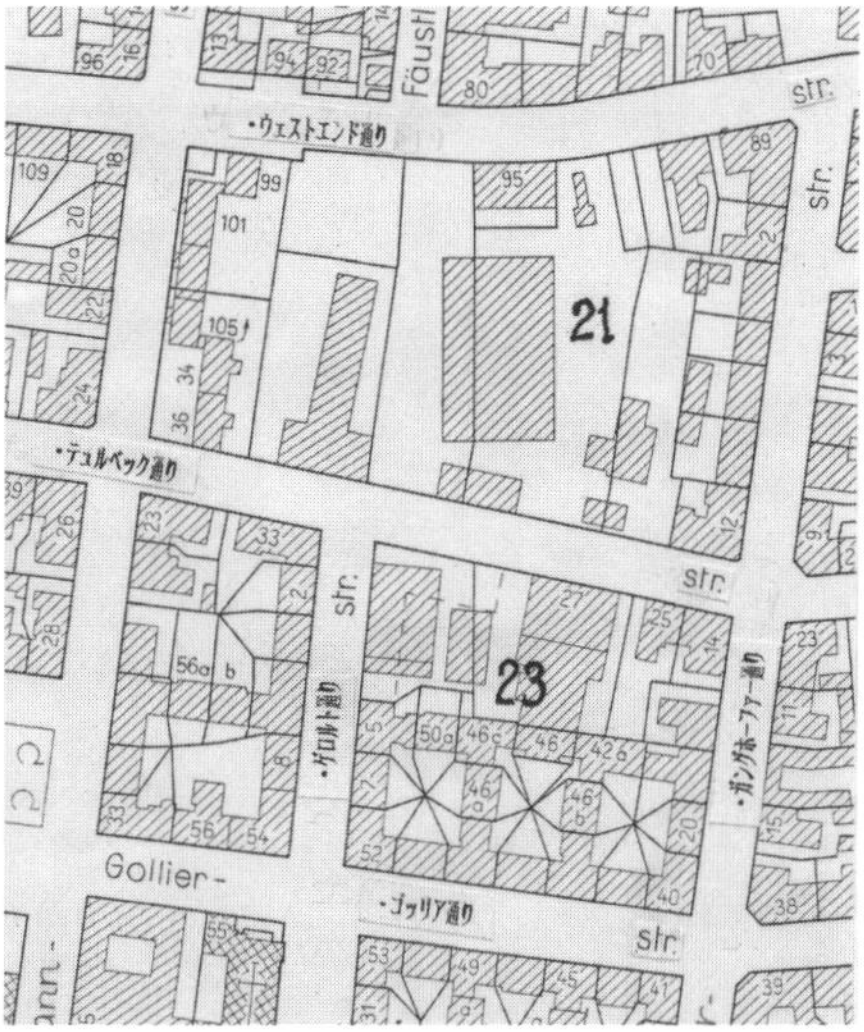

ミュンヘン・ウェストエンデ
図上　再開発前の都市図
図下　再開発後の土地台記図
写真上から　ブロック二三の歴史伝統的保存法に指定された建物
再開発後の中庭
ブロック二一外観
ブロック二一中庭
設計　ヒルマー＆サットラー
この土地台記図の縮尺は一〇〇〇分の一である。境界線、壁面線、建物の階数、屋根の形状、敷地の形状、樹木、ストリートファニチャー、地下駐車場位置と進入路等の街区の形状と将来的に取り壊しの可能性のある建物などが細かく記入されている。通常これを配置図として使用するために、市建設局で購入する。

ンデ地域の再開発の実例である。この地域は一九世紀の建設構造がそのまま残っていて、一方で記念建造物保護法の適用を受ける古い建設物が多いために再開発が容易に進まず、それゆえにもう一方では用途の混在がそのままで、例えば居住棟とビール工場等の産業用建設物が隣接して、加えて公共緑地も皆無という居住環境としては劣悪だった地域であった。その原因で、外国人労働者等の低所得者を対象とした住居が多くなりスラム化が進行していた地域である。中小工場が転出し始めた頃に、南側に隣接する見本市会場に地下鉄が開通し、西側の中央環状線が地下トンネル化されて、それまで問題であった騒音と交通渋滞から解放されると、もとより中心市街地に隣接する地理的好条件から、都市建設促進法第四条の調査地域に指定されると再開発が盛んに行われるようになったという経緯をもつ。

区画二三では、道路に面したブロック外側のメインの建物は保存法にも指定されているように質のよいものが主であるが、内側においてはガレージ、物置、その他の簡易的な建造物が雑多に建てられていて、子供の遊び場さえ十分に確保できないような劣悪な状態になっていた。それを居住棟の改修と増築を行って家並みの整理をして、住環境を改善しようとしたものである。周辺地域全体の枠組み計画や、建設計画の目的に添って、綿密な調査をもとにしたF－プラン、B－プランが作成され、そのうえで設計され実行された。その結果「多目的居住性を有する平面、中庭に向けて屋外空間を包み込む配置、交通静止化街路空間のクオリティーの向上を図った街路の植栽、増設部分の情緒細やかなデザイン、それに計画の高密度性」という評価を得ているように、政策施行後の環境の好転度は一目瞭然といったものである。

区画二一にはビールの樽を製造する工場があり、それが移転すると敷地内の荒廃化が進

街づくり提案14

新たに建設される建物の形、材料、色彩などは周辺の建物群の調和を乱さないように配慮することが重要である。特に、重要伝統建造物群保存地区、風致地区、加えて伝統的建造物は少ないが景観が街全体で調和している地区などでは細心の注意が必要である。だからと言って、既存の様式をそのまま踏襲するのは安全策ではあるが、ある意味では街の成長が停滞してしまうという危険性を含んでいる。周辺街区の景観や特徴と調和しながらも、既存の建物にはなかった新たな質をもって将来的に街の新しい特性と質を創造するような、いわば将来の伝統を築きあげていく建物が望まれる。現在、伝統的と評価されている多くの建造物は、その当時は全くのモダンであったという事実を考えれば理解できるであろう。

み、周辺環境に悪影響を与えていたブロックである。地の利を生かした住環境を確保するために競技設計が行われ、それによって選出された案をもとに建設されたものである。競技設計の枠組みでは一・三四ヘクタールの敷地に保存すべき建物の容積を含めて一・五の容積率で、幼稚園、区役所出張所、図書館、店舗等を含んだ集合住宅計画で、年代の異なる世代の混住が可能な住居タイプが要求されていた。加えて、その社会構成に対応できるような公共空間を充実させることが重要な課題であった。それらの条件を満たしたうえに、交通量の多い道路面に対しては防音を考慮し、大きな中庭に面した住居では、その屋外空間を取り込むような平面が考えられていて、このブロックの社会的付加価値の高揚が達せられ、また、街路空間を交通静止と並木植樹を補充することや、中庭を落ち着いた造形にしたことにより居住環境は以前より数段良好になったと評価されている。

この二ブロックでのデザインは同じ建築家のもので、いずれのデザインも景観的には周辺地域に協調するスケールで決められており、建築的には現代的なモチーフを使いながら建築家自身がもつオリジナルの表現言語で形づけられている。連邦建設法第三四条的な言い方をすれば、周辺地域のディメンションに融合しながら、新しい形をこの地域にもちこんで活性化をもたらせているということになる。

二つめの例は、連繫建設街区内の空隙地に関するものである。連繫建設街区内の空隙地は建設可能の敷地であるが、空地が大きくなるにしたがって、いくら四方が建設物で囲まれていると言っても周辺の既存建設物との密接な関係がなくなり、周囲から影響を受けるべき特徴が薄くなってくるという問題が発生する。それは、新たなる建設物が「適合すべき周辺市域の特性」という基準を確定するのが困難になるということを意味している。この状況には二通りある。

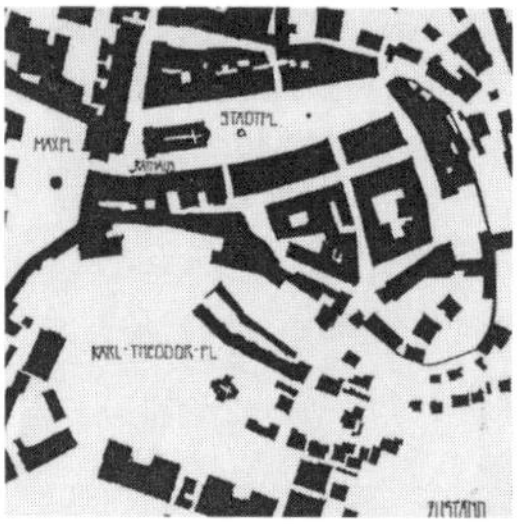
STADTPL.
MAXPL.
KARL-THEODOR-PL.

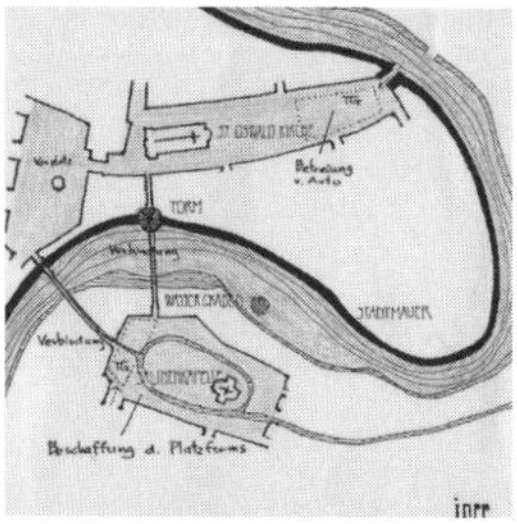
STADTMAUER
Beschaffung d. Platzforms

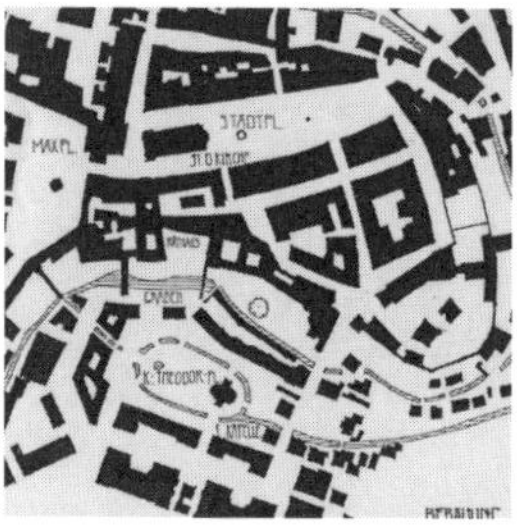
STADTPL.
MAXPL.

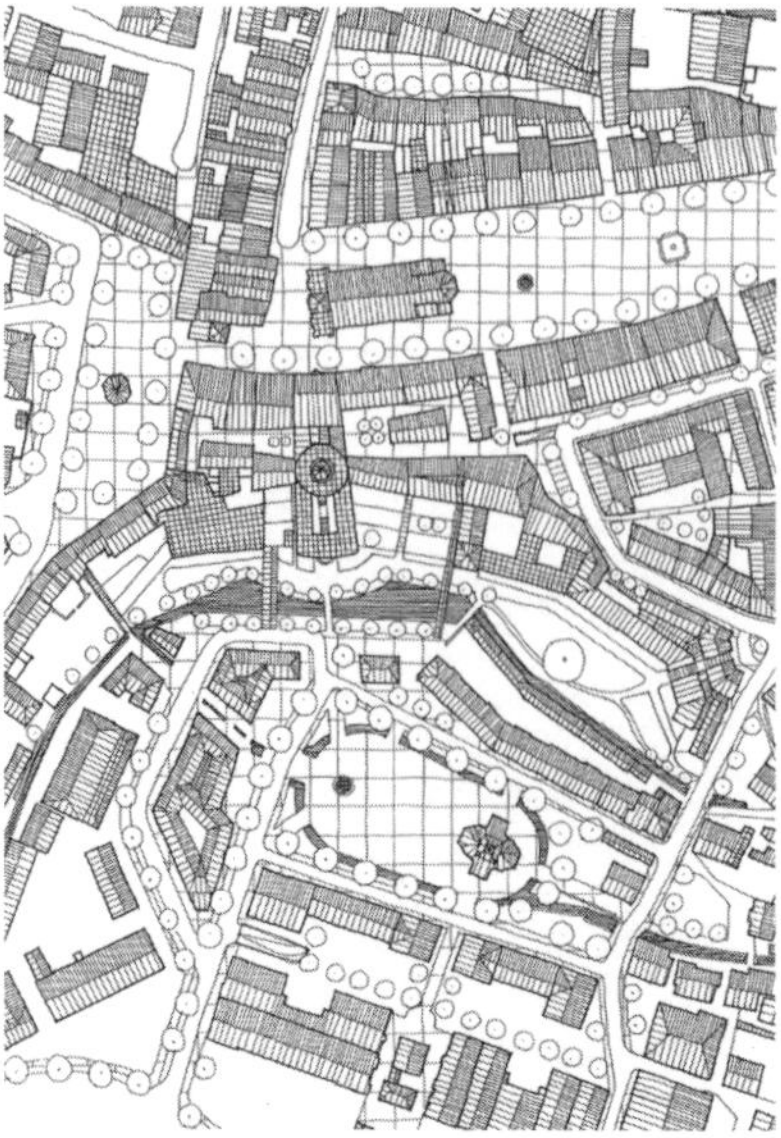

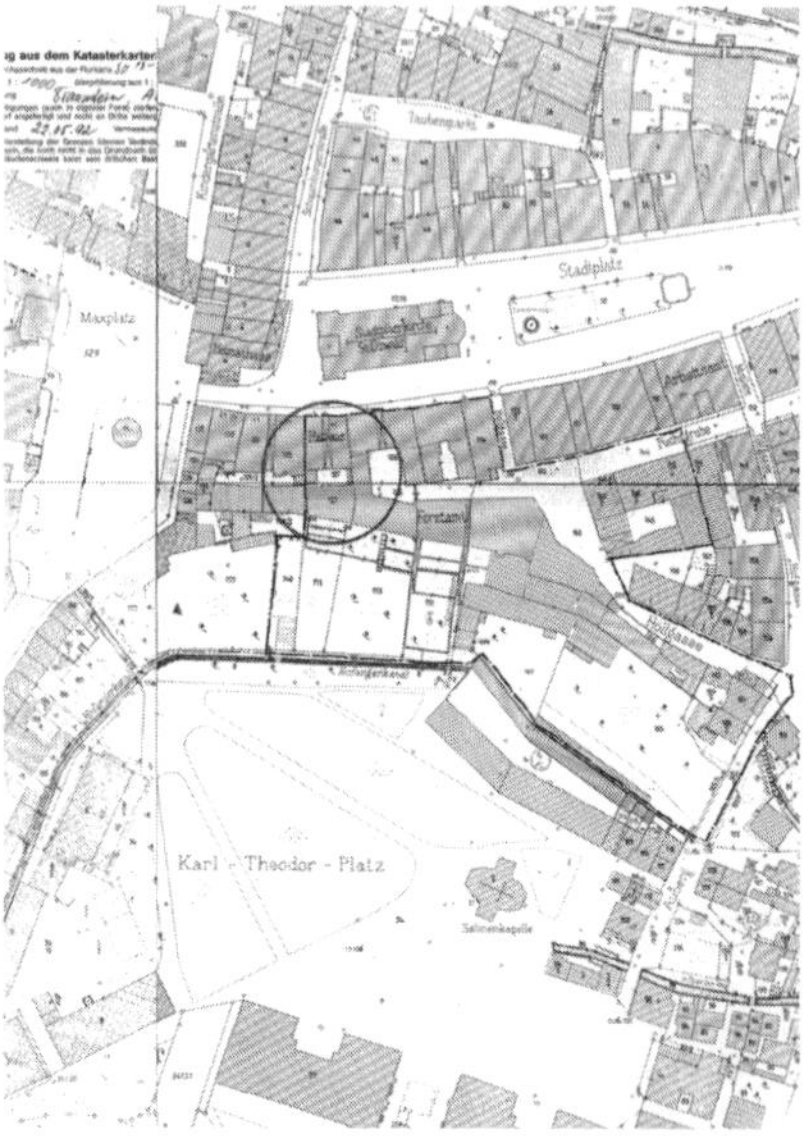
Stadtplatz
Maxplatz
Karl - Theodor - Platz
Salinenkapelle

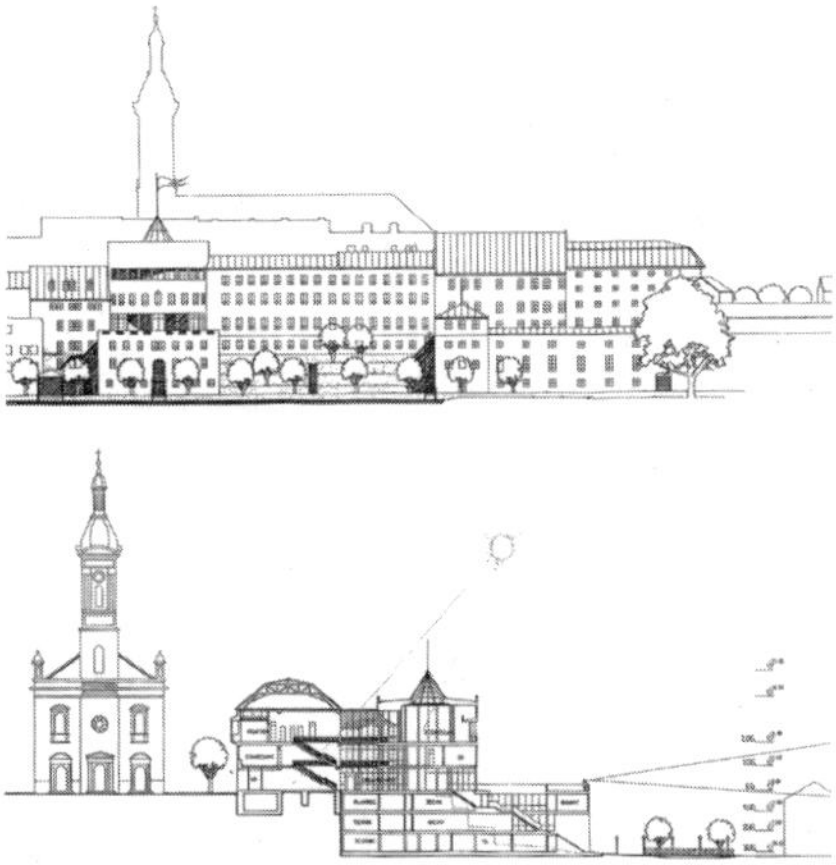

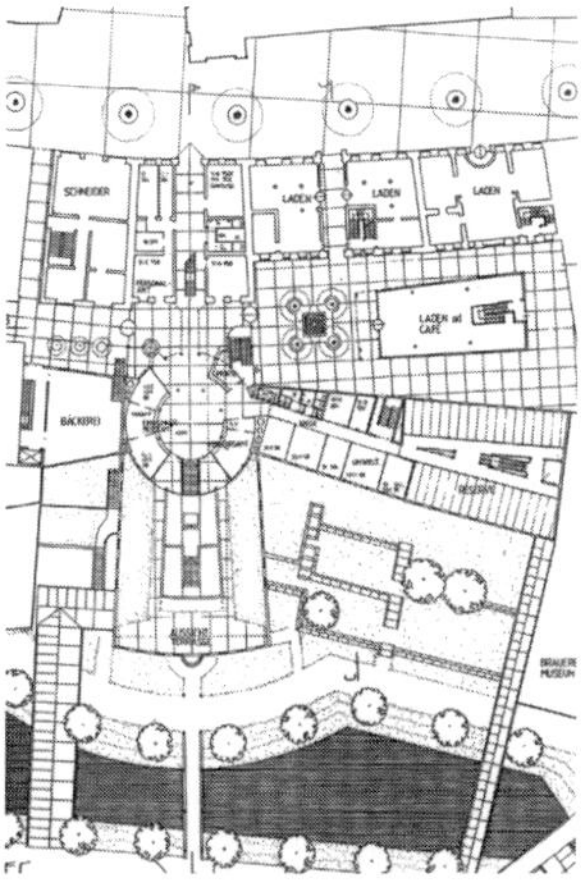

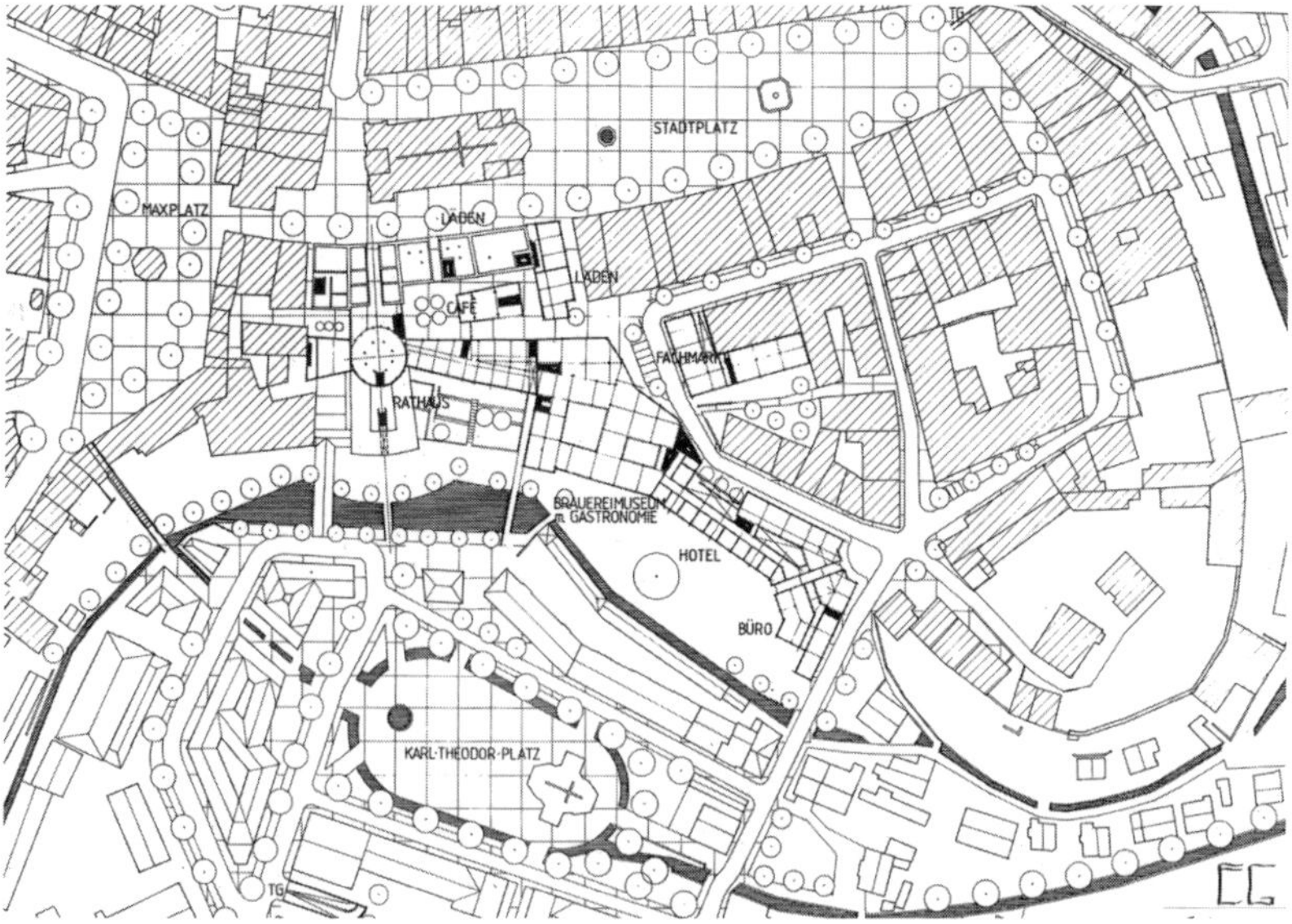

トラウンシュタイン　市庁舎改築競技設計
右頁
写真3点　競技設計区域写真
左上図3点上から　現況／アイディア／計画
下図　右　現況図　左　計画図
左頁　上右　市庁舎計画設計図
左　立面図と断面図
下　計画配置図

一つは、例えば農地を宅地に変更して大規模な集合住宅を建設する場合のように、今まで何も建設されていなかった地域に新たな街区を建設するケースで、この場合も自治体が自治体として責任をもてる都市サーヴィス施設の許容量をもとに算定した容積率等の都市建設の指針を示す枠組み計画を踏まえた競技設計がなされる。この例として、先にミュンヘンの北の地域であった競技設計を示した。周辺地域に何のデザイン的規制と根拠が見当たらないのであるから、特にここでは一人の建築家の考え方がその地域全体のストラクチャーと街並みの造形を決定してしまう。こう考えると、建築家の創造性というものがいかに重要であるかを思い知らされるが、基本的に都市はこのようなプロセスを繰り返しながら成長してきたのである。都市成立の歴史を見直せば、その中に造形の指針となるものが見えるはずであるから、それほど難しい問題でもないのかもしれない。

もう一つは、街区内で老朽化した建設物が撤去された敷地がそのままに放置されて、新たな建設が行われず資材置場や駐車場に無秩序に使用されてきた空隙地での建設のケースである。このような場合に、一人の建築家がどのように対応したのかを自身の経験を例にして説明してみる。これはバイエルン州の南にある中堅都市トラウンシュタインでの、市庁舎の増改築を機に周辺地域の再開発を目的とした競技設計での案である。

旧市街地は、一〇メートル強の丘の上に教会とその広場を中心として発展してきた。その丘の地勢に沿って市壁がめぐり、丘の下からは城壁都市の感じさえする街である。その様相の通り、これはこの街だけに限らないのであるが、市街地内の建設物の老朽化というハードの部分でも、業務機能の近代化の遅れというソフトの面でも、中世都市が現代という時代に対応し切れないという問題点が鮮明になっていた。特に市民生活の中心にある市庁舎は、その現代的な問題に早く対応しなければならないということもあって、既存の建物の改築と事務面積の不足を補う増築を余儀なくされた事情があった。

周辺地域の調査の中で、すぐに都市全体では放置された空隙地があちこちに見られ、街区の纏まりに欠けるという都市建設的問題点から、広場の真ん中に植樹されていて教会の眺望を妨げるという景観的問題と、広場は駐車以外には機能していないという都市空間の利用法に問題があるなど、都市デザインの初歩的欠陥が目についた。とりわけ早急に解決しなければならない点は、広場、空地がすべて駐車場として使用されているという、景観上でも生活空間のあり方として見ても、この都市の都市政策の遅れとも思える箇所であった。中心のシュタット広場はもとより、丘の下にあるサリーネンカペレが建つカール・テオドール広場は全くの駐車場で、広場としての機能は皆無という状況であった。

競技設計の枠は、単に市庁舎の増改築とその周辺のブロックの改修保全というものであったが、競技設計要綱を外したコンセプトで市街地に用途の異なる都市空間を提供するというものを提案した。まずこの街の地勢の高低差を活用して、それぞれの広場に地下駐車場をつくり、シュタット広場を市場が開ける生活の場としての機能を取り戻すことと、一九世紀の都市図では十字架の大きな教会があって広場の形をとってはいなかったが、カール・テオドール広場を新たに造形してサリーネンカペレに静かな空間を提供することとした。この広場の造形が評価されて入賞はしたが、崖の中の駐車場が斜面に与える影響と、建設物の容積率（一・二）が高すぎて記念物保護法と対立するということで、残念ながら実施案には採用されなかった。

建築家と都市計画

当然ながら、競技設計には前提の条件が全く同じにもかかわらず、必ず参加者の数だけ異なる案が提出される。と言うことは、設計条件の如何にかかわらず個人的な自由な設計が可能であるということである。同時に、一個人の創造性のある発想が社会的に説得力をもてば、都市の造形を決定してしまうということでもある。一方、ドイツ連邦建設法による立法者側からの許可条件も、さらにB－プランの都市計画決定事項も、個人的な見解に基づいているので、その法的根拠を超えるような創造性のある提案は、誰が行っても受け入れられて当然と言うことができるであろう。

一度決定されると、その範囲内でしか行動できなくなってしまう法制度では限界がある。民主主義社会では、その社会のシステムは自らの手で構築していくという認識をもてば、それまでの制度を改善の方向に進めていくための意識と行動は社会的に是認すべきことである。もちろん、制度があってはじめて実務が進行するというのは当然である。しかし、我々が毎日使っている言語でも、実際の使われ方が変われば文法もその流れに添って変遷するということからすれば、新たな提案がそれまでの枠を超えたとしても、将来の方向性を示すということが明らかであれば、提案を拒否するよりも既存の枠を変えるのが当然の処置である。であれば、制度も実務経験の蓄積の中でつくられてきたという事実を考えれば、「創造性のある造形をする」ことが都市や建築をデザインするときには重要なことが明らかになるだろう。特に、建築のデザインの場合は、このことを特別に言わなくても常識とされるが、日本では都市デザインの場合にはこの考え方がまだ市民権をもつまでにはなっていないように感じられる。

「都市建設の場合にのみ、特定のプログラムを伴わない建設を行うとしても狂気とは見なされない。と言うのも、該当する新たな地区がどのように発展するかということについて知らないがゆえに、人は何の方策をももっていないからである」と、一世紀前にカミロ・

ジッテ[*26]が当時の都市批判をしたが、それが現在の日本にも残念ながらあてはまるようである。創造性のあるデザインを要求するB－プランの本質は、行政側に制度にとらわれない柔軟な対応を要求している一方で、建築家には、あえてここでは「ARCHITEKT」と言うが、社会的根拠をもって制度を超えることのできるデザインを問うている。本当の意味での専門職の職能を双方に要求していると言ってもよい。これを認識することが、B－プランを理解するための基本であるだろう。

街づくりへの自覚

都市デザイン、または街づくりとは、その地域の特徴を生かしながら一つ一つの建物を関連づけながら建設して、その結果として形成された異なった特徴のある地域を都市のヴィジョンという大きな枠の中で、都市施設や交通網などの基盤要素を土台にしながら組み合わせていくものであると言える。パッチワークのようでありながら、最初から一つの実像を予想しながら織り上げていく、一見、矛盾したプロセスを繰り返し積み上げていく行為でもある。そこでは当然、計画者、施行者にミクロの見方もマクロな思考も、同時に要求されることになる。

ドイツの都市計画制度は、国家レベルの環境整備から自治体が実際の都市をデザインするまでの道筋が、段階的に分けられて明確にされている。一貫して流れている概念の基本は、「どの住民も平等に、快適に住める環境を享受できるものである」と憲法に保障されていることである。これを実現するためには、行政側に対して多くの要求が寄せられているようでもあるが、同時にそこに住む住民もこれに対しての義務を意識しなければならない。

ロマンチック街道の街が、世界中から人々が集まるような魅力のある街並みに出来上

＊26　CAMILLO SITTE
"Der Städtebau nach seinen künstlerischen Grundsätzen" 1898 Braunschweig
カミロ・ジッテ
『造形的基本による都市建設』一八九八
ブラウンシュワイグ

がったのは、自分たちの住んでいる街の歴史を重視して、その特質を長所、短所も含めて理解しながら、自分たちの住みよさを考えて街をつくりあげてきた努力による。そこに住んで楽しく生活できる環境をつくりあげてきた結果、美しい街並みが出来上がり、その結果、街に活気が戻り、街そのものが住民以外にも魅力的に生まれ変わったことで観光客が集まるようになったということを前述した。自分が好きになれない街は、他人も好きになるはずがないという単純なことの証明である。これは行政の確かなヴィジョンの立て方と、それに対しての住民の理解がなければ成立しない。行政側の専門的提案と住民側の社会への認識の確かさが並立している事実がこのことを容易に理解させる。

「秩序だった都市建設的開発と、一般的福利・健康に対応する社会的に公平な土地利用を確保し、人間の尊厳に値する環境を確保、保持し、自然の生態の基盤を保護することに貢献する」目的で、都市や環境デザインを少なくとも自然の摂理に近づけようとしているドイツの手法を日本のシステムに取り入れることは喜ばしいことである。しかし、今までの体験が一つの懸念を呼び起こす。ひと昔前まで、日本人はヨーロッパに来て見たものすべてを写真に撮り、日本に持ち帰り、日本的に製品化した、という風評が罷り通っていた。この「日本的」をヨーロッパ人は、工業技術の分野での日本の発展を見てポジティヴな意味合いで使うが、都市デザインや環境計画の分野に限って見てみると、この「日本的」が「写真的」という否定的な意味合いに感じられる。

例えば、ビオトープということを考えても、ドイツの自然なそれと、日本での箱庭のそれのディメンションの違いが見えるからである。風景の一部分だけを切り取って、その一部分だけを日本で再生するという文字通り写真的な現象を街づくりの報告書に見出す。そこにはその風景の背景にある社会のシステムを理解しようとする一番重要な部分が見当らない。Ｂ‐プラン手法を取り入れて制定された地区計画も、基本的概念の創造的なデザインをするという本質から外れて、色の統一や垣根のつくり方などが前面に出てきただけの、単なる一つの都市計画規制として納まっているようである。あくまでも、Ｂ‐プランを含めてドイツ都市計画制度は実務、つまりデザインが最優先であるということを認識すべきである。法制度はそれをサポートするためにあるということを理解すべきである。それがなければ、日本での展開は困難と言わざるをえない。

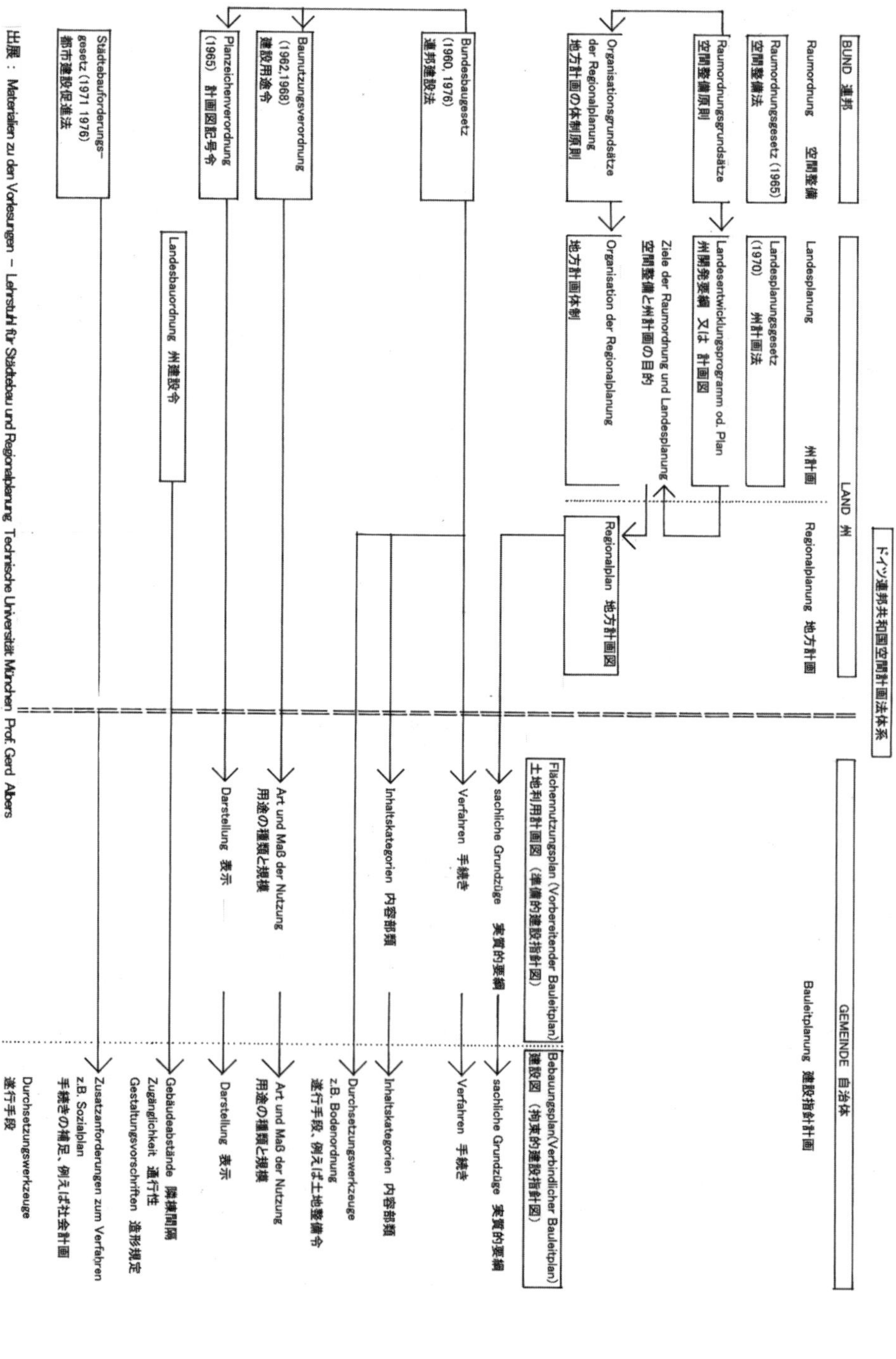
ドイツ連邦共和国空間計画法体系
BUND 連邦
Raumordnung 空間整備
Raumordnungsgesetz (1965) 空間整備法
Raumordnungsgrundsätze 空間整備原則
Organisationsgrundsätze der Regionalplanung 地方計画の体制原則
Bundesbaugesetz (1960, 1976) 連邦建設法
Baunutzungsverordnung (1962,1968) 建設用途令
Planzeichenverordnung (1965) 計画図記号令
Städtebauförderungs-gesetz (1971 1976) 都市建設促進法
LAND 州
Landesplanung 州計画
Landesplanungsgesetz (1970) 州計画法
Landesentwicklungsprogramm od. Plan 州開発要綱 又は 計画図
Ziele der Raumordnung und Landesplanung 空間整備と州計画の目的
Organisation der Regionalplanung 地方計画体制
Landesbauordnung 州建設令
Regionalplanung 地方計画
Regionalplan 地方計画図
GEMEINDE 自治体
Bauleitplanung 建設指針計画
Flächennutzungsplan (Vorbereitender Bauleitplan) 土地利用計画図 (準備的建設指針図)
sachliche Grundzüge 実質的要綱
Verfahren 手続き
Inhaltskategorien 内容部類
Art und Maß der Nutzung 用途の種類と規模
Darstellung 表示
Bebauungsplan(Verbindlicher Bauleitplan) 建設図 (拘束的建設指針図)
sachliche Grundzüge 実質的要綱
Verfahren 手続き
Inhaltskategorien 内容部類
Durchsetzungswerkzeuge z.B. Bodenordnung 遂行手段、例えば土地整備令
Art und Maß der Nutzung 用途の種類と規模
Darstellung 表示
Gebäudeabstände 隣棟間隔
Zugänglichkeit 通行性
Gestaltungsvorschriften 造形規定
Zusatzanforderungen zum Verfahren z.B. Sozialplan 手続きの補足、例えば社会計画
Durchsetzungswerkzeuge 遂行手段
出展：Materialien zu den Vorlesungen – Lehrstuhl für Städtebau und Regionalplanung Technische Universität München Prof. Gerd Albers

ドイツ空間計画法体系

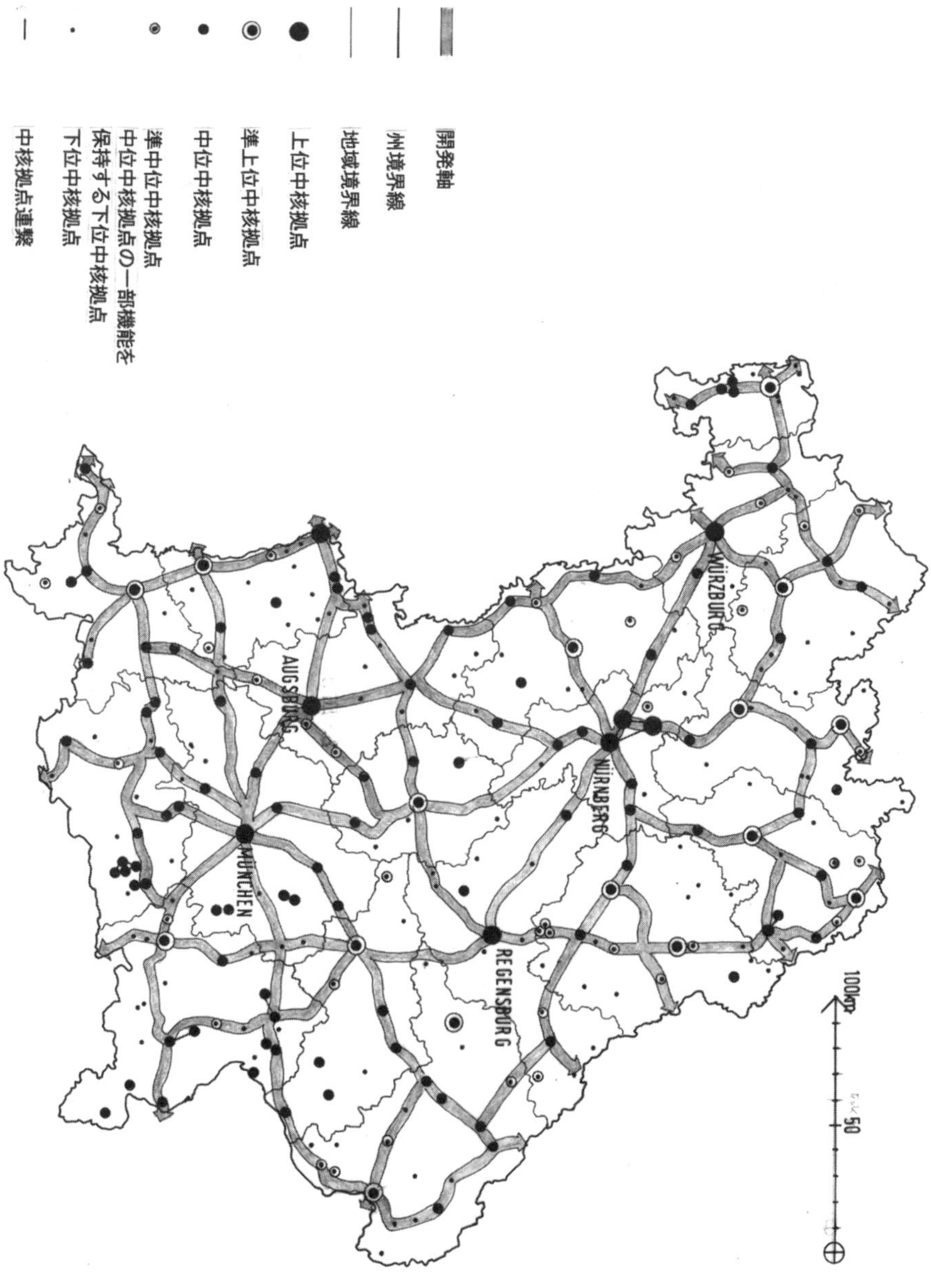

バイエルン州計画　中核拠点と開発軸　出典：バイエルン州政府州開発環境省

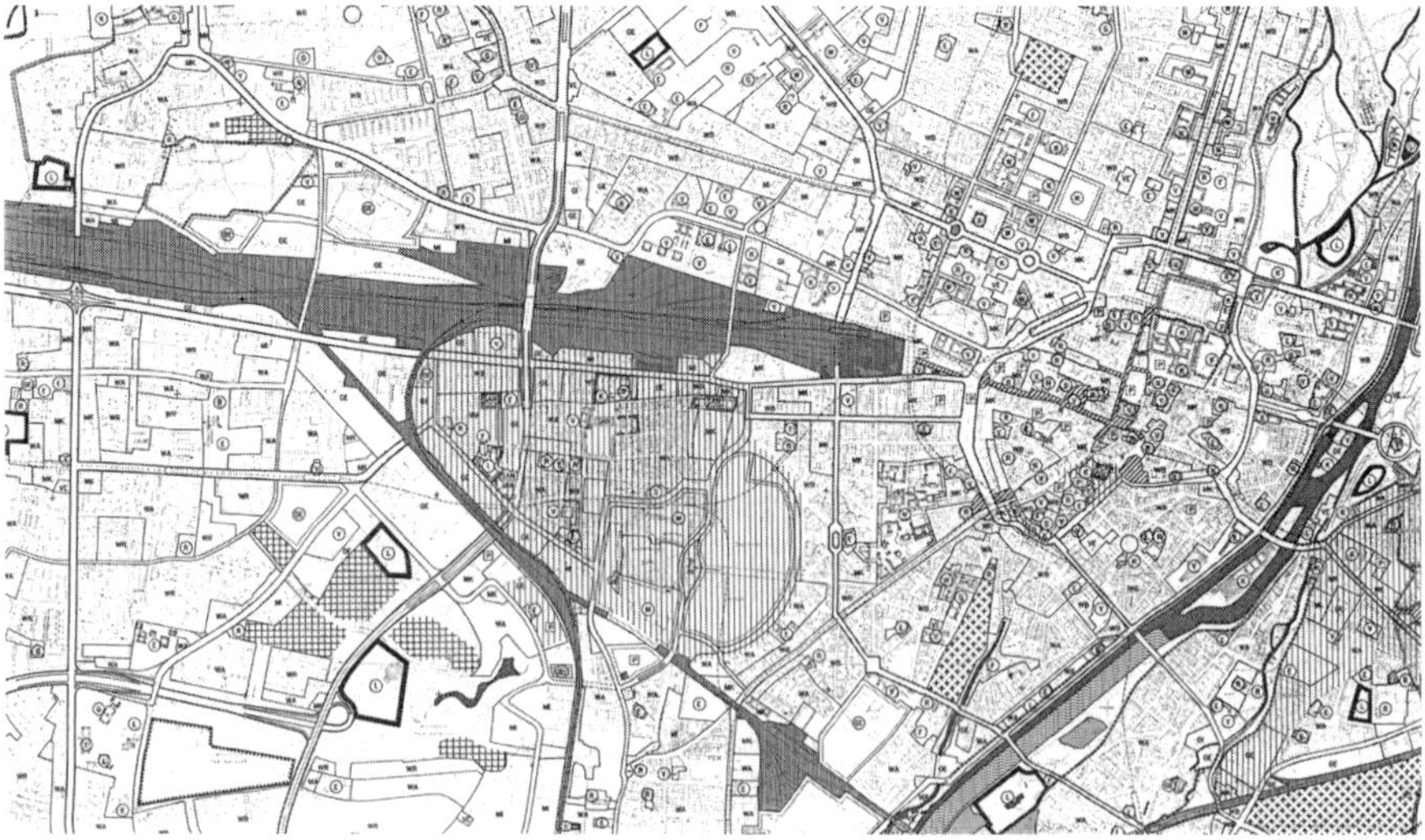

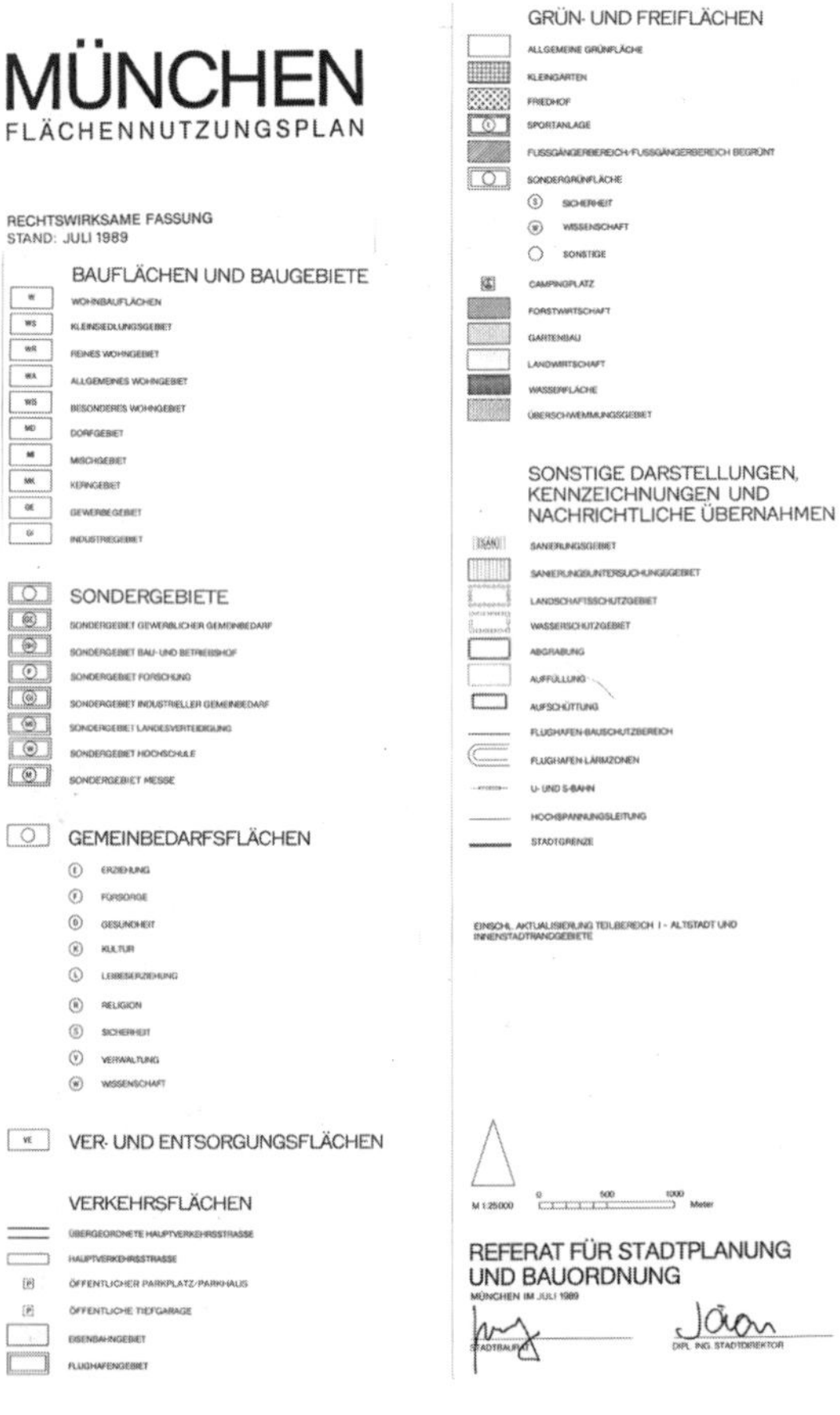

土地利用計画図と凡例(訳;抜粋)

・建設敷地と建設区域

住居建設用地、小居住地区、純粋居住区
一般居住区、特別居住区、村落区域、混在区域、中核区域、産業区域、工業区域

・特別区域

自治体産業特別区域、粗大塵収集地　研究特別地域、自治体工業特別地域　防衛特別区域、大学区域、見本市区域

・自治体用地

教育、社会事業、保険、文化、宗教
安全保障、管理、科学研究地区

・都市サーヴィス施設

・交通用地

・緑地、空地

一般緑地、クラインガルテン、墓地　スポーツ施設用地、歩行者優先地区　森林区域、造園区、農地、水面　遊水地

・その他

第四章
日本の街づくりへの提案

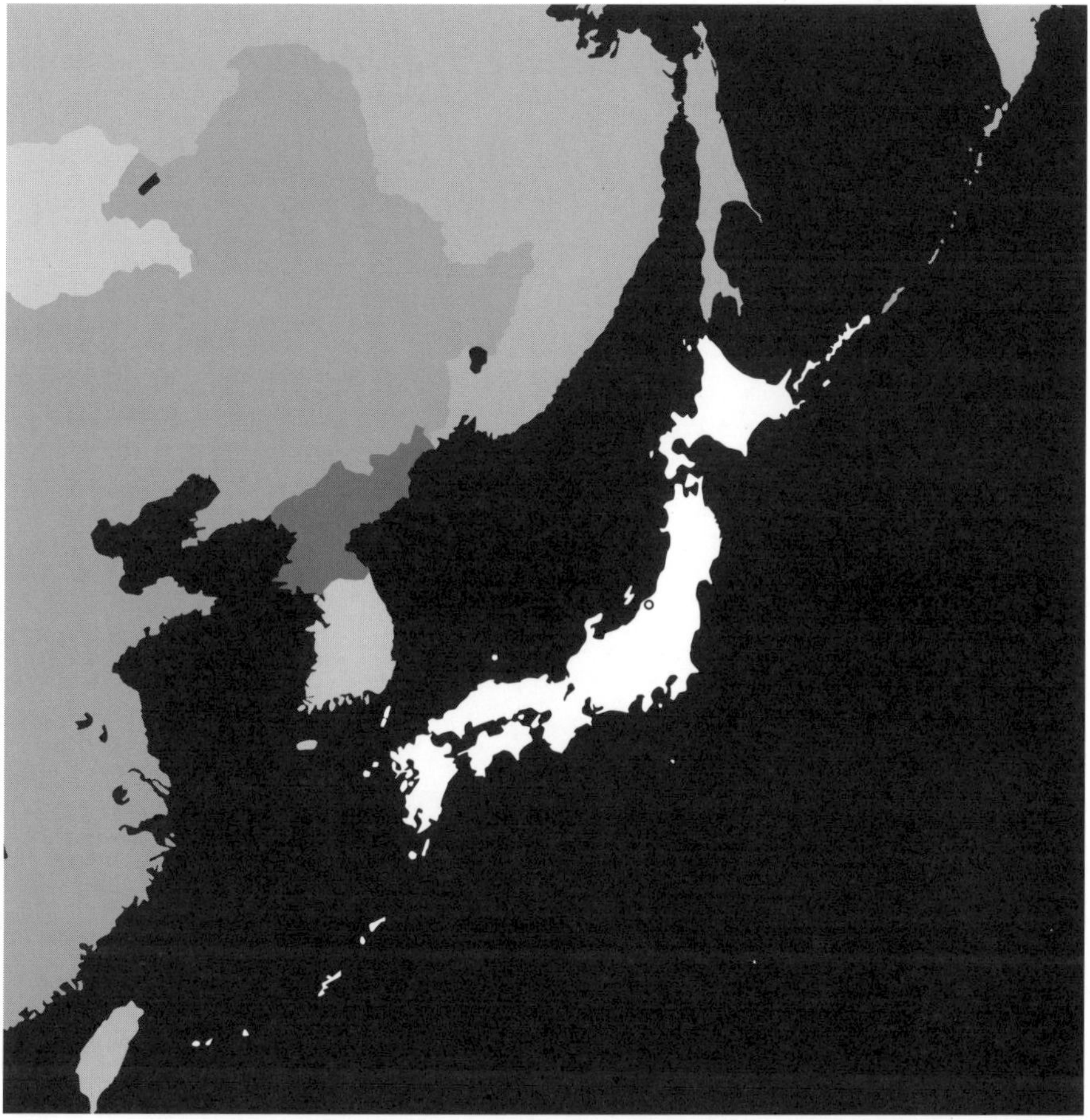

ドイツ都市計画手法を新潟で試みる理由

都市デザイン手法のマニュアルはあるようでないと言うことができる。都市現場の問題点はそれぞれが個別に異なり、それゆえに解決方法、デザイン手法もそれぞれの状況によって異なるということに加えて、設計者の個性でも千差万別な造形が提案され、建設されるという展開をしてきたからである。デザイン手法に関しては、カミロ・ジッテからケヴィン・リンチまで多くの著作があるが、それでも未だこれがマニュアルであるという理論的模範はない。大学の授業でもセオリーよりも実務のほうが多く、教本や実際の事例を参考にしながら指導される演習がほとんどであったという感じが残っている。

欧州、特にドイツの事例を示して日本との比較をしながら、都市計画・街づくりの話をした折に、「ドイツの景観のよさや街づくりに対しての住民の意識の高さを説かれても、ドイツと日本の事情は異なるのだから、日本ではドイツのようにうまくはいくはずがない」という拒否反応に似たものから、「言葉（条文）はうまく取り入れられているけれども、実際に施行する手法を見出せない。ドイツの手法を導入する方法を知りたい」という積極的な反応があった。その両方の反応に答えるには、欧州都市の変化の仕方やドイツ都市計画の手法についての事例を日本の街づくりに反映させるのが最善かと考えた。日本の問題点の解決に参考になるだろうと思われる欧州の事例もドイツの手法も、そのままでは日本での環境事情が異なるから実施不可能である。しかし、不可能というのは、ドイツと日本の事情の違いにあるという部分も含めて、単に場所が異なることに起因する条件の違いからによる。これは日本の都市の事例を参考にしても、環境の異なる街ではそのまま導入できないというのと同じである。いかにしたら実務に還元できるかの「翻訳」の手法が見つかれば、参考事例は国外、国内を問わなくてよくなるであろう。具体的に日本の街づくりに役に立

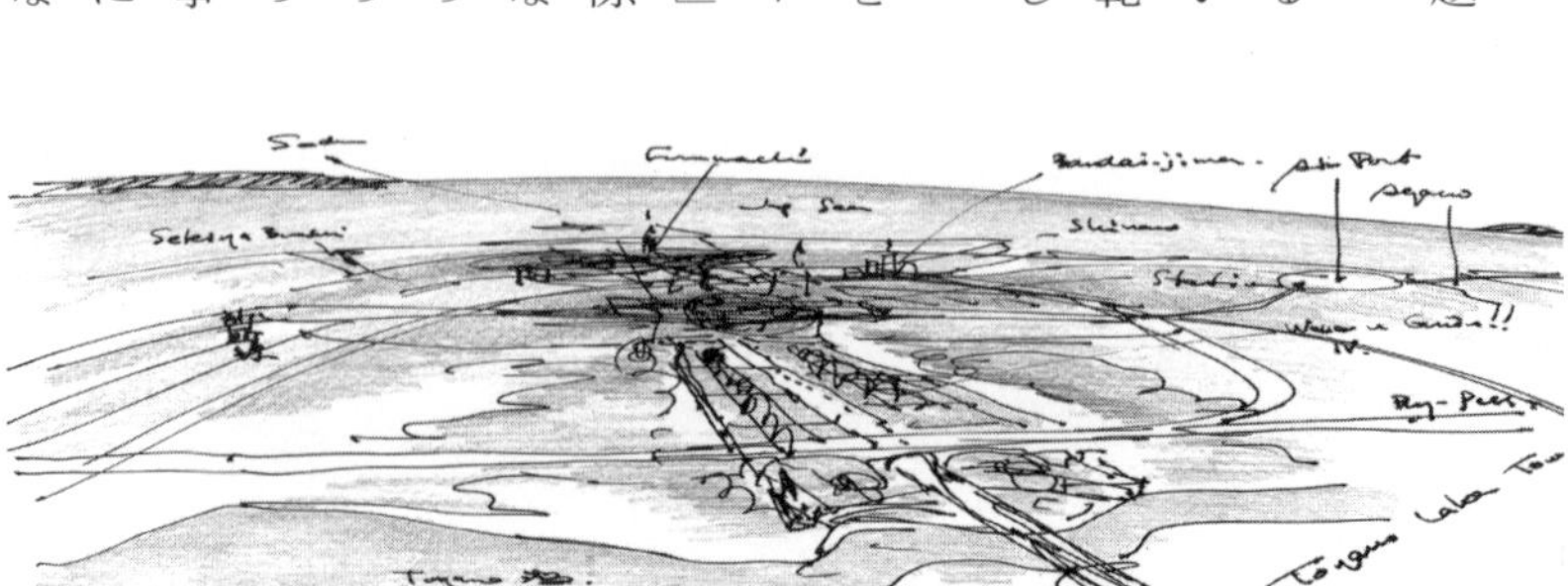

新潟市のイメージ図

つ方法を知りたいという問いかけには、現在、日本での街づくりがドイツ手法を手本としているということを考慮すれば、日本の街でB－プランを作成してみるのが、もっとも簡単なことであると考えた。そこで、実際にどのように翻訳したらよいのかという実務例を、新潟という町で試みることにした。

　新潟の問題点をベースにして、計画図を作成してみたらと思いついたのは、新潟が生まれ故郷ということもあるが、たまたま仕事のうえでも関わりをもち、新潟の都市事情を少し学習した経緯から事例として取り上げやすかったということがある。新潟での現下のテーマは、路面電車設置、堀割再生、海岸道路設置による防砂林破壊である。これらの事情は何も新潟だけの特殊な問題ではなく、同じような問題を抱えた街は日本の中に多くある。それに、商店街の地盤沈下や街並み景観の煩雑化は新潟の特殊性にあるのではなく、全国共通な問題でもあるだろう。新潟という地方の問題も、ある部分で全国的な共通性をもっているのではないかという観測があったことによる。新潟での提案であれば、新潟の特殊事情、ゲニウス・ロキは思考プロセスに影響を与えるし、それによってデザインの形や最終的な図面表現が他の街での計画とは異なるものになる。これは単に環境条件が異なるから、必然的に結果が異なるというだけの当たり前のことである。したがって、新潟での提案の具象的な形はマニュアルにはなりえないが、その手法のプロセスは東京でも、ミュンヘンでも、同じ流れをする。重要なことは新潟という場所にあるのではなく、いかにして参考事例をその街の事情に即して翻訳するかというプロセスにあると考えている理由による。以下、大筋をドイツの制度に添って新潟を計画する試みである。

ミュンヘン中心市街地での再開発計画
ヴィクトァリエン市場に面した建物で、ファサードの一部が記念物保存法で保護されている。大型店舗、ホテル、オフィス、店舗等の複合建築で、壁面線、高さ、容積率、建蔽率などが細かく指定されている敷地での計画。

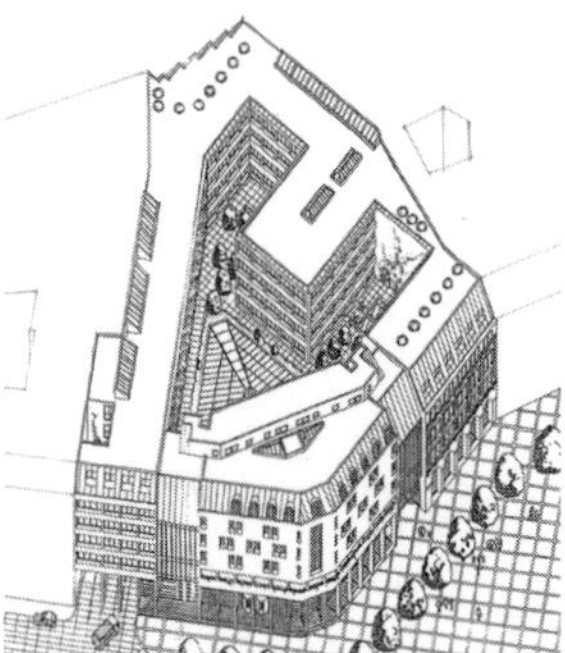

ドイツ空間整備の体系

都市計画（STADTPLANUNG）及び街づくり（STÄDTEBAU）の目的の基本は「居住するに快適な環境をつくる」というひと言に尽きる。これを実現するための行政側の義務は、ドイツ憲法にも保障されている「何人も平等にこれを享受する権利を有する」という法を履行することにあり、住民の義務は「公共の利益を優先する」ことにある。ドイツ連邦共和国はその名の通り一六の州と都市州からなる連邦制（ベルリンとブランデンブルグ州が合併したら一五の州になる）で、政治システムも同様に都市計画も日本とは機構が大きく異なる。簡単に言えば、ほとんどの都市計画とそれに伴った工事は、日本では予算を管轄する中央で決定されるが、ドイツにおいては計画、工事の段階に応じて決定権は政府から自治体までのそれぞれの機関が保有している。しかし、州においては住民のための文化、教育、看護サーヴィスなどの公共施設は中央集権的なヒエラルキーで成り立っていて、地方の各都市には同じような規模の劇場、美術館、病院などの施設が並列している日本とは状況が異なる。ドイツ都市計画制度のすべてを解説するのはここでの目的ではないので、Ｂ－プランに直接影響する部分を抽出してみる。

連邦政府に権限がある空間整備計画（RAUMORDNUNG）は連邦全体の枠組みの方向性を示すもので、国家の安全保障、経済成長の保護、自然環境の保全及び居住環境の整備保全をその主目的としている。その目的達成のために、基本的に一方で国民の平等な生活権利を保障するために地域格差の是正を図り、もう一方で自然環境と開墾された文明景観の均整を保つ政策がとられる。具体的には都市区域と農村区域のバランス調整、国民の保養区域、レジャー地域、スポーツ施設の空間確保と位置指定、その形の生態系への適合性の指針、農林業が健全に行われるための条件確保と保護、経済発展のための環境整備、高密居住地域の交通や環境条件の改善と過疎地域のサーヴィス施設の補充など、国民生活の環境条件確保と保障のための政策となる。国民生活の保障には国防という事項が大きくかかわってくる。建設という形に表れるインフラストラクチャーの整備計画、供給処理施設の整備、保全等の計画で、各州間の調整と国家間の交渉も空間整備の項目である。

連邦空間整備は州の独自性を保障するために強制力をもたないとされているが、バイエルン州計画ではこの空間整備を受けながら、州の特性を反映させた目的を定めている。政治経済の影響を受けて変化する社会構造に応じて、既存の土地と地盤が、つまり空間に様々な利用需要が起き、建設や開発などの空間変化が生じ、そこには公的と私的の様々な思惑が働き、それゆえに様々な対立と衝突が起きる。前もってこの問題点を回避するためと、起きた時点での調整の目的で先を見据えた計画を行っておく必要性がある、というのが一つめの目的である。特筆すべきは二つめの目的である。住環境の整備に関連して、人間が自然景観を利用するということは、大なり小なり生態系のバランスを崩すことであるから、「生態的」と「経済的」の対立が起きた場合は、「生態的」を優先することと定めている。

具体的な政策は、空間的に関連をもった地域を連繋し、計画をより効果的、具体的に作用させるためと、住民の空間把握を容易にするために、州を一八の計画区域（REGION）に分けていることと、州内の生活条件を同等にするために、各自治体をその規模とキャパシティーに応じて、序列をつけた中核拠点を定めていることである。小中核拠点（KLEINZENTREN）は五〇〇〇人程度が居住し、中心部に一〇〇〇〇人程度の人口を有し、公共交通手段で三〇分以内に到達でき、かつ一〇キロ以内を目途とした区域を想定している。生活の基本的サーヴィスを供給する施設として小学校、図書室、成人教室、幼稚園、医者、歯医者、薬局、日用品店、郵便局、宿泊施設を伴った食堂、金融機関、手工業場、屋外スポーツ施設を設置することが謳われている。下位中核拠点（UNTERZENTREN）は規模としては一万人程度の人口、距離的には三〇分以内とされ、上位の中核拠点より二〇キロ以上離れていない地点を指定している。施設は中学校、充実した図書室、成人教室、水泳場を伴った学校とスポーツクラブ兼用の体育施設、陸上競技用グランド、複数の専門医と一般医、青少年施設、手工業的サーヴィス業務施設（自動車修理工場等）、専門的生活必需品店舗、職場提供が可能な中規模の工場や手工業店とされている。

中位中核拠点（MITTELZENTREN）は三万人程度の人口と到達一時間以内の地域と考えられている。施設はその人口の要求に堪えられるキャパシティーをもったものが要求される。専門大学程度の教育施設（単科大学）、実務高校、文化的・社会的行事用施設、成人教室、室内水泳場、室内体育館、屋外運動施設、外国人支援施設、老人ホーム、多種の専門医、多種の手工業サーヴィス施設、自由業職、高級品までの多様な店舗、公園と緑地等の施設が設定され、区域内で労働力の自給が可能な大型工場やサーヴィス業務の立地条件を満たすことが指定されている。政治的、法的、また、文化的にその区域の中心的任務を果たすべく考えられているのが上位中核拠点（OBERZENTREN）である。総合大学、劇場、音楽堂、会議場、美術・博物館、大型屋内体育施設、大型屋外体育施設、大型屋内水泳場、総合病院、職業訓練施設、裁判所、上級官吏機構、総合的物品販売施設等の装備が想定されている。

この中核拠点、高密な居住地域、労働地域、及び病院や学校などの点インフラストラクチャーを連繋する開発軸の計画も州計画の大きな政策事項である。帯状の動脈として、連邦高速道路、連邦道路、鉄道などが、他のインフラストラクチャー、例えばエネルギー供給施設を伴って、空間整備と州計画の様々な目的を果たすよう計画されている。これら上位の計画を受けて、自治体でF‐プランとB‐プランを含む建設指針計画が作成される。

ドイツ都市計画の法体制をそのまま日本に適用しようとしても、国家の成り立ちの機構が異なるので基本的に不可能な部分が多い。特に州計画、地域計画の中核拠点の序列による市民サーヴィスの部分などは、現在の日本の状況では政治機構を全面的に変更しなくては不可能である。適応できない部分の詳細の解説は別の機会にするとして、ここでは「B-プランの日本への適応」に焦点をおいて説明を進めることにする。

RAUMORDNUNG・広域圏計画的考察-環日本海での新潟の位置

新潟市は自らの将来像を国際交流を念頭においた環日本海の中心都市と考えている。これは新潟が江戸の開港五港で、しかも日本海側で唯一という歴史を考えれば説得力をもつ。この環日本海というスケールも、単に地理的な日本海沿岸地域という枠にとらわれずに、グローバルな見地でアラスカから台湾を含めた大きなディメンションの中で考えるほうが新潟の位置づけの方針がより明確になる。その大きな空間の中で新潟を考えたとき、空港、西港、そして東港という国家基幹的輸送施設が国土スケールのインフラストラクチャーに連結していないという、都市計画上の決定的な不備が明らかになる。

欧州からの飛行は黒々とした大地のシベリアを横切った後、日本海を南下し、佐渡を眼下にして新潟市の上空から成田に進路をとる。それは、新潟空港が成田空港で発着する欧州便の航路上に位置し、成田空港の一部の機能を担える可能性をもっていることを示している。例えば、諸々の付加的条件を無視して単純な比較を試みると、大宮から新潟に近い地域の利用を考えれば、東京で乗り換えて成田に行くよりも新潟に向かったほうが時間的に有利である。だからと言って新潟空港を成田空港と同等な空港にするべきという議論を起こす必要はなく、あくまでも成田空港の機能の一部を新潟が担うことを考えるという意

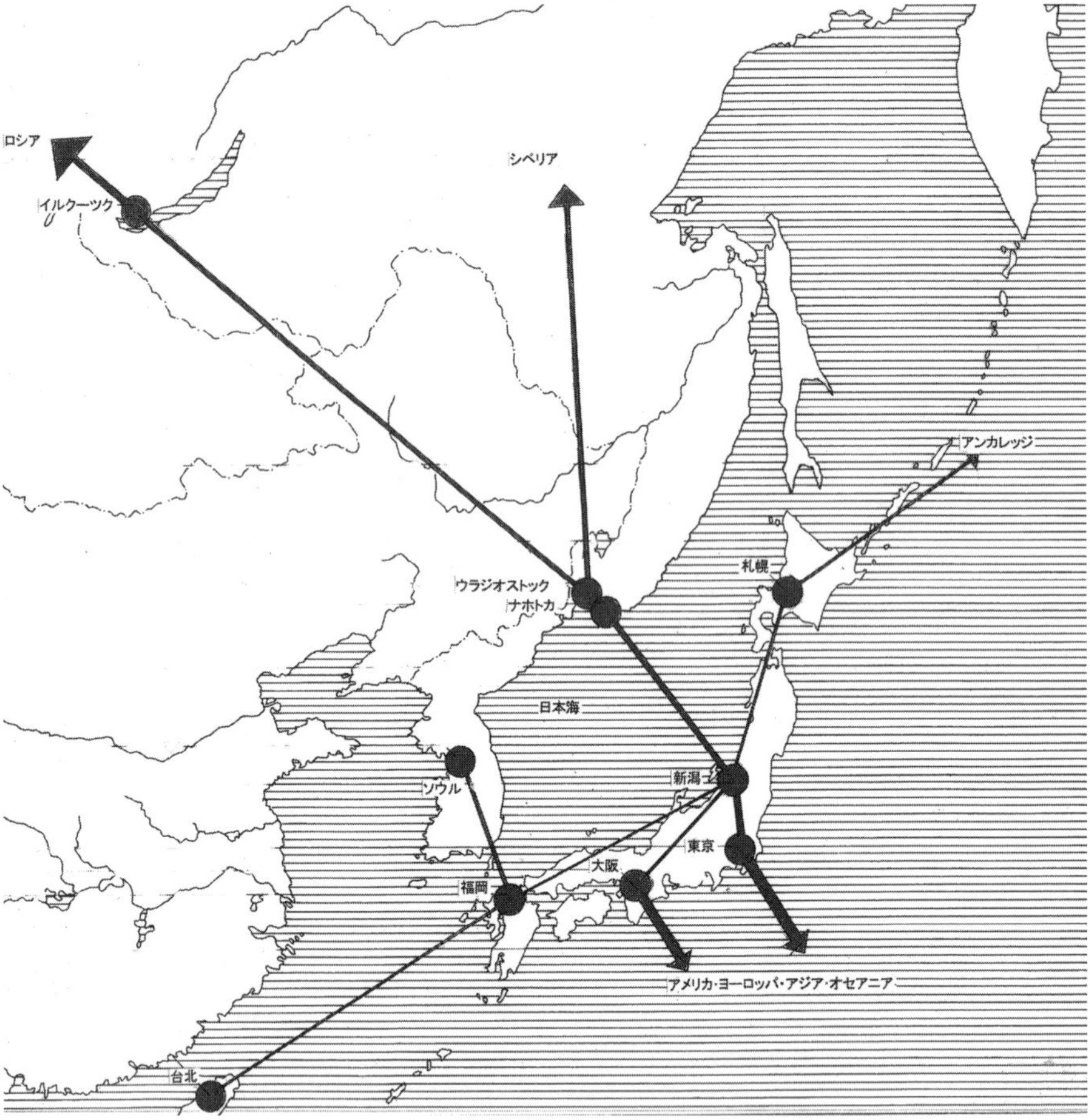

環日本海での新潟の位置

左頁
新潟市広域圏での計画提案

① 新潟東港をインフラストラクチャーに連結し、ここに輸送センターを設置すると、南北の輸送の流れを通常でも交通量の多い新潟近郊まで引き込む必要はなくなるので、三条から新津を経由して磐越自動車と交差して新発田で北陸自動車道と交わるルートを考える。

② その延長上で東港につなげる。新潟空港と高速道との連結を図る。

③ 既存の高速道路を補充して、新潟新市域全体を結ぶ環状高速路を設け、点在する旧市域を連結して新市の全体の連絡路を形成する。

④ 既存の鉄道網を補完した新潟新市域を環状する鉄道軌道網を設け、市民の公共交通網を確保する。

⑤ 住居地域を貫通して弊害になっている単線の越後線を、鉄道環状線には複線が必要であることからも、新潟駅工事と平行して内野から新幹線沿いに移動する。

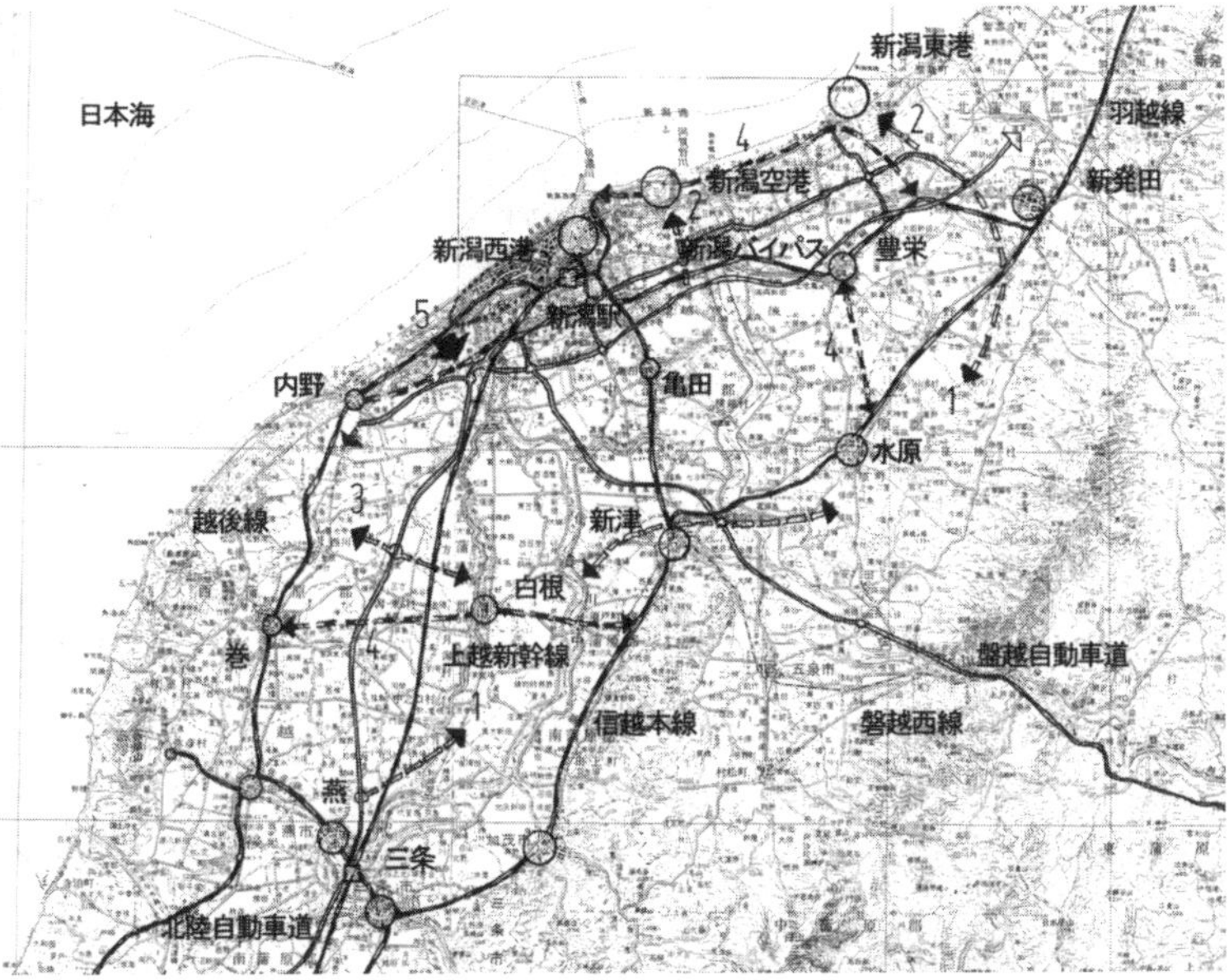

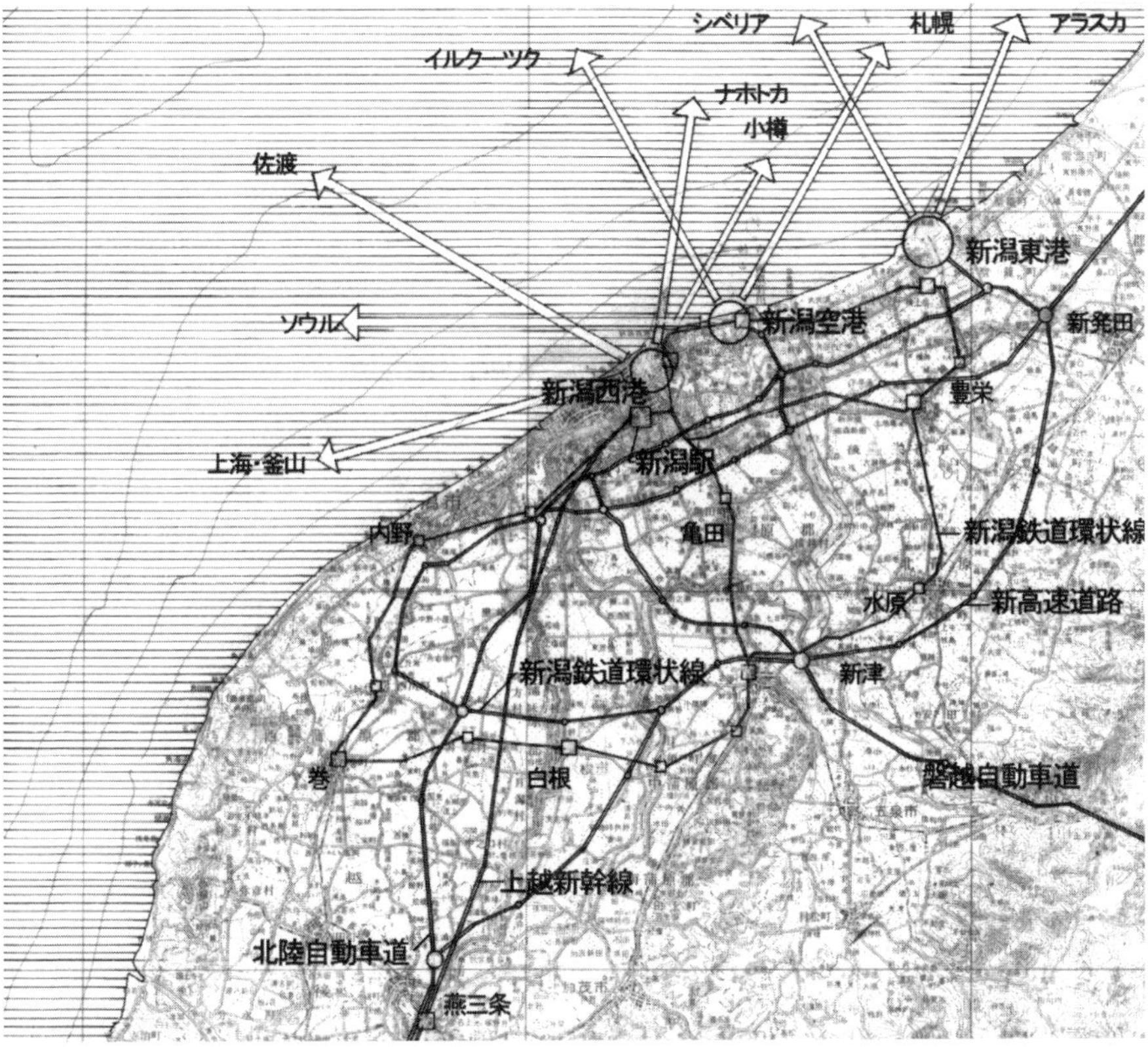

左　新潟市広域圏現況
下　新潟市広域圏計画提案図

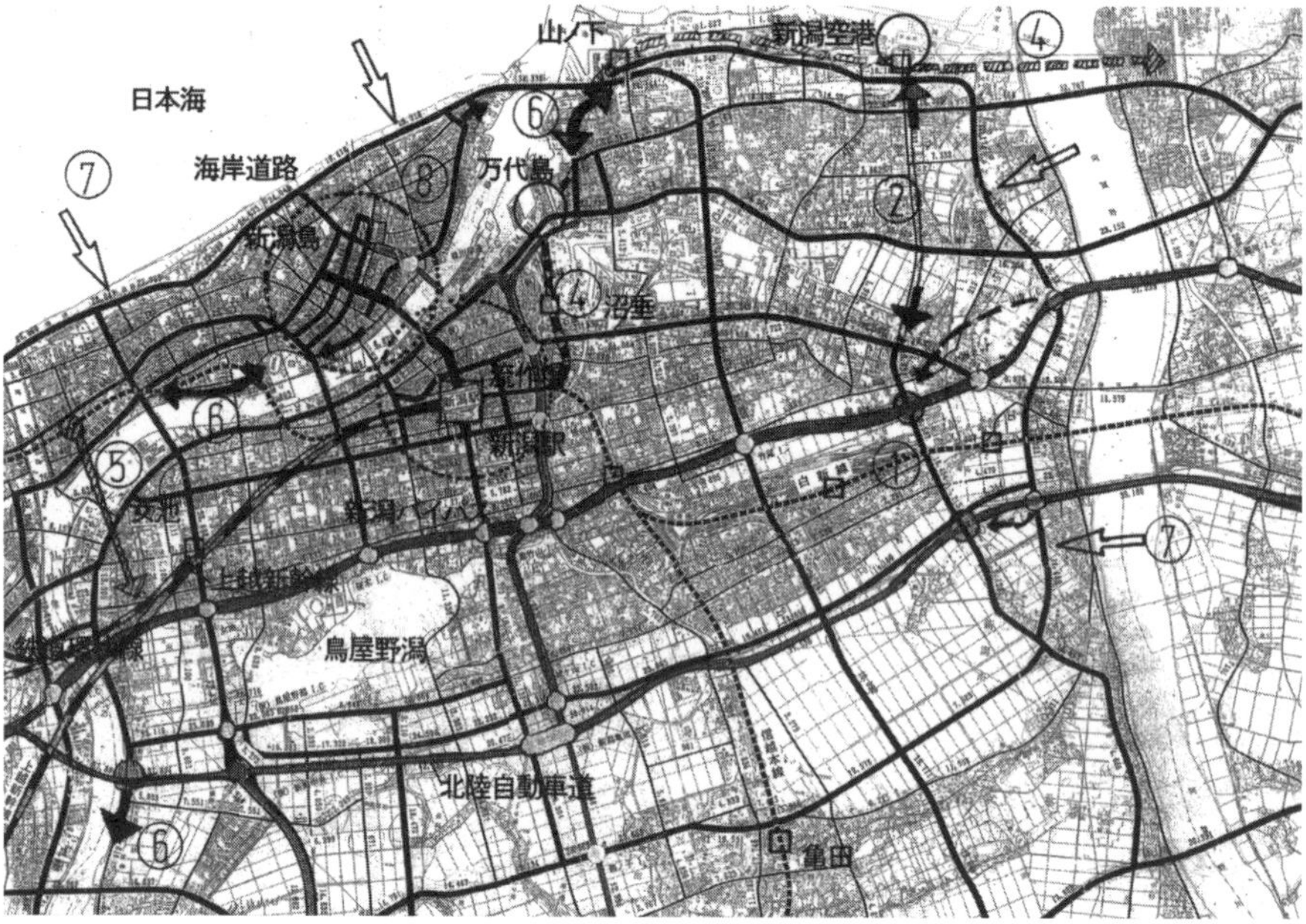
山ノ下
新潟空港
日本海
海岸道路
新潟島
万代島
沼垂
新潟駅
女池
新潟バイパス
上越新幹線
鳥屋野潟
北陸自動車道
亀田

新潟鉄道環状線
日本海
新潟空港
山ノ下
阿賀野川
新潟西港
古町
万代島
沼垂
万代シティ
関屋
新潟駅
新潟バイパス
新潟県庁
鳥屋野
女池
鳥屋野潟
北陸自動車道
新潟鉄道環状線
亀田
上越新幹線
磐越自動車道

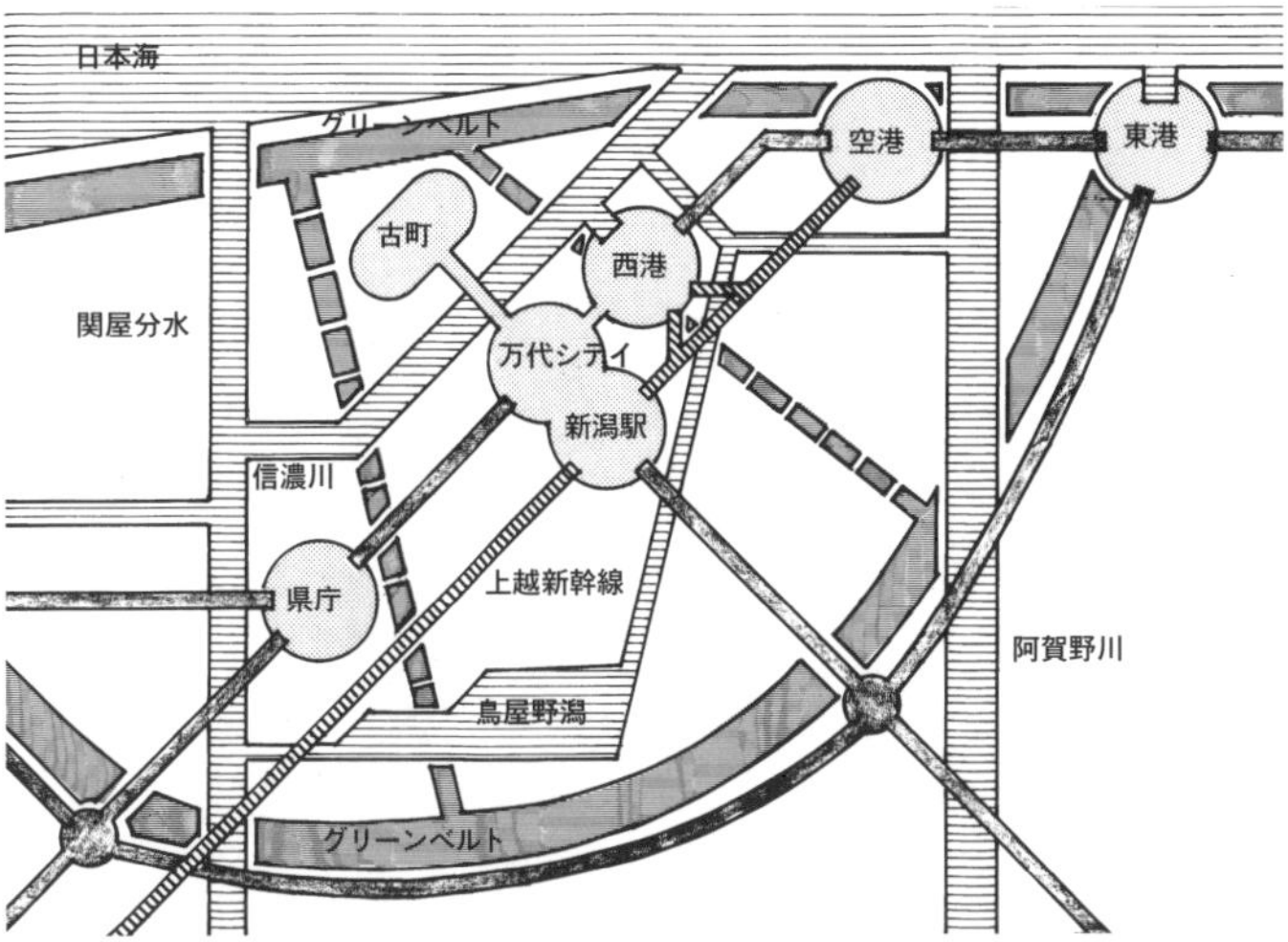

新潟市新都心構造の提案イメージ図
市内の通過交通を回避して、車の負担が少なくなった半円状の市街地をグリーンベルトが保護する。信濃川に沿った軸と交わる軸が都市構造を明快にする。

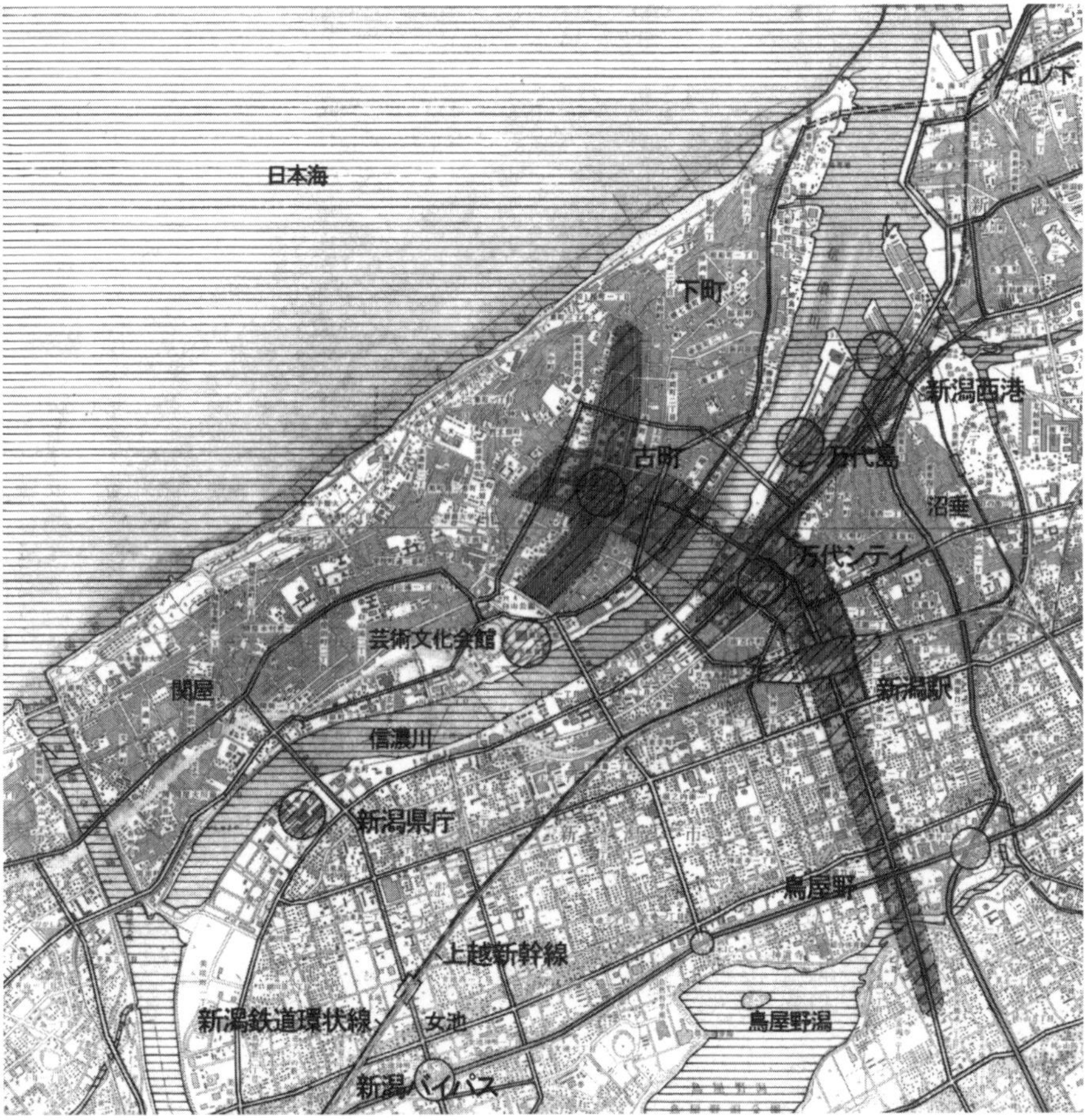

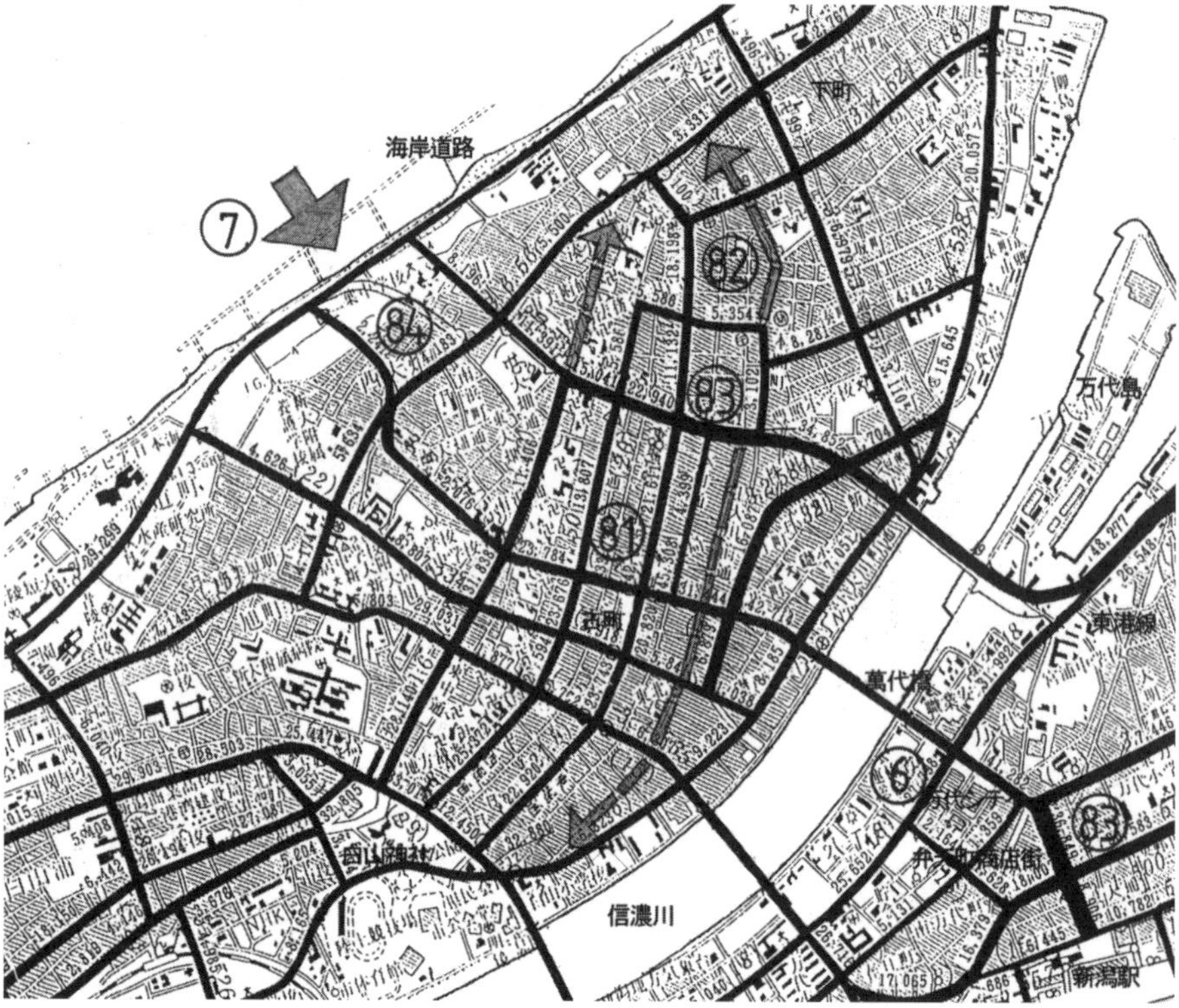

前々頁
上　新潟市中心市街地近郊現況と提案
下　新潟市中心市街地近郊構造図

前頁
上　新潟市中心市街地概念図
下　新潟市中心市街地構造図

本頁　新潟島現況と提案

左頁　流作場現況と提案

次々頁　新潟島街区構造図

⑥　信濃川沿いの新潟県庁舎から新潟空港を連結する東西軸を明快にする。万代シティ区域では東港線の地下埋設を図り、地区内の歩行車軸を確保する。

⑦　阿賀野川沿いの景観的に良好な田園地帯を貫通して、環境保全に逆行する道路や、新潟島最後の緑地帯を損傷したり砂浜に弊害をもたらして、海岸線の景観を著しく損なう環状線を排除する。

⑧　市街地を貫通する通過交通路を排除する。

(81)　古町を取り囲む東堀と西堀の交通を規制して、歩行者専用の古町特別区を形成する。

(82)　古町特別区の街区進入路を設置する。

(83)　新潟島及び流作場区域を貫通する道路のカテゴリーを下げる。新潟島では古町区域で貫通を避け、流作場地域では植樹などで車道の幅員を下げる。

(84)　幹線道路から住居地域の直接進入を避け、また、住宅地域を貫通する道路のカテゴ

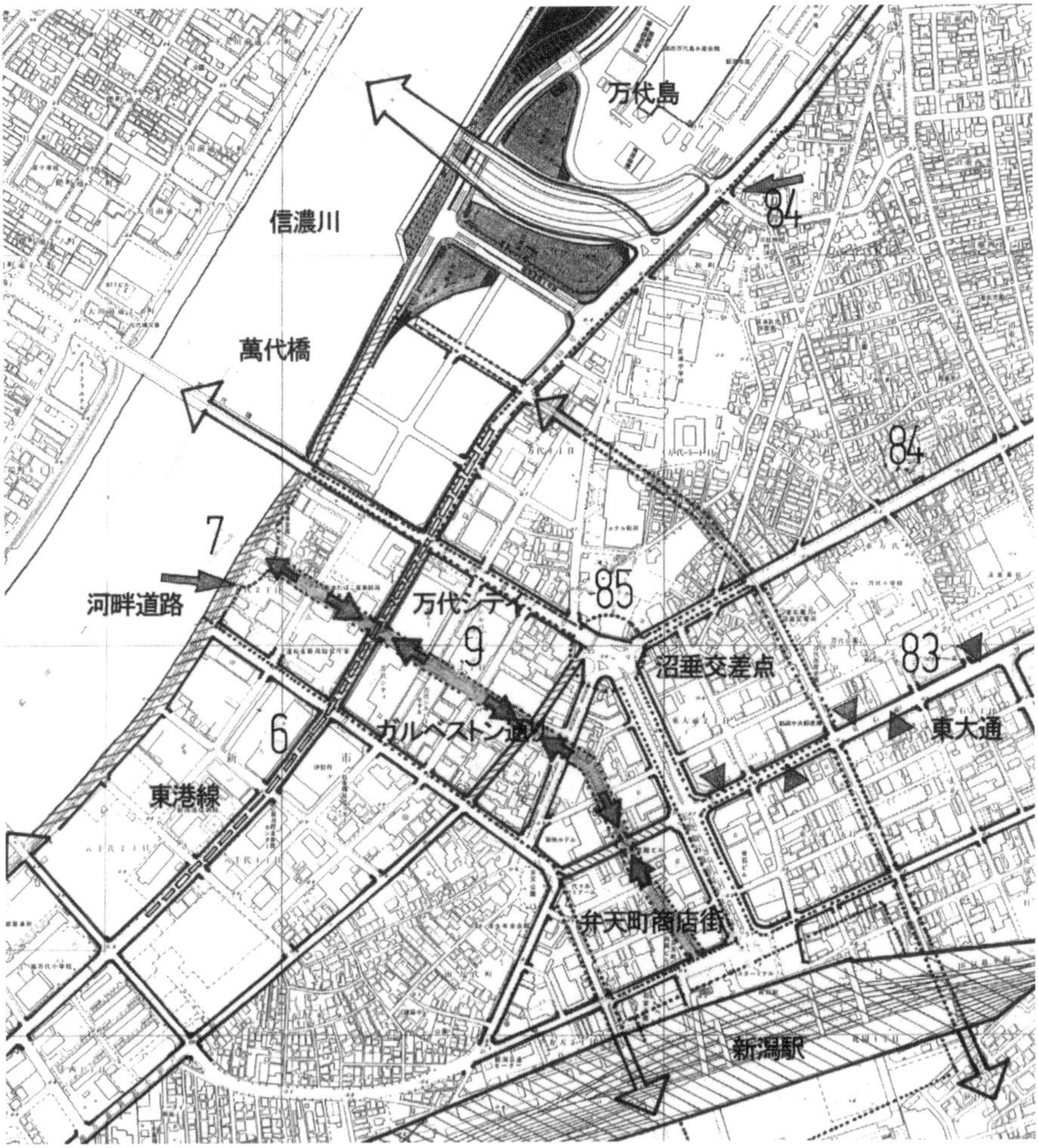

リーを下げ、区域内の環境を改善する。

⑧5　沼垂交差点の交通網交差での混乱を解除するための形状改善を図る。

⑨　新潟駅から信濃川への歩行者軸の貫通

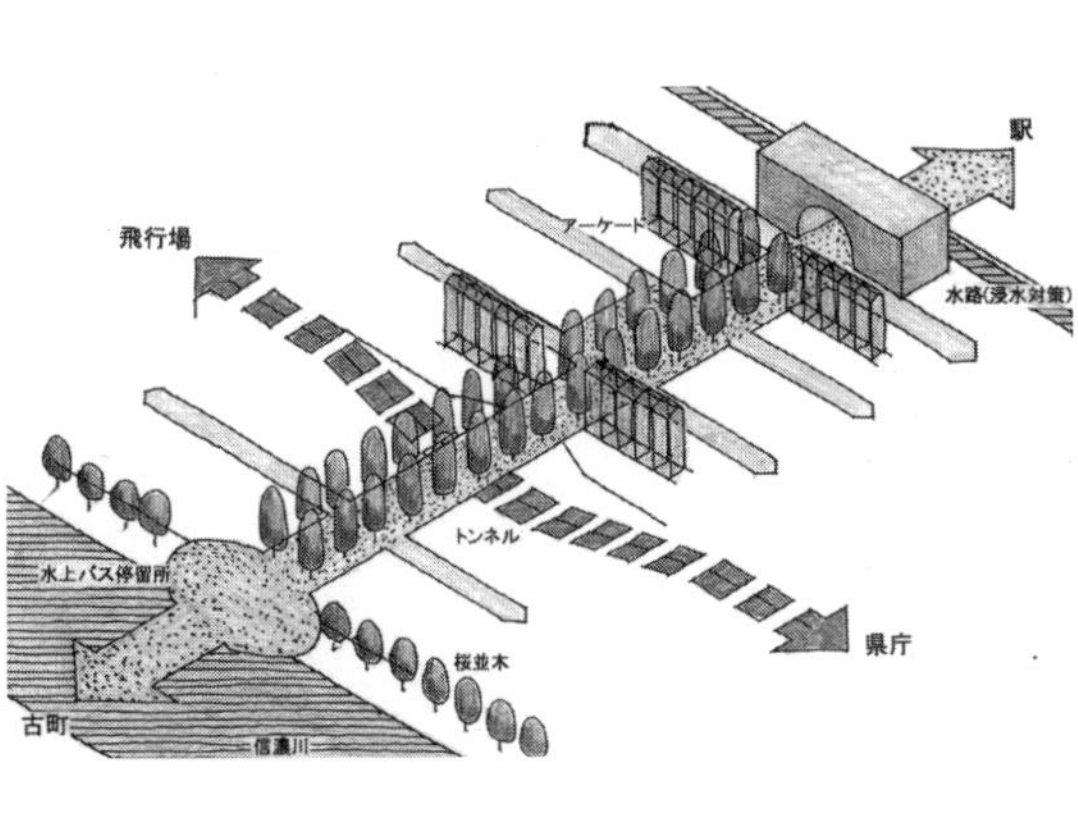

万代シティ街づくり提案概念図
アメニティ道路を基幹軸として、そこから街区の隙間にガラス屋根のパッサージュが伸びていく。既存の街路樹に補充をして並木を完全にし、弁天町との境には排水路をかねた堀割を設ける。また、そこには万代シティのゲートとなる建物を考える。

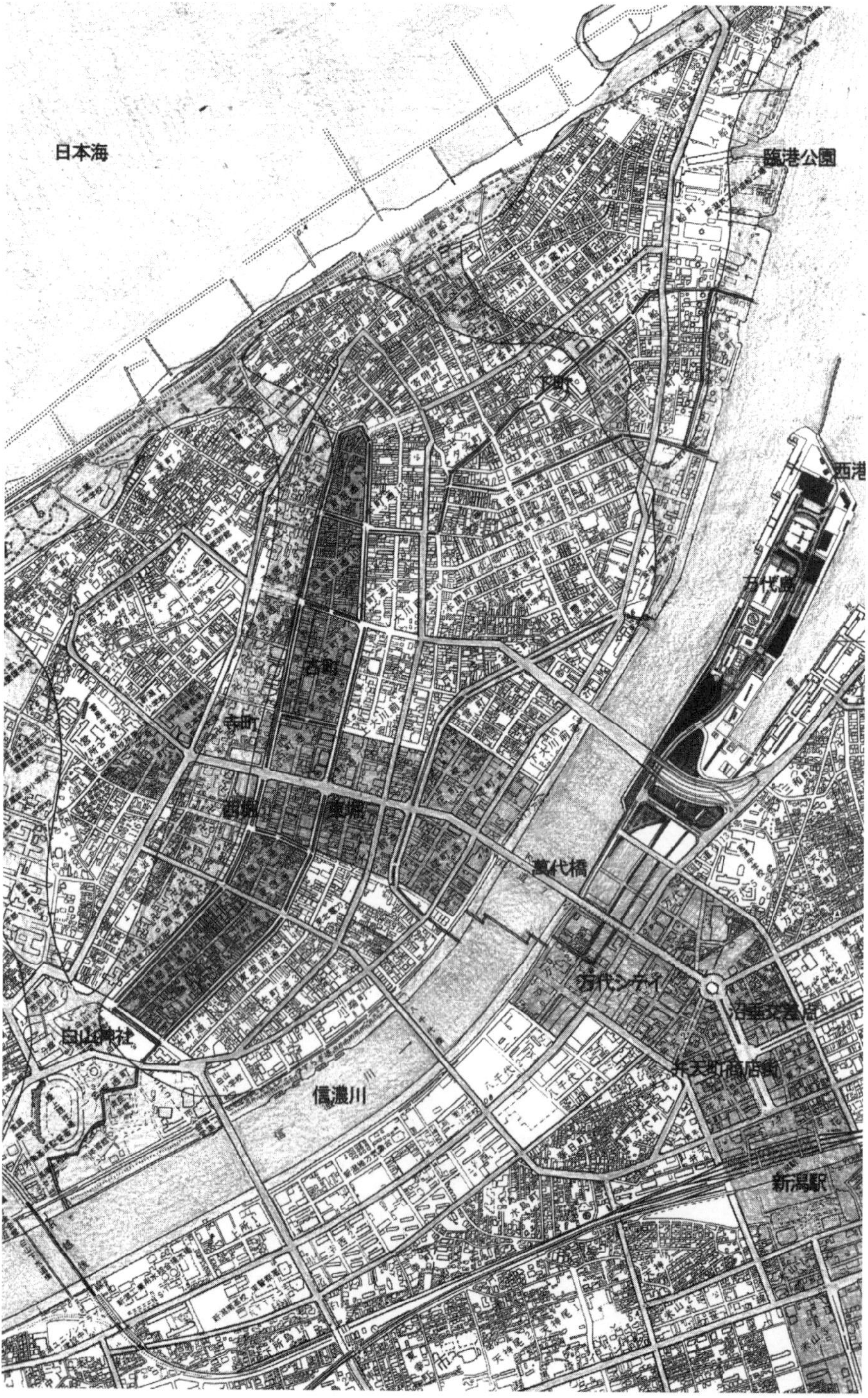
日本海
臨港公園
下町
西港
万代島
古町
寺町
西堀
東堀
萬代橋
万代シティ
沼垂交差点
弁天町商店街
白山神社
信濃川
新潟駅

味である。もちろんこれは、上越新幹線が新潟駅止まりではなく新潟空港までつながっていたらという前提での話である。

身近なところで佐渡、ちょっと足を伸ばして小樽、ナホトカ、加えて将来は博多、釜山さらに台北、上海等の、文字通り環日本海航路ができるという可能性を実現させるためには、全国ネットワークの中で欠如した部分である、新潟駅から西港の間の旅客を連結する機能が必要である。特に、特殊な可能性をもつ佐渡の発展にとって、船から鉄道への交通アクセスのスムーズな連結は重要なことである。東港には、他のどの輸送手段よりもキャパシティーがある船舶で、時間をかければ世界のすべての地域につながっているという船と港の特徴を生かす工夫に欠けている。鉄道や高速道路等の輸送を容易にするインフラストラクチャーが港付近では未整備であるし、現在、新潟の輸送センター地域は市街地を挟んで反対側の地域にあるというように、ロジステックをスムーズにする施設も隣接していない。取り残されているような港ではその機能を十分に果たすことは不可能である。これらのインフラストラクチャーの不備な点の補完と整備が、環日本海の中心的都市に発展するためには必要である。

LANDESPLANUNG/REGIONALPLANUNG・地域圏計画 - 新潟広域圏と交通体系

国土的なスケールでのインフラストラクチャー整備を受けて、新潟県全体の交通網体系を見直す必要が出てくる。新潟市周辺の交通体系は、中心市街地の通過交通を抑止するために、北陸自動車道は市街地を迂回する半環状線にして西の柏崎、南の長岡、東の新津、北の新発田からの道路を連結させる。近郊鉄道交通網は新設する必要はなく、現存する路線に補完すれば十分である。新潟－新津を軸とし、北端を豊栄、南端を白根とした八の字型

右頁　新潟市中心街地街区構造計画提案図

モノレール　九州小倉での例
この架橋の規模は新潟の市街地構造を考えると、スケールアウトである。

の環状線で、新潟広域圏都市のそれぞれの核を連結するのがよいだろう。

新潟農村都市構想という新しい都市像を考えると、モノレールやリニアモーターカーなどの大構造物を必要とする交通システムは景観的に適応しないであろう。例えば九州小倉のモノレールを参考にすれば、このスケールと新潟の市街地構造では問題点が多いことが実証される。一方、路面電車を設置することが考えられているが、軌道の回転半径が新潟の都市構造では吸収できない部分があるということを考えても、問題が多く発生すると予測される。中心市街地から車交通を排除し、街区全体を歩行者優先空間として、路面電車を通すという以外の可能性は少ないであろう。

路面電車についての考察‐都市交通手段の検討

路面電車が市街地における有効な交通手段とされたのは、二〇世紀前半の、自動車による交通が未だ大衆のものになっていない時代である。近年においては、車が都市の幹線道路に溢れだし公共交通に支障をきたすようになり、大都市で地下鉄が開通されるようになる。バスとのコンビネーションで都市交通の需要に対応できるようになるにつれて、路面電車は徐々に廃止されるようになったという歴史的事実をまず認識しておきたい。

その市街地構造のスケールからして、バスでの公共交通がスムーズに機能している新潟には、路面電車は大きな問題点を投げ入れることになる。路面電車が市街地に都市計画的な問題点をもたらすのは、都市空間の中に専有空間を必要とするという理由に尽きる。運行の安全性と定期性を確保するために、車道と分離して専用の軌道を設けるのが通常である。それには、道路に一定以上の幅が必要である。片側方向で一車線は軌道に、もう一車線は停留所に使用されるのであるから、片側三車線以上の道路でしか設置は困難であろう。

函館の路面電車
ちんちん電車と呼ばれ観光名物になっている。

しかも、自動車交通を圧迫する弊害は避けられない。道路の幅員が十分でない場合は軌道上を車が走ることになる。そうなれば、電車が軌道上しか走れないということや静止までの時間が長いという、危険時の対応に融通が効かないという欠点で車との摩擦は避けられない。停留所に関しても、道路幅が十分でなく道路上の軌道に沿って設けられないとすると、歩道に待合をつくらざるをえないが、その場合には乗降時に乗客が車道を横切り、車の導線と交差するという不便と危険が生じる。日本の都市の道路事情を考えると、この危険性を回避するだけの余裕をもった幅の道路は大都市の幹線道路を除いて少ないと言わざるをえない。この問題はドイツにおいても、特に旧市街地のような、現在の交通体系を予想だにしていなかった市街地においては顕著である。

オールドタウンの歩行者優先地域においての路面電車の危険度は、路面電車というノスタルジックなイメージとは一致しない。新たに軌道を設置するにしても、路面電車の場合は路面電車専用空間としてしか都市交通には貢献できないが、バス路線のために道路を設置すれば、バス運行以外にも利用できるということと比較すれば、どちらが都市交通に有利であるかは説明する必要もない。

足元の道路面だけではなく、頭上の空間をも専用するという事実は、さらに日本の現状を鑑みると問題がある。ドイツの場合は、動力源を供給する電線は沿線の建物が中層階以上であればその壁面に固定するが、その他は沿道に支柱を立ててケーブルを張っている。個人の所有物に公共の施設を取り付けることは、保証を含めた契約制度が整っていることもあって、それほど抵抗もなく一般的に認容されている。しかし、欧州ほどの契約社会でない日本において、この問題は簡単には解決できないと推測できる。

譲って、設置することに問題はないとしても、設置後の問題点は解決されていない。一

ミュンヘンの路面電車
専用の軌道面が道路を占拠している。

つには、路線が通る道路上は配線で覆われてしまうため、一定の高さを超える特殊車両の交通は不可能になる。ましてや、お祭り時の山鉾は言うまでもない。もう一つは、景観上の問題点である。ケーブルが道路上に張りめぐらされていること自体、街の景観には好ましくないが、支柱を立てて配線をしなくてはならない場合はさらに問題は大きくなる。電信柱を取り除く街づくりが一般的になってきた風潮の現在においては、時代錯誤という批判も出てくるだろう。道路の中央にデザイン的な支柱を立てるということは可能だが、その場合も道路の幅員が十分であることが必須である。

　都市計画的という大きなディメンションだけでなく、路面電車のシステムについても言及してみよう。日本においては、路面電車も鉄道と同様に運賃支払いと改札システムがヨーロッパのそれとは異なる。ドイツにおいては運賃の支払いは自己責任においてなされるので、乗降の際の検札は必要としない。したがって乗降は自由で、乗降車口はワゴンの前後と中間にあり車内での乗客の移動はそれほどなく混乱は少ない。乗車区間の遠近によっての運賃の増減は、これもまた自己責任において計算され自発的に支払われる。加えて通常二輛編成で乗客収容量は大きい。

　乗車券のコントロールが必要とされる日本においては、乗車口と降車口を限定する必要があり、また、乗務員数を複数にしない限り二輛連結は不可能である。複数乗員としても、ワゴンの長さを押さえない限り車内の混雑は避けられない。実際、アムステルダムでは車掌が同乗したワゴンでは、乗車口が一箇所に限られ、ワゴンが長いだけ乗降時の混乱がある。これらの混乱を避けるために、長崎のように運賃を一律にして乗車時に前払いシステムが考えられるが、運賃と移動距離という経済性の関係を考えると、軌道の距離は自ずと限られたものになり、広域圏交通に対応させるためには適さない。ドイツのように、運用

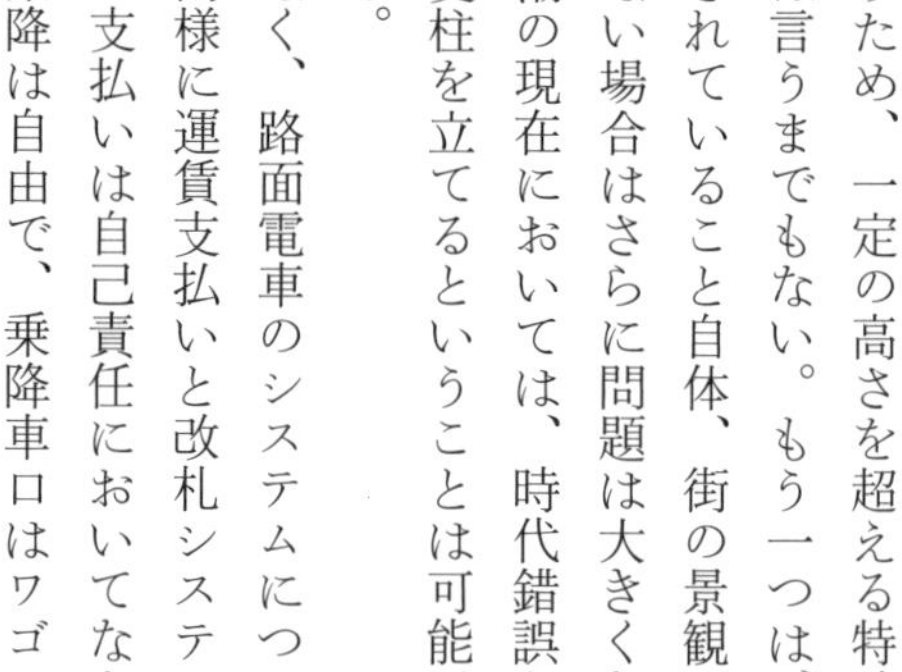

ミュンヘン市内の状況
頭上に電線が張りめぐらされているため精神的に煩わしいことと、軌道と路面が併用されているため車が軌道面に乗り入れ、両方に危険な状態になっているという、都市の日常風景としては好ましくないものである。

赤字を税金で賄うという、住民の利便性を優先して経済性を第二義とする政治的政策を行うのであれば、問題はそれほどなくなるが。これらのすべての条件を満たすには、一輛編成の運行が適当であるという結論になるだろう。であれば、電車である必要もなく、バスで十分という結論が出てくる。

技術的に路面電車が適応しづらいとしても、別の意味で、例えば観光のためという希望もあるようだが、路面電車を観光目的で設置するのは、地元の生活に貢献しないという点で、経済的な地元負担が大きくなる。それに電車自体が観光資源という考え方は、電車がよほど目立つようなものでなければ期待できるほどのことでもないし、電車が市内の観光地を結ぶためのものということでなければ有効活用は不可能である。そのためには、路面電車よりも市内の整備が先決であるということからすれば、本末転倒である。路面電車の前に、本来の街づくりに努力すべきであるということである。

路面電車の是非に関して詳しく述べてみたが、この事柄に限らずあることを具体化するときにはその背景を検討し、先を予測しての実施でなければ、かえって問題が発生するというマイナスな結果を招くことにもなりかねない。

BESTANDAUFNAHME und ANALYSE・現況調査と分析‐新潟市の都市構造

新潟市は信濃川河口に、日本海を背にして半円形の市街地を形成した都市である。信濃川の西側の新潟島と称される区域には、港町新潟の中心であった古町、創設時の構造を残した居住地の下町（しもまち）という特徴のある街区と、新しい居住地と都市施設によって構成されている。東側の万代、沼垂地区を中心とした区域は流作場と言われているように、信濃川の堆積によってできた土地に成立した街区である。鉄道がこの地域に敷かれたことによって港の主な機能がこちら側に移り、さらに山ノ下地区に工場地域が構成され発展してきた区域である。駅が万代地区から現在の位置に移転すると、市街地は東側に向けてさらに拡張されるという展開をしている。

新潟市の都市景観の秩序のなさの原因は、先にあげた日本社会の一般的な問題点に加えて、一つには明快な土地利用計画政策がとられていないことによる、用途の混在とそれに伴う容積の異なる建設物の混在による。二つめはカテゴリーによって区分された道路で体系づけられた交通網がないということ、三つめは土木工事が日本の平均をはるかに超えて行われて、しかも旧来の工法での施工であったことで、自然環境がとみに減少しているということである。用途地域計画という土地利用の曖昧な政策から、容積の指定までを細かく指定する土地利用計画政策に移行すること、遠距離交通路、通過交通（迂回）路、都市交通基幹路、地域交通路、居住地交通路、歩行者専用路といった明確なカテゴリーで区分した交通網体系を整備すること、それに景観整備と環境保全を最優先した工法の選択の政策が必要である。

土地利用の明快な区分のためには交通網の整備が不可欠である。通過交通を市街地から排除する交通体系によって形づけられる半円状の街区の中に、県庁-万代シティ-西港-飛行場の核を結ぶ東西軸と鳥屋野潟-新潟駅-万代シティ-古町-日本海を結ぶ南北軸という都市軸を設けることによって、住民のアイデンティティーに有効に作用する簡潔な方向性をもつ都市構造が出来上がる。整備された交通網の接地に準じて土地の利用度と密度を決定しながら、街区のおおよその景観のバランスを考えて出来上がった半円状の街区を新潟平野の特徴である水田、日本海海岸の防風林、信濃川の地勢を連繋する形で緑の環境を整え、かつ、強調することで農村都市構造を特徴づけることができる。

街づくり提案15

用途地域計画の大まかなゾーニングをF-プランのような土地利用計画の細かさにグレードアップする。道路、鉄道、飛行場等の上位の都市計画によって決定された施設を考慮し、自治体の政策目的で決定される学校、病院等の公共施設と都市サーヴィス施設のキャパシティーによって導き出される容積率をもとにした地域構造を決める。

左頁
都市広場
右　リヨン・テロウ広場
左　ミュンヘン・マリーエン広場

BAULEITPLANUNG・指針作成・新潟市の中心市街地機能

周辺都市と合併されて都市構造が大きく変わる中で、重要な位置を占めるのが新潟駅に直結している弁天地区から万代シティの地域になる。都市軸の交差点であるだけでなく、新潟駅と西港のある万代島を連結する位置にあり、将来的に新潟市の都市機能の大きな部分がこの地域に集中することが予想される。郊外からの新潟市への乗り換え点となる新潟駅では大規模な開発が計画されていることや、海の外への乗り換え点となる西港では万代島再開発の継続で、入り江や埠頭には開発が行われる可能性が十分にある。この大規模な開発地域を背後にした弁天・万代シティ地域では、近い将来において人の流れが急増することが予測できる。そのためには、増加する人の流れを吸収できる都市空間の整備が急務の課題になる。例えば、西洋的な都市広場の設置や、日本的な道空間の整備などによって、街の様々なキャパシティーを増大させることも必要である。

新潟駅は近県から新潟空港への通過点、日本国内から佐渡へ向かう人の乗り換え点、また、近郊から市内へ入る人たちの乗り継ぎ点となり、人の流れが新潟市内で一番交錯する場所になる。これをスムーズに機能させるためには、駅の北と南の地域的格差を是正して駅周辺を一体的に整備し、オープンスペースの「ゆとり」をもたせるのがよい。それには、駅の南北の地域的格差の原因である都市的スケールの軌道バリケードを取り除くことがキーポイントである。欧州では一般的になりつつある、駅舎と鉄道軌道を地下化することも可能であるし、また、現存する軌道橋の下を開放することも可能である。南北を貫通するコンコースができれば、今までそこで切れていた乗降客以外の人の流れもつながり、そこに新たな高度な経済的利用も可能となる。

乗り換え地点の機能整備ということに関しては、南北の分断されたバスターミナルやタ

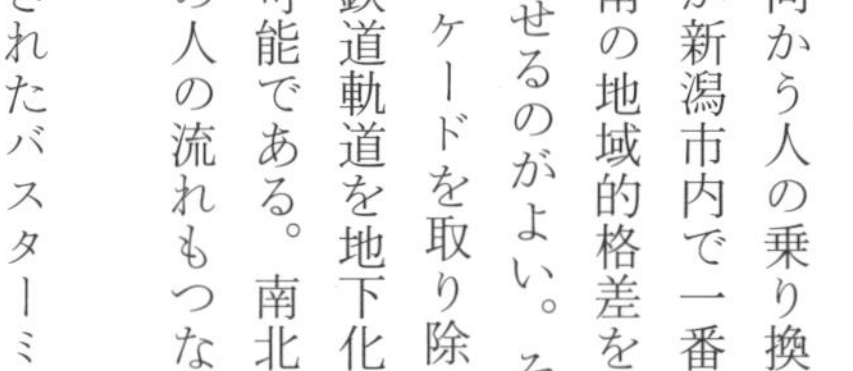

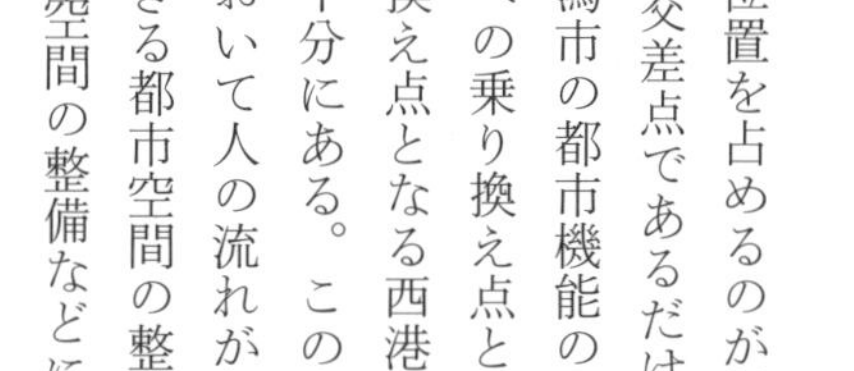

クシースタンドの再編成が必要である。列車から直接乗り換えが可能になるという機能的なことと、歩行者空間としての駅舎周辺の公共空地に障害とならないという都市造形のうえでも、高架軌道の下にこの用地を設定するのが望ましい。公共交通だけではなく、個人用の駐車スペースの確保も必要である。軌道下のスペースや駅の両側にある大通りの地下を駐車スペースにあてるのも一策である。この駐車スペースは周辺の商業地にも有効利用されることは確実である。

駅の南側は、政令都市政策によって合併された新しい新潟市地域に向けるよう性格づけるのがよい。例えば、現在、秩序が明確でない開発が進んでいる鳥屋野潟地域との連繋で、ここがこの地域の焦点という交通と街区の造形がなされると、駅の乗り換え地点の機能が明快になる。一方、北側の弁天地区は既存市街地の玄関という顔を明確にすることが重要で、既存の旅客を対象としたホテル、お土産店舗等の商業施設に加えて、乗り換え時間で利用できる施設を設ける可能性を考えるとよい。この場合、重要なことはそれらの施設は万代シティ地域と競合するようなものではなく、補完する施設、例えば万代地域に少ない飲食店舗等を考えるようにする。これは、この地域にはもともと小規模な飲食店が多く存在しているから、それほど異質なことではない。できる限り空間的な関連性をもって構成し直し、新たな参入を組み入れることがこの地域の発展につながる。

一方、都心と主軸が信濃川の右岸に移動すれば、新潟島内では通過交通を回避できる。それによって潜在的にもっていたこの地域の特性が、高齢化社会への移行という現象や、価値観の多様化といった、社会構造の変化に有効に適応できるようになる。二一世紀社会では、一方で高齢化社会の進展により、地域内の「向こう三軒両隣」的なコミュニティが必然的になってくるであろうし、医療や福祉の施設の完備が不可欠になってくる。もう一方で、情報という要素が都市生活の中に大きな位置を占めて、生活形態や居住空間に変化をもたらすことが予測される。家庭の中に道具としてのPCが普及して生活習慣が変化するだろうし、情報がどこでも入手できるということであれば、労働する場所が定まった場所であるという必要性もなくなってくる。この二つの要因で建設物の細分化や小型化の流れが生じ、都市はそのストラクチャーをある意味で中世のディメンションに戻していくかもしれないという予測ができる。中世の都市でもそうであったように、その必要性の形こそ違え、フェイス・ツゥー・フェイスのコミュニケーションの場が都市の中に必要とされてくる。そのような変化に対応できる空間を所有しているのが、新潟では新潟島である。

この新潟島は本町市場をその中心にもち、医療施設、学校施設等の都市サーヴィスが完備し、加えて信濃川河畔や日本海海岸線の緑地帯があり、それを整備、保全することによって近隣保養地を確保できることから、容易に良好な都市生活環境を提供できる地の利を有している。住宅地が主な関屋地区、古町を核とした商業地と海岸に近いほうに文京区域がある中心地区、それに、港の造船所跡地を除けば、基本的に町屋住宅と路地で構成されている下町地区というように、地域の特性によって新潟島を大きく三分することができる。

古町は大動脈からは離れた場所にあるということになれば、万代・弁天地域で増大した人の流れを背後で包括するような機能をもちながら、地域全体で新潟市のある意味で、人が三々五々集まれるような広場的機能を担うことが発展の鍵である。古町の歴史を捉え直して、その伝統の中に残り続けてきた「もの」の価値を特化することで、広域の新潟の中で、もっと大きく言えば環日本海の中でその位置を確固としたものにする可能性をもっているる。そのためには、古町の非日常的機能を喚起する街区の構造的改革が必要になってくるだろう。ここでは、あくまでも古町の特性を考慮した独自の手法によるべきであることは

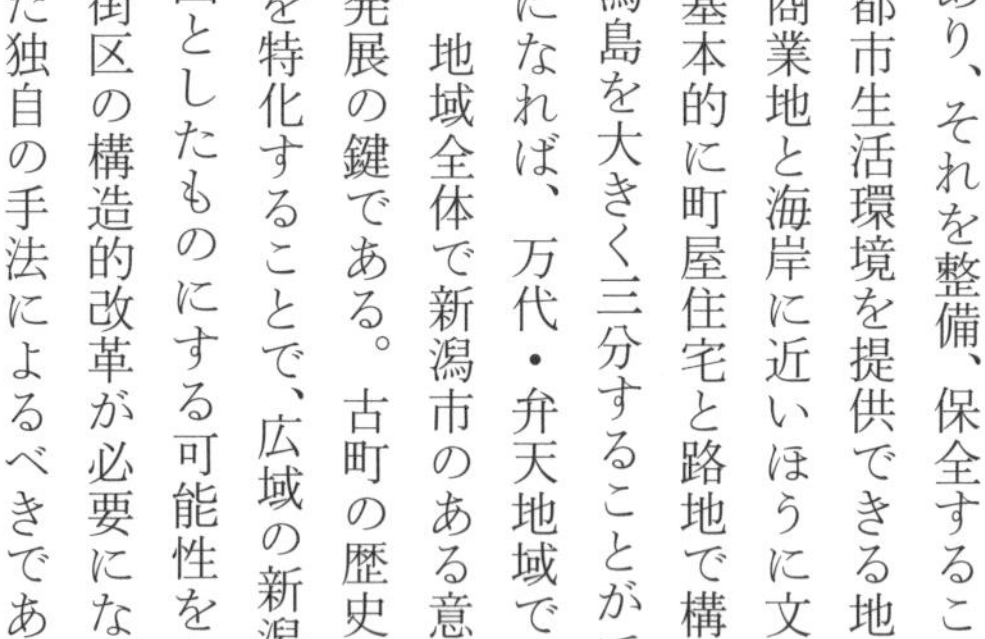

仙台駅前の空中回廊
このような建設が通常であったが、現在の社会構造の価値観では様々な問題点を都市空間にもちこむことになる。便利な空間が車に占拠されているので歩行者には不便であること。高齢者、車椅子には空中回廊はもっとも不便であること。回廊周辺の地上面は、景観や歩行困難等の障害でその地価に見合わない使用法を余儀なくされているということ。植栽を設ける可能性が極端に低いために景観的にも環境的にも弊害があること。これらの要因で都市空間のあり方としては大きな疑問符がつく。

言うまでもない。関屋地区においては交通制御を行いながら、緑地、公園の確保、並木が添えられた歩行者空間の補充等の環境整備を進め、低密な居住地区としての特性を高めるのが有効であろう。下町においては、家内工業や町屋の伝統を踏まえた街区や港という地の利を生かした街づくりが望まれる。

RAHMENPLANUNG・計画の枠組み‐新潟駅と駅周辺整備

都市の中で人が集まるということは、その対応ができるだけの空間を都市が準備しなければいけないということである。交通の変節点である駅は、その意味で都市デザインの中で、その造形がほとんど技術的な要因によって決まるということにより、比較的特殊な位置を占めてきた。一九世紀の産業革命の技術と、それによってもたらされた資本の投下によって登場した二〇世紀の停車場は、二一世紀にはその機能をさらに発展させ、IT革命を背景とした形での停者場として都市の中で位置づけすることができる。欧州都市で通常見られるタウンセンター機能の一部を積極的に取り入れることも一つの手段である。新潟の表玄関という機能で言えば、エトランジェにわかりやすくするという理由で、動線処理の簡潔化が実現できれば、通常の利用者にも乗降がスムーズに行えるということになる。二〇世紀の車優先だけを考慮した遺物のペデストリアンデッキのような身障者、老人に不親切な建設はせずに、バリアフリーの本来の優しさをもたらすというデザインに心がけるのは当然であろう。

一方、全体の形態で言えば風格が必要であろうし、そのためには街区からある程度は距離をとれる環境の整備が必要となる。その場合、単にバスターミナルとかタクシースタンド等の従来の空地の使い方をするべきでなく、増加した歩行者にできる限り開放されるべ

ヘルシンキ駅のホーム上のガラス屋根
フィンランドの冬の厳しさから保護された空間は乗降客に親切である。屋根の上にたまった雪の問題はヒーター線を引けば解決する。

きである。公園の中にある駅、または都市広場の中にある駅というような新しい形の造形が望まれる。構内に自然光の溢れる工夫をすることで利用者に優しい空間が提供されるから、ロンドン・ワーテルロー駅や、ベルリン・リェター駅のような冬の積雪対策を考慮したチューブ型の採光屋根の可能性を探るのが良策である。

欧米と日本の駅の根本的構造の違いは、駅の構内に乗降以外の目的で入ることが可能か不可能かということにある。由布院駅が改札口を取り払って構内での行動が自由になったことや、地方の駅では無人駅化などで、事実上、改札が行われていないという傾向が顕著であるが、日本の駅から改札口がなくなるということは、欧米と日本の社会的構造の違いからほとんど不可能であるだろう。この前提で、駅が停者場になるためには、乗降のシステムをできる限り明快に簡素化して構内をコンパクトにして、そこで余剰になった空間を活用して軌道の両側からの動線を相互に貫通させ、元来のバリケードの障害をなくする工夫が必須になるであろう。これは改札口の機械化を最大限活用すれば不可能ではない。

RAHMENPLANUNG・計画の枠組み・弁天・万代シティの位置づけ

この区域は急増する人の流れに対応する歩行者優先の街区にするべきである。ある地区を歩行者優先ゾーンとするには、それを取り囲む交通網の整備が必要になる。今まで一定の交通量があった道路を歩行者優先区にするためには、その交通量を迂回させる道路が必要と同時に、その地域への搬入のためのアクセス道路が必要である。この地区での通過交通の負担を軽減するためには、新潟駅改築を機会に周辺の交通網整備を図り、弁天町区域を歩行者専用区域にすることや、この地区を貫通して河畔を遠ざけている東港線の地下埋設化を図ること、それに、河畔の都市空間的可能性を著しく低下させている信濃川河畔の

自動車交通を迂回させ、遊歩道とする方策などが必要である。

その結果生まれる歩行者優先地域の中心軸となるのは、駅から弁天町を通り万代シティを抜けて信濃川に出るアメニティ道路と指定された通称ガルベストン通りが適している。その軸から、長い冬季の快適性のためにガラスの屋根が架かったアーケードが街区内に進入していくことも可能である。そしてこの歩行者優先プラットフォームの中心に、西洋的な広場があれば人の流れの淀みを生み、都市公共空間のキャパシティーを増し、加えてこの地区の都市的中心性を高めることになる。東港線が埋設されたら、その空いた空間を周辺の建設物の整備をしながら、纏まった空地を生み出して広場にあてればよい。

万代シティから万代島へのアクセスは、先の広場より河畔の遊歩道と平行して入り江に向かってある程度の密度をもった街区を形成させながらつくられるのが好ましい。単に路をつくればよいということではその路の利用度は少ない。したがって、積極的に路を利用してもらうためには、人が歩く興味を生む装置を配置しなくてはならないし、そのための快適性を満足させる機能も備わっていなくてはならない。街区が纏まりをもっていると必然的に感じさせるようにするには水辺を用いるのが一つの手段である。これは万代シティ地域の短所でもある雨水処理に対して排水路としても機能する。アメニティ道路の延長で信濃川河畔の反対側への歩道橋の提案があるが、中心市街地活性化方策で古町、本町の活性化に伴い新潟市というスケールでの人の流れの変化を見た結果で考慮するほうがよいであろう。

人が集まるという大きな要素の一つに交通の変節点であるということがある。弁天町においては新潟駅という乗り換え地点が存在し、万代シティにはバスターミナルがある。その機能を積極的に街づくりの中に取り込むのが賢明である。バスターミナルは、広場の地

万代地区内の改善すべき点
前頁右　歩道内の段差
前頁左　急勾配の歩道
右　道路上の店舗の宣伝行為と溢れた駐輪駐輪場の設置を進め、路面を車道と歩道の境をなくし平坦にすることで歩きやすいものにする。

ジュッセルドルフ（次頁右）も新潟（次頁左）のようであった。これを範例とすべきである。

下に駐車場とともにつくることが考えられる。東港線をトンネルにすれば、現存の地下道を避けるために地下二階の深さまで下げなければならない。これは逆に地下一階部分でバスと駐車する車の交通を引き込むことができ、広場の下にバスターミナルができるという利点を生む。

新潟市では一番の利点、信濃川河畔という特徴を万代シティは生かしていない。市街地にある河畔が都市のオアシスとして機能しながら、水辺のやすらぎと街区に特徴を与えている例を規範にすることが必要である。河畔と街並みを切断している交通道路を計画的に不必要として排除するか、都市交通上不可欠ということであるなら、トンネル化などの工夫をして、街中の人の流れを自然に水辺に誘導することが街の中の環境アメニティを改善することになる。動線計画をコンパクトにすることによって、街が使いやすい、オリエンテーションがよいという人が集まるための第一条件が整うであろう。

規模は違うがこの考え方と同じコンセプトの政策が、ドイツのジュッセルドルフやスウェーデンのヨーテボリで現在進行中であることは説明した。ここでも時間軸を入れた経済効果というものを熟考する必要がある。これらの計画を進めるうえで、街並みの風格を生み出すような方策を考慮することも重要である。例えば沼垂五叉路を、交通整理を行うためにも大通りの交差点ではよく見られるロータリーにすることや、駅から弁天町を抜けて万代シティに入るときにゲートのような建設物があるのも、全体の計画にインパクトを与えることになる。

商店街が活気をもつためには人が集まることが前提である。人の行動には目的があるから、その必要に応える店舗が必要である。加えて、一度来た人が再度来るためには、街自体が人々に好印象を与えなければならない。大きく言えばこの二点が満足されれば、人が

自然に集まり、街は活性化されるであろう。人々の要求に応える店を増やすということは、単に店の数を増やすということだけではない。街の個性を確認しそのアイデンティティーに添った店舗、あるいはそのアイデンティティーを増幅し、街の新しい性格を創造するような店舗を街の風景の中に増やしていくということである。

と言うのも、万代シティは、個性、またはアイデンティティーが新しい街であるということで、新しい提案の新しい建設を積極的に取り入れることができ、それによって今までになかったような雰囲気の街並みをつくりだす可能性がある地域だからである。新しいとは言え、先人の知恵が生きている場所でもある。緑の少ない都市、新潟で唯一青々とした並木が木陰をつくり、歩く人に快適な空間を提供しているところでもある。今のところこの要因が積極的に街並みに好影響を与えるまでにはなっていないが、水辺が近くにあるという利点もある。これらの要因を総合的に捉えれば、万代シティは新潟市の市街地の中でモダンな街という個性が鮮明になる。これが万代シティに人々が惹きつけられるアイデンティティーである。

一方、弁天町のアイデンティティーは駅前というひと言で表現できる。万代シティには比較的大型店舗が存在し、飲食店舗が少ないという隙間を考えれば、弁天町ではこの小規模な飲食店等の充実化を図るのが妥当であろう。新潟の「特別」であるラーメン街なども可能である。お互いの街区が補完し合えるような異なる機能をもった商業施設を整え合い、互いに共存できる地域に成長していくことがこの地域の活性化につながる。

街並みが人々に好印象を与える工夫とは、人々に不快感を与えるものを排除するということである。つまり、街並みの中の不便さを解消することである。例えば、ウインドショッピングをしていて突然に躓く原因となる歩道と店舗の境界にある段差や、雨降りのときに

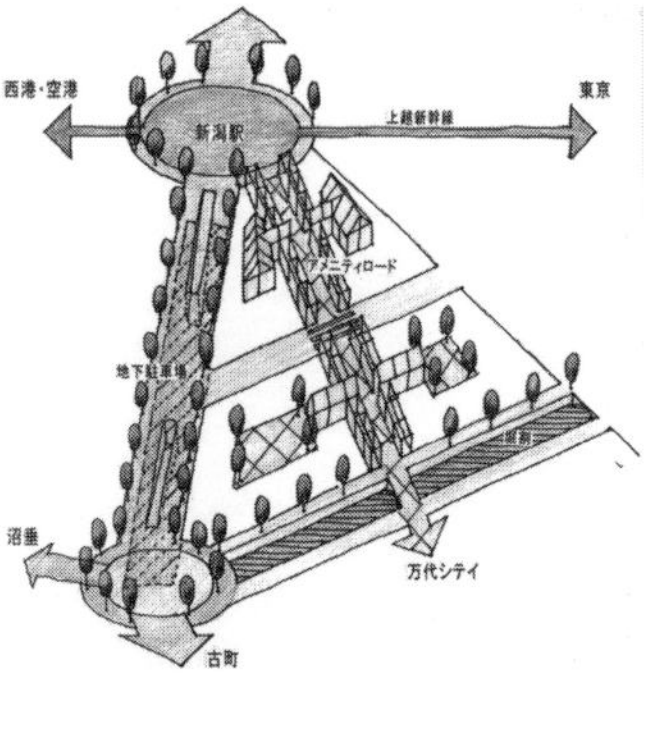

弁天町街づくり計画概念図
駅を焦点として一つの街区とする。それぞれのブロックには中庭を設ける。採光などにも有効であるし、またカフェテラス、ビアガーデンなどにも活用できる

足をとられたり雪ですべる危険のある、歩道と車道との落差で生じる急な斜面などを改善しなくてはならない。同時に、歩行をもっとも妨げている自転車とか、商店の宣伝用幟などの問題も解決しなければならない。自転車というものを障害物と捉えず、便利な交通手段として自転車専用路、駐輪場設置等を考えながら積極的に受け入れる工夫が必要である。しかし、それらの物理的な問題点が解消されたとしても、商店主のエゴによって常識を外した宣伝が道路上でなされたり、スピーカーから自分の商品だけを異常な音響で恒常的に宣伝する行為が蔓延している限り歩くには快適とは言えない。自分だけが利益を得ればよいうという行為は自粛するべきである。

歩行者優先区域を設けることが商店街には有利であるが、それが不可能な場合は車と共存した歩行者優先路という手段もある。イタリアにチェゼーナという、観光案内所にも表立って出てこないような小さな町がある。ここのオールドタウンは細い道路で構成されているが、車は当然のように入っていく。狭い道路であるから車のスペースをとると、人の歩くスペースが十分には残らない。車は自由に走れるが、人は車道に出たくないので狭い歩道で歩きづらい思いをする。これが一般的な図だが、この街では歩道と車道の境に段差を設けていない。それでも支障がないのは、人々の考えの中に「運転するほうは人が歩いているからスピードを上げず、注意を怠らずに走ること、歩行者は車が走っているという前提で歩いて、車が来たらスムーズに道を譲ること」という観念的な道路の段差が意識されているとしか考えられない。車を街の中から閉め出すというのも手段ではあるが、このような方法もあるというこの街の知恵である。

街の中がある程度歩きやすくなると、さらにアメニティを増す工夫が必要と感じるはずである。それは今あるポケットパークの整備や公衆トイレの完備、歩行者ゾーンを増やす

イタリア・チェゼーナ
車道と歩道の段差がなく単に路面の舗装で区別している。車は遠慮しながら通るので歩行者には歩きやすい。

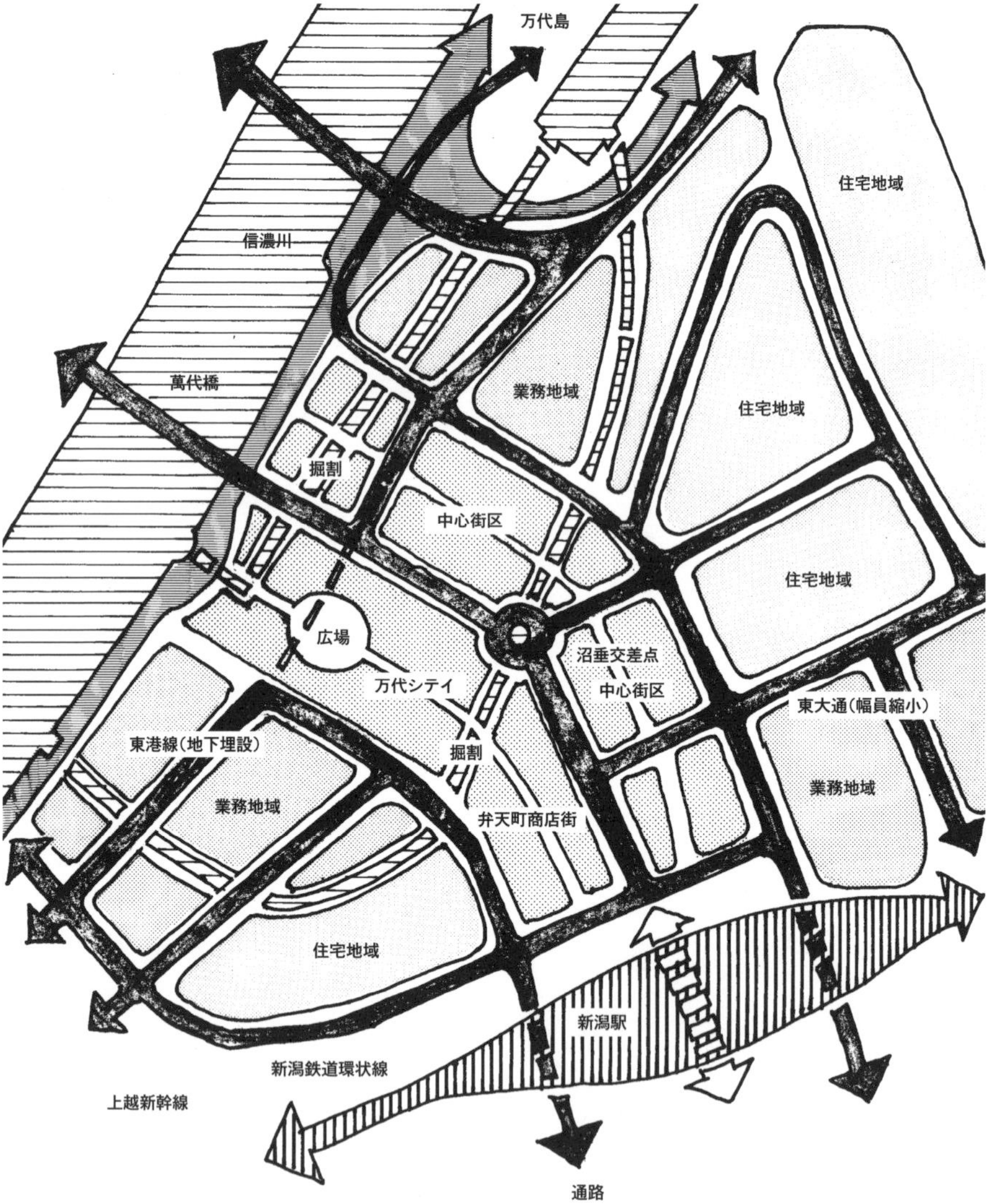

上　流作場街区提案イメージ図
弁天町商店街と万代シティ地区を一体的に捉え、お互いが機能的に補完できる展開を考える。
新潟駅－弁天町商店街－万代シティ－信濃川の歩行者軸を明確にする。
排水路を兼ねた堀割を設け、街区の輪郭を明瞭にする。

左頁　流作場地域街区構造提案図

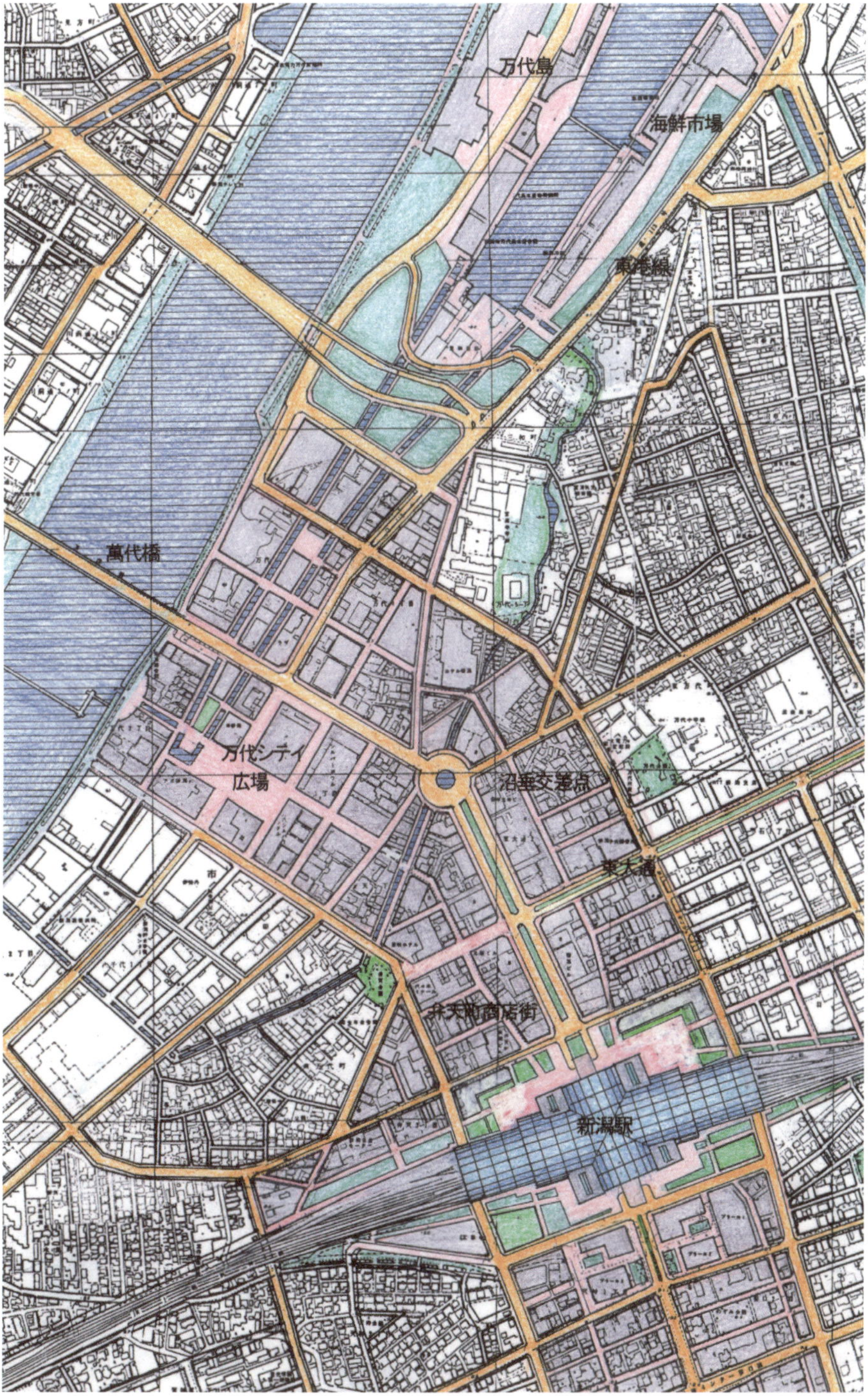
万代島
海鮮市場
東港線
萬代橋
万代シテイ
広場
沼垂交差点
東大通
弁天町商店街
新潟駅

ことなどで実現することができる。歩行者ゾーンの増幅は、ガレージ建物の側にある路上駐車を廃止すれば可能である。新潟では冬が長く、屋外で過ごすには快適な場所がないということを考えれば、天候の如何にかかわらず快適なショッピングができるアーケードを設けることは有効である。暗くなるのを避けるためにガラス屋根のものが快適で、空が見える利点もある。

堀割の再生-市街地での景観整備と環境保全の一手法

水路は時によっては都市交通の障害になることもあるし、水害という生活そのものに被害を与えるリスクももちあわせている。しかし、活用の仕方によっては、都心核の個性化を引き出し、中心市街地の景観に特性を与えるものである。現在も堀割と城壁によって囲まれているイタリアのトレヴィソの旧市街地は、自動車交通も規制され静かな落ち着いたこの町独特の雰囲気を保っている。ガーダー湖に浮かぶようなシルミオーネは、岸から橋を渡って入るという特殊事情で観光地として特別な街という感じがする。アムステルダムは、その成立の歴史からも運河と堀割によって都市の構造が規定され、景観的に纏まりのある街並みを保っている。現在でも、積極的に水辺を活用する街づくりが盛んである。また、ヴェネツィアは水が都市の景観をつくり、その特殊性が世界中の多くの人を魅了している。

そのヴェネツィアは、ロマンチックな印象とは裏腹に、移動するにも荷物を運搬するにも船に頼らなくてはならないというほど、生活はそれほど快適ではないように見える。加えて、最近では地球温暖化による海水面の上昇のため、サン・マルコ広場も昔より頻繁に浸水されてしまうというように、つねに生活自体が危険と背中合わせという不安感もある。しかし、住民はそれらの負の要因を逆手に取りながら、積極的に都市計画に取り入れ、街

ヴェニスのカフェテラス
水際ぎりぎりまで空地を生活空間に活用している。そこに自分の街の状況を強く意識し、アイデンティティーをもつことにつながる。それは街づくりに不可欠な「自分の街に誇りをもつ」ということと同義だが、この場合は「沈むときは一緒」という覚悟とも感じられる。

づくりに活用して、水辺を町の活性化に役立たせている。都市生活が水とともにあり、水際をゴンドラの乗り場やホテルのエントランスだけに限らず、少しの余裕があればカフェテラスとして利用している。

アムステルダムでも同じように、乗船場やカフェが街中の水際に見られる。どちらの街でも、最小限の危険防止策はとられているが大掛かりな柵などはない。個人の自覚さえあれば、危険は予見できるものであるから柵などは余計なお世話にも見えるのかもしれない。南ドイツのメミンゲンのような中世都市には、その成立条件から街区内に自然環境がほとんどない。その無機的な街の中に水辺を設けることによって、商業空間にも居住空間にもオアシスのような効果を生み出している。

水はその活用方法を誤ると住環境そのものを劣悪にすることもあるが、高密な街区の中にオアシスを提供することができるように、本来の水の本質を知ったうえでの使い方によって、都市環境改善に利用することができる。加えて、住環境を整えて街区の景観を際立たせることができるという可能性をもちあわせている。これらのことは欧州の例で示したが、日本の各地にも形こそ違え本質的に同じような例が多く存在する。

街を囲むように湧き出ている清水を住民の生活の中心に据えることと、その他に特殊性をもたせて観光拠点に設えている越前大野、宍道湖とそこから流れ出る大橋川、天神川、それに城下の堀割を関連させながら積極的に観光活用している松江、また、有明海につながる沖端川と二ツ川の沖積地に、自然の川か堀割か判断できないような自然な形で町の中をめぐる水路を観光ルートとして活用している柳川などがあげられる。建物を建て替えるときでも、住民の自発的な意識で街並みの調和を乱さない工夫がなされて、古い街並みを保存している飛騨古川、埋め立てを回避して保存運動で住民意識を高揚させ堀割再生をな

ドイツ・メミンゲン
城壁の中ではその成立の仕方からして自然は期待できないが、水が流れていることによってそれでもわずかばかりの環境改善がなされる。

した近江八幡、同じように住民の活動で保持されている郡上八幡、堀を中心とした地域が一体となって街並み形成を図っている倉敷と、枚挙するに暇がないほど多くある。

水辺のもつ規制力の効果で街並みの景観を整え、また街並みの風情を演出している例もある。近江八幡や松江では水辺との対峙の緊張感が、そのまま堀端の造形に無駄を殺ぎ落とし街並みに一種の統一感をもたらしている。金沢や柳川では水辺があることによって、特に木立ちのある街並みの風景が際立って見える効果をもたらしている。これらの効果は、居住地においていっそう顕著になる。醒ヶ井の旧中仙道沿いの街並みや、萩の藍場川沿い地域の住宅地では、特別に際立つ建物がないこともあるのだろうが、建物を揃えて建ててあるわけでもないのに、堀割によってどことなく一帯感を感じさせ、それゆえに街並みに落ち着いた雰囲気がある。堀を設けることによって城内という特別地域をつくったように、堀割という一種の結界で囲むことによって、ある区域を特殊な地域に仕立てあげることができる。金沢の鞍月と大野庄用水に挟まれた長町武家屋敷地区は街区自体がもとより特別なものではあるが、橋を渡って路地に入っていくということでさらに神聖な気持になり、いっそうその区域が特別なものに感じられてしまうという効果が加わる。京都の白川地区も「ここが特別区」という風情ではあるが、橋を渡って店に入るという身が引き締まるような一種の行動を規制されていることにより、特別区がそれほど違和感がないように感じられる効果もある。

これらの事例から学んで堀割を実際に再生する場合には、道路面と水面の落差が大きい場合でも柵を設けないような工夫が必要である。例えば、堀割内の水面近くに遊歩道を設ければ、道路面からの落下の危険性を減少させることができるし、さらに親水性を高めることができる。道路面に柵が必要であったとしても、水面近くを歩行していればその柵は

左頁　水辺のある街並み
右列　越前大野、松江、柳川、醒ヶ井
左列　倉敷、飛騨古川、近江八幡、萩

福そば
支店

水辺のある街並み
右列　出石、彦根、京都
左列　岡山、郡上八幡、金沢
水辺が都市にいかに効果的であるかの日本各地の例。
自然が都市の気候や景観に効果的というのは説明を要しないが、アーバンデザイン的にも街区の偶然的な拡張を抑制するし、街並みに特徴を与えるという作用もしている。堀割に囲まれた区域は結界によって区切られた神聖な空間を感じさせ、精神的な雰囲気をも醸し出す。このような様々な効用を積極的に都市計画に用いることは都市生活を快適にする。

左頁
庄内海岸の松原
人の行為の尊厳さが潜んでいる風景である。

気にならない。さらに歩行面を石で舗装するだけでなく、植栽することによって景観がよくなるというだけでなく、緩衝体ができるという効果もある。並木などで護岸することはもちろんだが、堀割の矩面をも含めて自然の材料を取り入れた工法の工夫を考えることも重要である。

日本海海岸線の環境保全-市街地の近隣保養区の確保

集合住宅地に近隣緑地が伴うのは都市計画では当たり前のことである。新潟島程度の広がりをもつ都市型の集合住宅地域には、週末にリクリエーションが可能な近隣保養地域が歩行可能範囲内に必要であることは都市計画では常識とされている。最近の傾向ではその形態は型にはまった公園ではなく、環境保全を意識した自然環境型のものが増えている。したがって、既存の海岸線の松林にその機能をもたせることが理に適っている。現在の状況では新潟島区域のキャパシティーに適する広さではないので、保全・補充をしながら区域を広げていくことが必要である。加えて、この松林の中には何万羽もの渡り鳥が訪れる野鳥の森という、子供たちの自然環境教育の一環に有益な資源もあり、これを充実させるためにも自然的な松原の整備が望まれる。また、信濃川河畔の緑地帯とつなげる整備を推進し、区域内の現存する緑地を「潮風の道」というコンセプトで市街地に通風路を確保する自然環境型のグリーンベルト整備を進めれば、新潟島は緑の浮島という都市型住環境としては理想的なものになる。

この主旨とは正反対の、新潟大外環状線の一環としての海岸幹線道路が現在計画されている。環状線とは、そもそも大都市の交通網の基幹で、八方から中心市街地に向けて進入する交通を、そこで迂回させながら中心市街地の交通緩和を図る機能をもっている。高速

道路、遠距離幹線道路以外の道路は、何らかの形で市街地と連携して設置されるのが通常である。簡単に言えば、その道路に建設可能な敷地が隣接していなくては、道路を設置する一つの意義が欠落している。したがって、この計画された環状線が、沿線の三分の一ほどの長さが砂浜と松林を走るということでは、都市計画的にも経済効果の面でも無駄である。その常識的な過ちに加えて、近隣保養地である海岸地帯を貫通して、新潟島に残った最後の緑の環境で、市民の憩いの場という海岸を破壊するという大きな過ちと、環境を重視した街づくりとは全く逆という政策の自己矛盾は避けるべきである。堀割でも「覆水盆に帰らず」の経験をした新潟は、同じ過ちをここではすべきでない。

　これに関しての参考例がある。庄内平野の西側を稲穂の平原を水際で縁取りをするように、黒い松林が延々と続いている。日本の三大松原には数えられていないから気がつかないが、考えてみるにこれは驚異的な風景である。庄内海岸の植林は江戸時代の宝永四年（一七〇七）に庄内藩が奨励した頃から始まり、現在までも引き継がれている独自の植林技法で砂丘の砂漠化を防いできたそうである。先人の中には、私財を投じたり、浜に小屋を建てて泊まり込むほど熱を入れた、いわば自分の全霊をかけて守ってきた方たちがおられるそうである。その吹浦から湯野浜までの延長三十数キロの緑の帯も、最上川河口の酒田港に隣接する工業地帯の地点で切断されている。酒田北港の建設時には四二万本の黒松が伐採されたと言う。

「庄内海岸のクロマツ林をたたえる会」の人たちが、先人たちが長い歳月を経てつくりあげてきた松林を文化遺産として見立てて未来の子供たちに伝えていくという、歴史を意識した行動を起こし、下刈り、枝打ち、つる切り、除間伐などを行いながら松林の環境保全と美化活動を推進している。この人々の努力の成果で、松の海原のような壮大な景観が見る

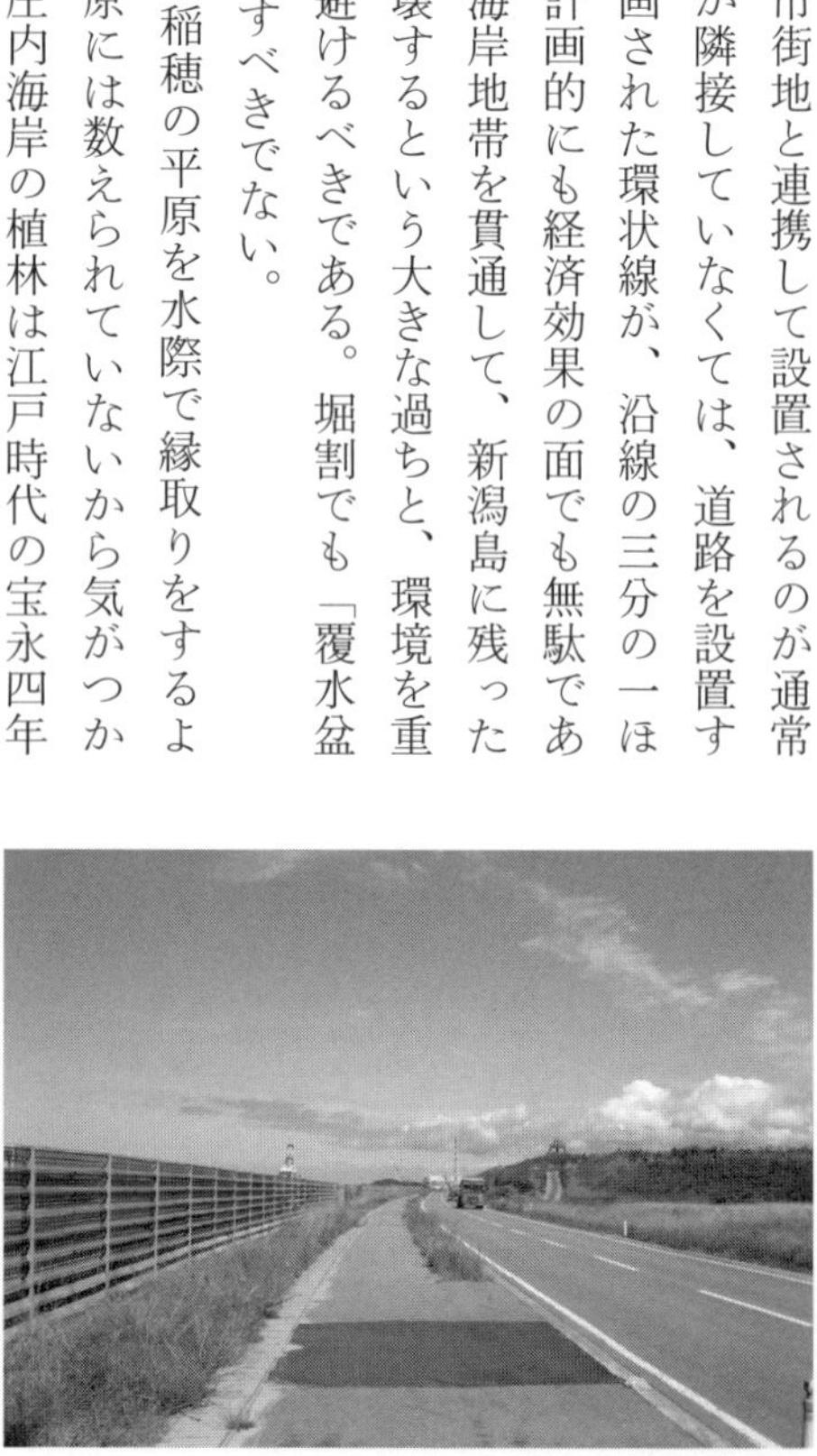

酒田海岸の夕日ライン
砂浜に道路を設ければ、風が運んだ砂で道路は埋まってしまう。それを避けるために海側に防風壁を立ち上げれば、夕日ラインと名づけられた「観光道路」からは海に沈む夕日を見ることは不可能になる。一つの政策の過ちに、その過ちをカバーするためにさらに過ちを重ねるという結果である。先人の偉大な行為から学ぶことは多い。

左頁
新潟の海岸の松林の現況
防砂林を伐採することによって背景にある住宅地域に飛砂の被害があるだけでなく、人工的な公園造成のためメンテナンス費用に、また、道路に被った砂を除去するための費用に税金が無用に使われる弊害がある。

者を感動させるが、その隣で現在でも工場の周辺では伐採されているのが観察される。さらに海と松原という典型的な日本の風景に、砂浜の流砂防止工事の結果と砂防壁で夕日が見えない夕日ラインという道路が不協和音を割り込ませるという、感動の大きさと反比例するくらいの落胆を感じさせる風景が同居している。新潟は人間として尊敬できる行為の結果と、自然の美しさを無視した愚かな行為の結果が同居しているというパラドックスに満ちた風景から学ぶべきである。

「うみはあらうみ　むこうはさどよ」と始まる童謡「すなやま」は、大正一一年に新潟を訪れた北原白秋が暮れかかる寄居浜に出て、松林を抜けて砂山の向こうの日本海に浮かぶ佐渡を眺め、その情景に感銘を受けて創作したものだと言う。これは新潟の海岸の風景に関して重要な事柄を示唆している。一つは松林、砂浜、海という単純な要素の関連によって成り立つ純朴な風景が新潟海岸の特徴であるということ、二つにはそれが水の都、柳川生まれの白秋にすら大きな感銘を与えたということである。それは、この三つの要素の組み合わせを保全、整備すれば、環日本海の隣人に感銘を与えるということを意味している。

しかしながら、白秋が訪れてから八〇年後の海岸の状況はと言うと、そのときとは天地ほどの落差があると言わざるをえない。時間をかけて育ててきた松林を、防砂林という本来の松林植林の機能すらあっさりと捨て去り、それによって生じる結末など考慮することなく、工事が簡単にできるという安易な理由により道路を開設することや、自然なままの形であるほうが効果的であるにもかかわらず、人工的な公園を造成して無意味な環境破壊を惹き起こしている有様が痛ましい。

このような痛ましい風景は松林の区域だけにとどまらず、砂浜の領域においてはもっと頻繁で、時にはおぞましい様相を呈している。道路、駐車場、消波ブロックという無機質

な表層で覆われて、砂浜はすでに風景はもとより砂浜の機能をも失って無残な屍を日の光の下に曝しているにすぎない。時の流れの中で培われてきたものを、あっさりと捨て去ることに躊躇のない風景を市街地では頻繁に見かけるが、環境保全にも同じような傾向が見られるのは残念と言うしかない。海岸の整備を考える際に有効である例をあげてみる。

あるがままの形で海岸線を保全したいと望んでも、自然の破壊力に対しては機械的な対抗策を余儀なくされることは生じる。スウェーデンの南端にあるマルメの海岸際に新たに開発されたフェストラハムネン居住地域の水際では自然石が使われてはいるが、見る側には暴力的にも思えるほど強引に波打ち際が防御されている。そのような地区に居住地を開発する必然性があるのかという論議は別にして、無機的な護岸工事の結果を、さらに費用をかけて住民が利用できる施設に改善することがなされているのは参考にできる。

波の破壊力に対抗する目的で並んだ巨石の上に、板敷きのプロムナードを設け、ところどころでそのプロムナードを海に迫り出してプラットフォームにした簡単な施設である。デザイン的には異なる表面のコントラストで新しい海岸の表情をつくりだし、実用的には天気のよい日などに散歩をする人や、このデッキから海へ飛び込む子供たちを、プロムナーデ沿いのカフェから持ち出したコーヒーカップを手に眺めながら座る老人という生活空間の一部をつくりだしている。創造性のある発想が経済効果を十分に果たしている。

海岸地域で、自然の恩恵を活用する手段がとられている例がイタリアにある。松林は下草を刈った程度で、環境整備が特に進められていると感じられないほどの自然な形で残され、砂浜の岩礁と一体になり自然の成り行きに任せているという風景が、サルジニア島にはある。また、自然に残っているような目立たない整備でビオトープをそのまま保全する海岸が存在する。イタリア特有のことかもしれないが、ローマ時代の遺跡が出たところは、

街づくり提案16
自然に任せながら少しばかり人の手を入れるという保全のほうが、経済的にも環境的にも人工的なものより数倍も効果がある。

左頁
図　新潟計画での海岸線を通る環状線
出典：新潟市市民広報誌（矢印は水島加筆）都市政策として様々な理由で大きな疑問符がつく。
写真　新潟海岸の現状

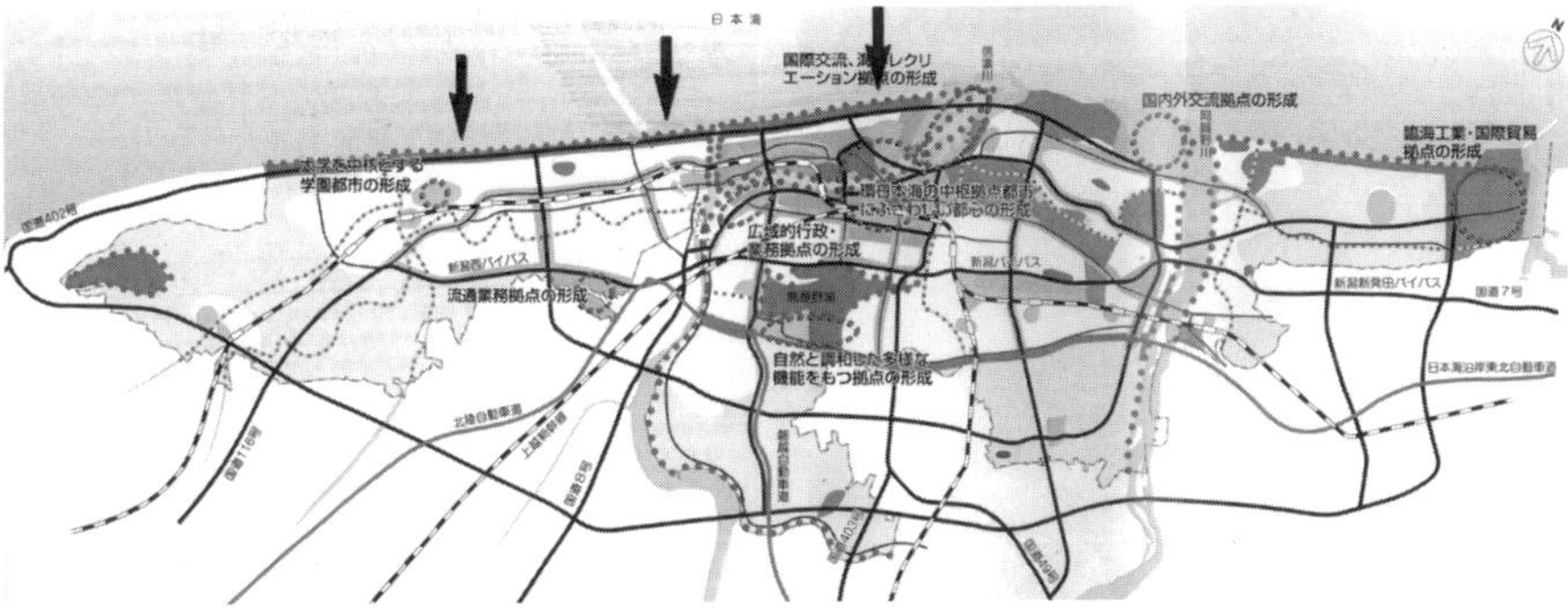
日本海
国内外交流拠点の形成
臨海工業・国際貿易
拠点の形成
学園都市の形成
広域的行政・
業務拠点の形成
新潟西バイパス
新潟バイパス
流通業務拠点の形成
新潟新発田バイパス
国道7号
自然と調和した多様な
機能をもつ拠点の形成
日本海沿岸東北自動車道
北陸自動車道
国道116号
国道8号
国道402号
国道49号

右上　新潟海岸の護岸工事
左上　スウェーデン・マルメの護岸工事
同じように自然石で護岸を固めているが、ここでは釣り以外の利用は通常考えない。しかし、荒々しい石積みに平らな板敷きを被せ、一方でプロムナードとしての生活空間の幅を広げ、もう一方で材料の異なる表面のコントラストにより、日常空間に芸術性をもちこみ空間を豊かにしている。
右中・右下　イタリア・アドリア海岸
左中・左下　イタリア・サルジニア島海岸
自然と時の流れに任せて、人工的な造成をできる限り避けた整備がなされている。欧州の隣人が休暇に多く訪れる地域でもある。

街づくり提案17
わずかばかりの予算増加で、わずかばかりの創造性が加われば、生活空間はより質の高いものになる。

遺跡保存を最優先して海岸線を整備しているところもある。消波堤防もコンクリートのブロックではなく自然石を使ったものが一般的になっている。このような環境保全を重視した方法によって整備された海岸の砂浜は、一般住民の近隣保養地として機能しているだけでなく、「観光」海岸として夏の最盛期にはヨーロッパ各地からの隣人をも楽しませている。

RAHMENPLANUNG・計画の枠組み・古町・「オールドタウン」構想

古町は、ひと昔前まで市民には「街へ行く」と言われていたように、まさしく新潟市の中心部という地域であった。しかし、新潟市が政令都市に向かって変貌するにしたがって都市構造が変化すると、市街地の中心的な機能は古町が望むと望まないとにかかわらず、信濃川右岸に向けて移動していくであろう。古町はその流れに逆らうことなく、その中心的機能の質を変えて発展する手法を考えるべきである。その場合、現在でも市民の意識の中に存在している「新潟の中心」という重さを失わない変貌が望まれるし、本来の「新潟らしさ」をいっそう意識しなければならない。新しい街並みが急速に出来上がっていく東京においても、依然として浅草がその存在価値をもちつづけ、街の特性を世界に発信し内外の人たちの興味を引き続けているように、古町も柳と堀の「水の都」という新潟人なら誰も拒否しないふるさとの姿を再生することが望まれる。

その形で成功している飛騨高山は、現在市内を流れる宮川の東側に開かれた城下町であるが、川の西側も陣屋が西河畔に設置されて発展し、現在は鉄道や国道が通ったことも加わり、街の機能的重心は徐々に川の西側地域に移ってきている。しかし、人の流れは圧倒的に古い街並みに溢れている。町屋や古い建物を保存して街に統一感を保ちながら、小さな庭を開放し都市のオアシスとする都市デザイン的な発想から、水車を利用して花を植え

飛騨高山の街並みと水車を利用した花箱
ちょっとしたアイディアが街並みを歩いていて楽しくさせる。

るといった技術的な工夫まで、街の中に住民の生活をしながら街を保全していくという強い意志と工夫が感じられて、訪れる人に快い雰囲気を提供している。

バルセロナのゴシックの旧市街地は、市全体の面積で見たらわずかの割合しか占めていない。すでに商業の中心は新しい市街地に移っているし、ガウディの建築などの観光スポットはほとんど新市街地にあるので、旧市街地が意識されないと思われがちである。しかし、新市街地の格子状の街区とは異なった細い道が入り組んだ街並みが、中心市街地においては無視できない存在感を発している。

ジュッセルドルフでは、都市機能の中心は規則正しい道路計画によって形成された新市街地にあるが、旧市街地ではその高密で不規則な街区構造に特徴があり、他の市街地にない特殊な飲食店と店舗が密集していて、全域を歩行者ゾーンとしたことによって人が溢れ、活気のある街になっている。最近では、ライン河畔の整備に伴って地下駐車場も完備され、さらに旧港を再生して水辺という環境を街区に提供し、旧式の船を浮かべてノスタルジックな感覚を入れながら、市民の意識の中に存在感を植えつけている。

ブレーメンの旧市街地に隣接したシュヌーア地域は、一時は自動車交通の問題で商店街の地盤沈下が著しかったが、ここでも全区域を歩行者空間にしながら、小路の入り組んだ街並みをそのまま生かして街区全体を一つの建物のように扱って成功している。一人がやっと通れるような路地の奥にある中庭をテラスにしたレストランや、クラフトを制作して販売する古い家を改築したアトリエが並んで、訪れる人たちで賑わっている。

近江長浜の黒壁スクエア地域は、これらの事例と共通点をもっている。長浜城下の北国街道沿いの中心商店街は、一時、町の東側に国道がバイパス形式で開通し、その沿道に大型店舗が進出したことによって衰退の兆候を見せていた。しかし、「博物館都市構想」とい

ブレーメン・シュヌーア地区
車交通の弊害から解放されて人空間となり、安心して歩ける街区になった。適度な大きさの家屋があることで、個人の制作工房が増えた。また、密集した環境が逆に特別な雰囲気をもつことで、中庭をテラスにしたレストランもでき、街が甦ったようである。

う街の将来像をはっきりと見据えた中で、伝統的建造物や歴史的な資産を活用しながら街並みの景観を形成し、街区内の歩行者空間を整備、確保しながら商業の活性化という都市計画手法を創造し、さらに第三セクター「黒壁」を立ち上げ、街づくりの名を借りたディベロッパーのための開発ではなく、本来の街づくりである住民のための開発・整備を完成させ、街には再び人と活気が戻ってきている。人も通れなかった路地や町屋の裏庭などを整備して一般に開放して、いろいろなところで通り抜けができ、今まで裏側だったところに新たな発見があり、カフェテラスで休憩ができて、街区全体が広場のようで、文字通り黒壁「スクエア」という完成された街づくりになっている。

古町の将来像は構造的に少々の困難が想定されようとも、住民の様々な思惑があるものの新潟市の将来を鑑みたうえで、伝統的な街に再生することにあるだろう。街区全域が歩行者優先区で人が生活をするスケールを尊重し、先の例のように街区全体を都市の中の広場にすることが望ましい。細い小路で構成された伝統的な街区の特徴を生かし、路地の格子、塀、木造家屋の街区構成要素を現代の機能に対応できるように翻訳することや、路地やその奥にある中庭のヒューマンスケールを積極的に活用し、黒塀越しの緑が映えるような工夫があれば、街の散策に新たなる発見が添えられて街が生き生きとしてくる。伝統的な機能と形態を時代に媚びて変えることを避け、今という時の流れを積み重ねるという姿勢をもちつづけることが、街が新しくなればなるほど重要性を増してくると認識すべきである。この街づくりに有効に活用できる施設は十分に残っているし、補修可能な建設物も街のあちこちに存在する。

このような街区に都市デザイン的に特性をもたせるように造形するには、これも伝統的な手法であるが堀割の復活が有効である。古町・オールドタウンを新潟島内の特別な島地

域とすることは、新潟人の意識の中にある「中心」という感覚の部分に共鳴するであろう。そして、堀割の部分でも説明したように、結界を渡って彼岸に行くという行為は非日常空間に入る儀式としてはもっとも有効で、この効果を堀割再生によって復活させることにより古町に特殊性をもたせるだろう。

白山神社から住吉神社までの約二キロ、一番町から一三番町までの市街地全体の計画を進めるうえで、全体的な街並みの統一感をもたらすことを前提としたデザインを心がけるという暗黙のルールが必要である。それに準じながら、それぞれの街区の街並みに特徴ある景観を生み出すような方策をとることが重要である。壁面線、高さ制限等の都市デザイン規制を図りながら街を整えて、個別の街区の性格を見極めながらデザインを決める手法が有効である。未だ、あちこちに倉が存在しているということでも理解できるように、古町は基本的に商家の街である。その特性は重要であり、その商家の格式を現代の街でも維持、継承することが一つの街づくりの指針にもなる。そのためにも、商売を営む人がそこに住むという、当たり前のことがなされなければならない。これが街のアイデンティティーにつながる。

商業地域という大きな用途の枠組みの中で、多様な用途の建物が混じり合って街区を形成するのが順当ではあるが、同種の用途の建物が揃っているほうが街並みを形成するには簡単である。その意味で、大まかな街区の用途の性格づけをしたほうがよい。一例として、一〜四番町は白山神社の門前町を意識した性格の商店街や、背景にある寺町を対象とした商品を扱う商店街、五〜六番町は高級品を販売する物販店街、七〜九番町は割烹を中心とした飲食店街、そして、一〇〜一三番町は伝統工芸を推進する住と労が一緒の手工業的な仕事場が点在する街区ということが考えられる。容積も六、七番町の中層から外側の一と

前頁
長浜黒壁スクエア
街区全体が文字通りスクエアとして構成し直され、路地裏も歩行が可能となり、それまでは有効活用されていなかった中庭などが独特な雰囲気をもったテラスとなり、訪れた人を楽しませる空間に仕上がっている。

街づくり提案18
秩序のないと思われる街区でも、そこにある構成のロジックを読み取ろうとすれば予期せぬ造形のヒントを見出せることがある。スラムクリーニングの前にストラクチャーを見直すことと、混乱を逆手にとる創造性のための時間の余裕をもつのもよい。そこから、予想もつかなかった街区が生まれることもある。

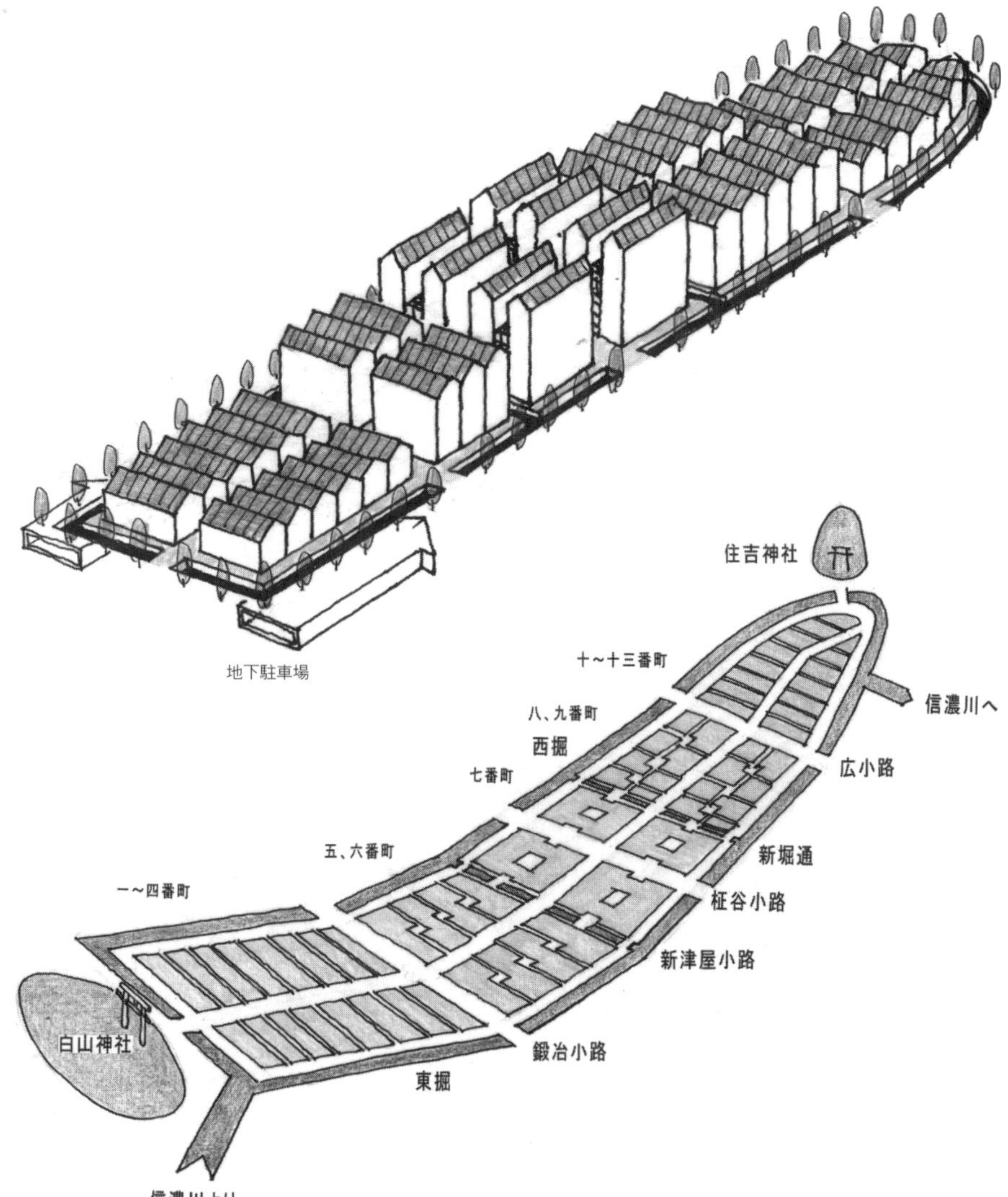

古町の提案イメージ図と構成概念提案図

この二つの図は、町の中を歩いて印象に残った風景をこの町の特徴と理解して作成したイメージ図と街並み構成の概念図である。これを個人的な印象図とすることもできるが、この町のアーバンデザインの競技設計があるとしたら、このイメージをもとにしてB・プランを作成することになるであろう。あるいは、街づくりの現場でこのイメージ図が住民の了承を得ることができれば、これを街区形成の枠組みとすればよい。了解が得られないのであれば、その根拠を考慮して作成し直しを行うことになる。重要なのは街の現状を調査し、それを解析して街の良質な特性を選定し、住民全体のコンセンサスを得られるような大まかな枠組み図を作成することである。

この共有された枠組みの中で、ベルリンのポツダム広場の建設のように、各個人が自由な(勝手気ままという意味ではない)建設を行いながら、街区を形成するのが通常のプロセスである。

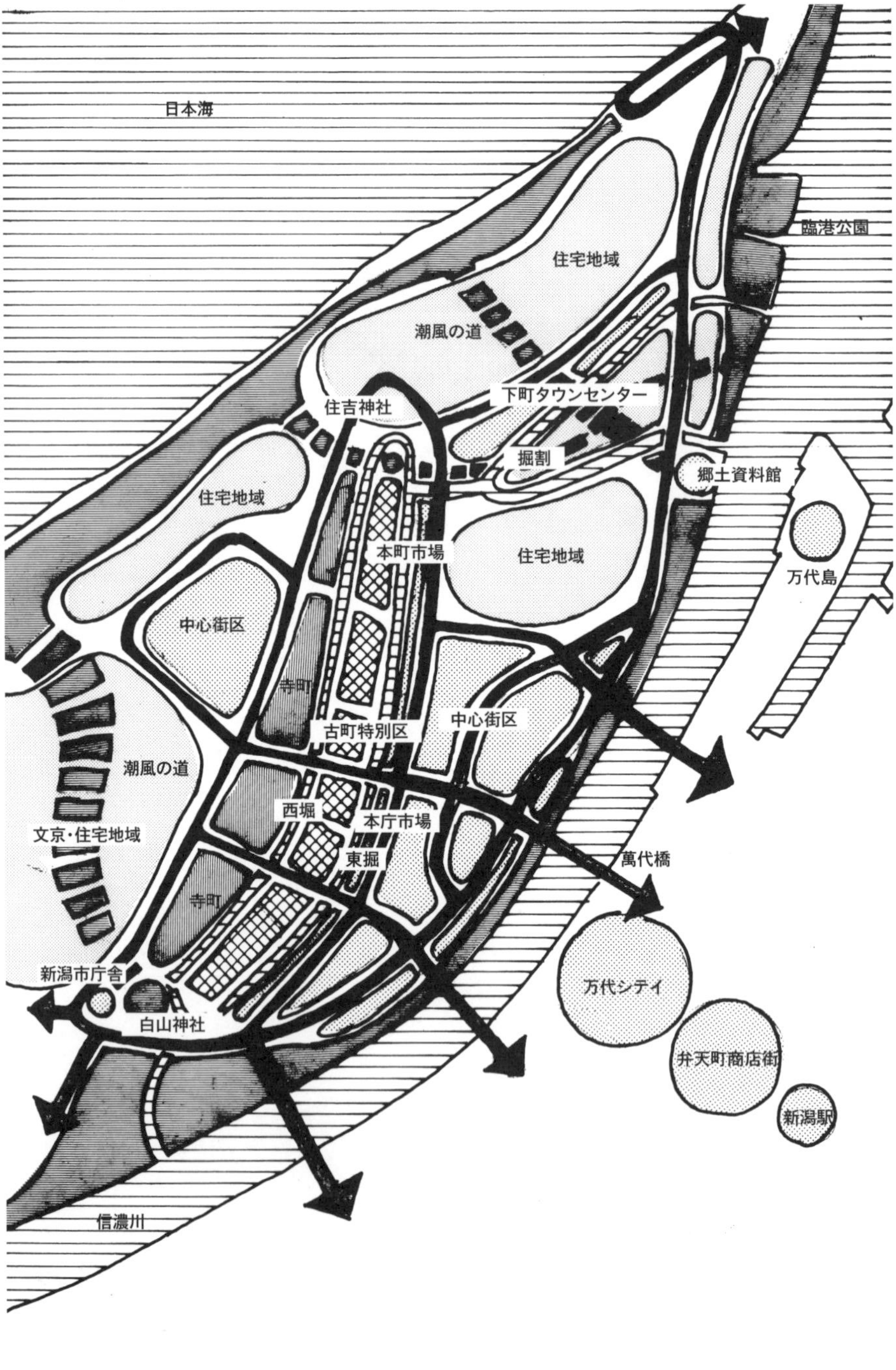

新潟島街区構造提案イメージ図

古町特別区街区構造提案図

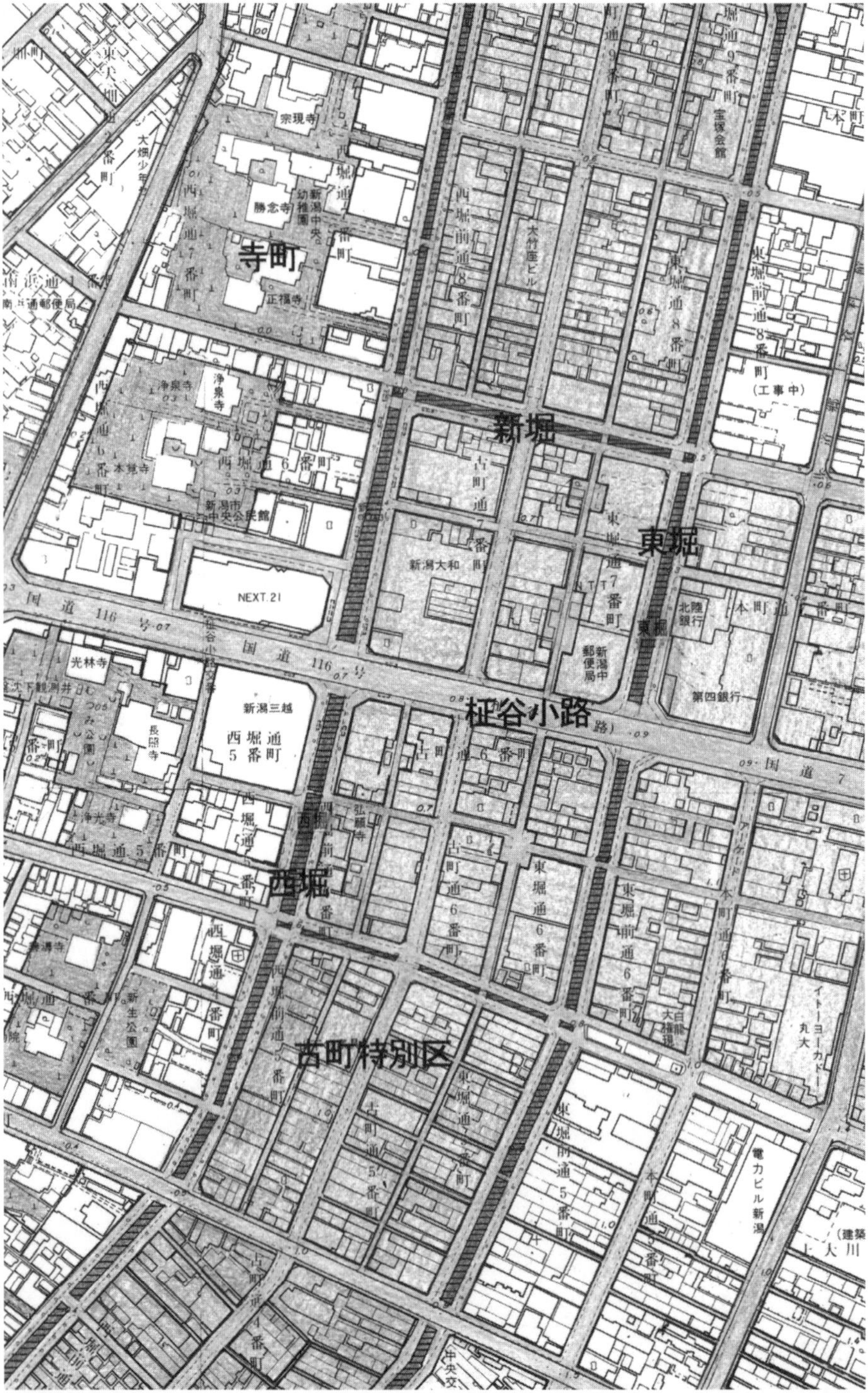

古町特別区街区計画案図

一三番町に向かうにしたがって低層に下げていくという街並みのシルエットと並行して考えると、古町全体の纏まりのある街区が形成される。

基本的に道路表面は段差をなくし、舗装材料の違いなどは避けて景観的に統一性をもたせるようにする。加えて、現在、景観的にも歩行上でも支障となっている商店街内の過剰な宣伝は将来的に自重の方向に話し合われるべきである。どの街区にも住居混合という前提で考えれば、各戸に駐車スペースを設けることは不可能であるから、各街区に何らかの形で集中駐車場を考えるべきであろう。堀を通した道路の地下空間はそのための候補地と言える。

RAHMENPLANUNG・計画の枠組み・下町《しもまち》・「ひとまち」構想

新潟島が良好な居住地域条件を揃えている中で、特に下町は二一世紀の社会変革によって生じる高齢化社会に対応する機能を担うことができる特性をもっている。一つはその街区構造から推察できるが、現在もある部分では「向こう三軒両隣」的な隣人関係が存続している。これは高齢者が居住する共同体が機能するためには欠くことのできない重要な要素である。二つには既存の都市サーヴィス施設が比較的充実していることと、三つには地域内に地元に密着して時代を乗り越えてきた地場産業が多く存在しているということによる。その他に、郷土資料館や開港当時から存続する神社などの高い質の建造物が点在するという、街並み形成には有利な要素も存在している。これらのポジティヴな要因をいっそう充実させる施策と、通り抜けを回避する交通政策によって、下町は高質な住居環境地域に発展させることができる。

自然環境ということに関して言えば、ある程度の人工的な整備は回避できないが、海岸

チェゼナティコの港
水路を埋めて得られたスペースはプロムナードとして開放され、その水路に昔の帆掛漁船を並べて船の博物館にしている。レストランのために博物館をつくったのか、博物館が設けられて周辺の雰囲気が向上したからレストランが進出してきたのかは判断がつかないが、運河の両側にはレストランが並び、プロムナードはカフェテラスとして利用されている。水辺のプロムナードのテラスに座って、海の幸と風景を味わうのは至福の極みである。

の砂浜と緑地帯を可能な限り人工物を排除して自然の成り行きに任せた自然公園的な近隣保養地として充実させていくことが必要である。信濃川河畔は、昔の河川領域であった部分の地域を郷土資料館の増築用敷地として準備することや、臨港公園などの緑地帯とすることも考慮すべきである。そして、この二つの自然を現存する公園、神社・仏閣の緑と連繋させながら、例えば「潮風の道」として居住地内を貫通させるように整備することも可能である。住環境にとって風通しと日当りがもっとも重要ということから見ても、この道は住居の密集した地域の環境改善には有効である。街区の風通しをよくすることと住環境気候に水辺が有効に作用するということ、加えて交通制御が可能になるという大きな利点をもたらす理由で、堀割を復活させることも考慮したらよい。住環境改善のための堀割は、郷土資料館という特性をさらに際立たせるという理由も加わる。

イタリアのアドリア海側にチェゼナティコという小さな港町がある。沖の消波堤防は大掛かりではあるが、自然石で建造されて、海岸線は自然のままに近い形で保全されている。その整備と関連して行われたと思える漁港の改築では、水路を埋めて得られたスペースをプロムナードとして開放して、その水路を昔の帆掛漁船を並べて船の博物館としている。そして、運河の港の両側にはレストランが並び、プロムナードはカフェテラスとして利用されている。そこにただ船を並べているといった、一見、気取ったところもない風情だが、飾りもないレストランの街並みと調和して、印象派の絵画を構成している。

さらに手工業区域の増幅のためには、船大工の施設を設ける可能性も視野に入れたらよいだろう。イタリアのサルジニア島の小さな港町ボーザには、今では廃墟になっているが船大工館が港に面して建っている。町にはこの船大工を継承しようとする若い世代もいて、この施設の改築も徐々に進められている。同じように浦安市の郷土博物館では、その昔、

浦安郷土資料館のベカ舟

左頁　洋の東西のボートハウス
オーストリーのフスザッハのボートハウスと
丹波伊根町の舟屋
どちらも水辺をデザインすることで、新旧も
洋の東西も超えて美しい。

漁業に使った「ベカ船」を再生する工房を設けて、伝統の匠の復活を図っている。そして、古い家屋を復元した街並みの中に堀を再現し、その水辺にベカ船を浮かべている。入場料も無料で見学も自由、家族連れで訪れる人たちも多く、この博物館は地域住民のアイデンティティーに確実に作用しているのが観察できる。下町の港周辺には現在も家内工業的な工場も多く、技術を存続させる素地は存在する。このことから昔の木造船を復活させることも可能だろうし、新しいヨットやボートを製作する工房を設けることも可能で、下町の潜在的な発展の要素も見えてくる。

下町地域の大きな課題である造船所跡地の再開発は、万代島や西港と連繋しながら新潟港全体での港づくりに配慮しながら、サンフランシスコ港の例のようにフィッシャーマンズワーフやシーフードレストランなど、スウェーデンのヨーテボリ港にあるエリクス造船所跡地を都市施設と住宅に改築したような例を参考にするのがよい。ヨーテボリでは、マスタープランから水辺のプロムナーデの街灯の詳細にまで「海洋」を意識するデザインコンセプトで、しかもそのデザイン自体から舗装の材料に至るまで高いクオリティーを保つという一貫した建設がなされ、スウェーデン人の水辺に住みたいという欲求を十分に満たす環境が出来上がり、活性化が始まっている。ただ、これらの事例を、百花繚乱的にすべて行うというのではなく、状況に応じて可能性を考えるときの参考にするという程度のものである。

これらの下町の特性をもった地域を支える基盤としての交通網体系の整備も重要である。今まで新潟島を通過していた交通網を回避するということが前提で、外から地域内への連結道路が必要である。それを信濃川沿いに整備し、そこから各地区に引き込み道路、各地区内は通り抜けできない住居地専用道路を設ける構造にするのがよい。住居地内では

歩行者優先を考慮し、また、地域特性の路地を積極的に活用して歩行者空間の確保を最優先させる。

下町を居住地として充実させるための生活サーヴィス施設の整備では、街の特性をつくりだしている本町十二番町付近の市場を活用すべきで、ここから北部コミュニティセンターの地域にタウンセンター施設を充実整備することが考えられる。ちょうど下町の中心部にあたるということもあるし、搬入交通の利便性も確保されているという地の利もある。

この地域では、既存の環境を考慮すれば必然的に町屋型の住宅が考えられる。そして、高齢者を積極的に受け入れる住宅形式としては、趣味活動を可能にするアトリエ付き住宅、親子の同居可能な二世代住宅、さらには熟練された技術を伝承させることが可能な手工業作業場のある住宅が考えられる。その他、下町に港があることと居住地であることのゲニウス・ロキから、ボートハウス居住地を考えることも可能であろう。丹波伊根町の舟宿や、ライン川の水源地であるボーデン湖の湖畔のフスザッハに、運河を引き込んだ水際にあるボートハウスの集合住宅地のように、水路をそのデザインに取り入れる住宅の可能性もある。子供の教育とか住民構成のバランスなどを含めて多様な社会構造の均衡化を考えれば、高齢者用住宅の整備と同時に若い世代用の住宅も同じ地域内に用意するのが望ましい。

BEBAUUNGSPLAN・建設計画図の実践

現況調査とその分析結果で計画の枠組みを述べてきたが、その枠組みをもとにした図面を示そうと考えるが、造形的な是非は作者の個人的な趣向の根拠しかない。したがって、詳細にわたるまでの批判を受けることを覚悟しているが、逃げ口上を先に述べれば、図面の中で読み取っていただきたいのは、壁面線や高さ制限があるように街づくりには一定のルールが必要であること、それを住民の創意と総意でつくっていただきたいこと、その街の歴史的背景や特性を読み取って新しい街区を形成する過程、それと出来上がった街にさらに愛着をもって生活できるように、住民の街に対するアイデンティティーを増幅するような造形に努めるという概念である。「言うは易し、行うは難し」の図面化作業であるが、一つの参考にしていただければと願っている。

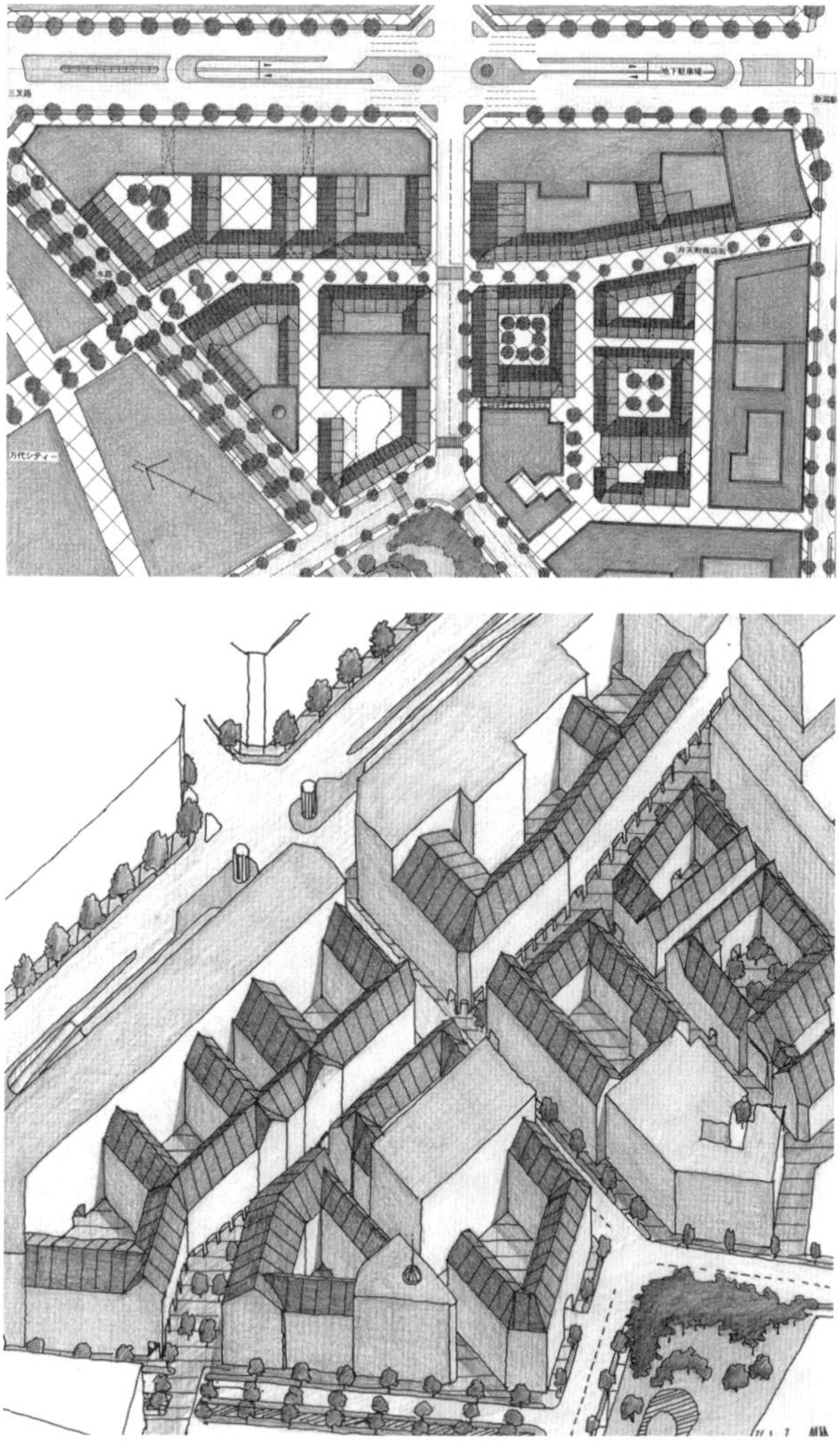

弁天町商店街都市建設的提案図

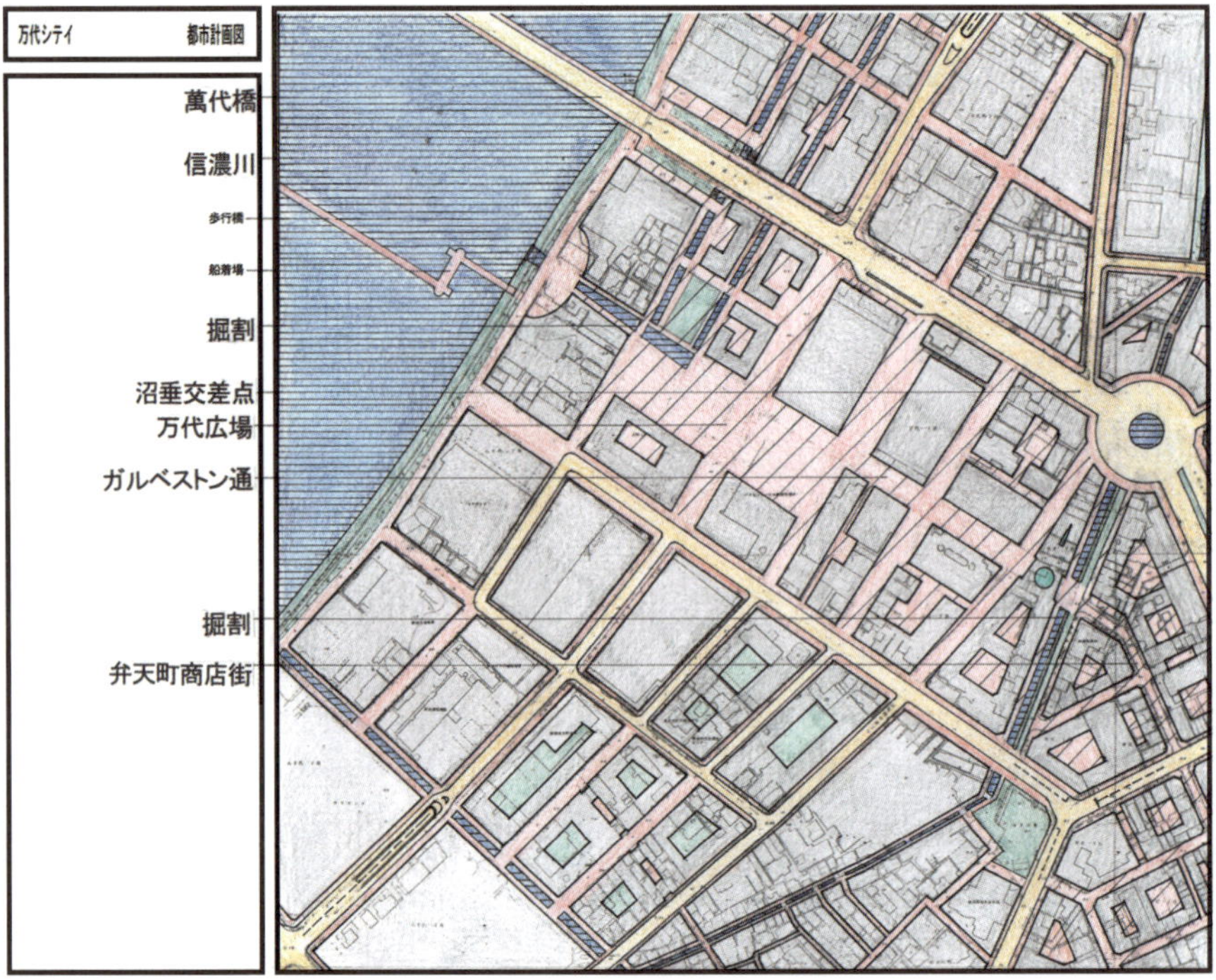
万代シティ
都市計画図
萬代橋
信濃川
歩行橋
船着場
掘割
沼垂交差点
万代広場
ガルベストン通
掘割
弁天町商店街

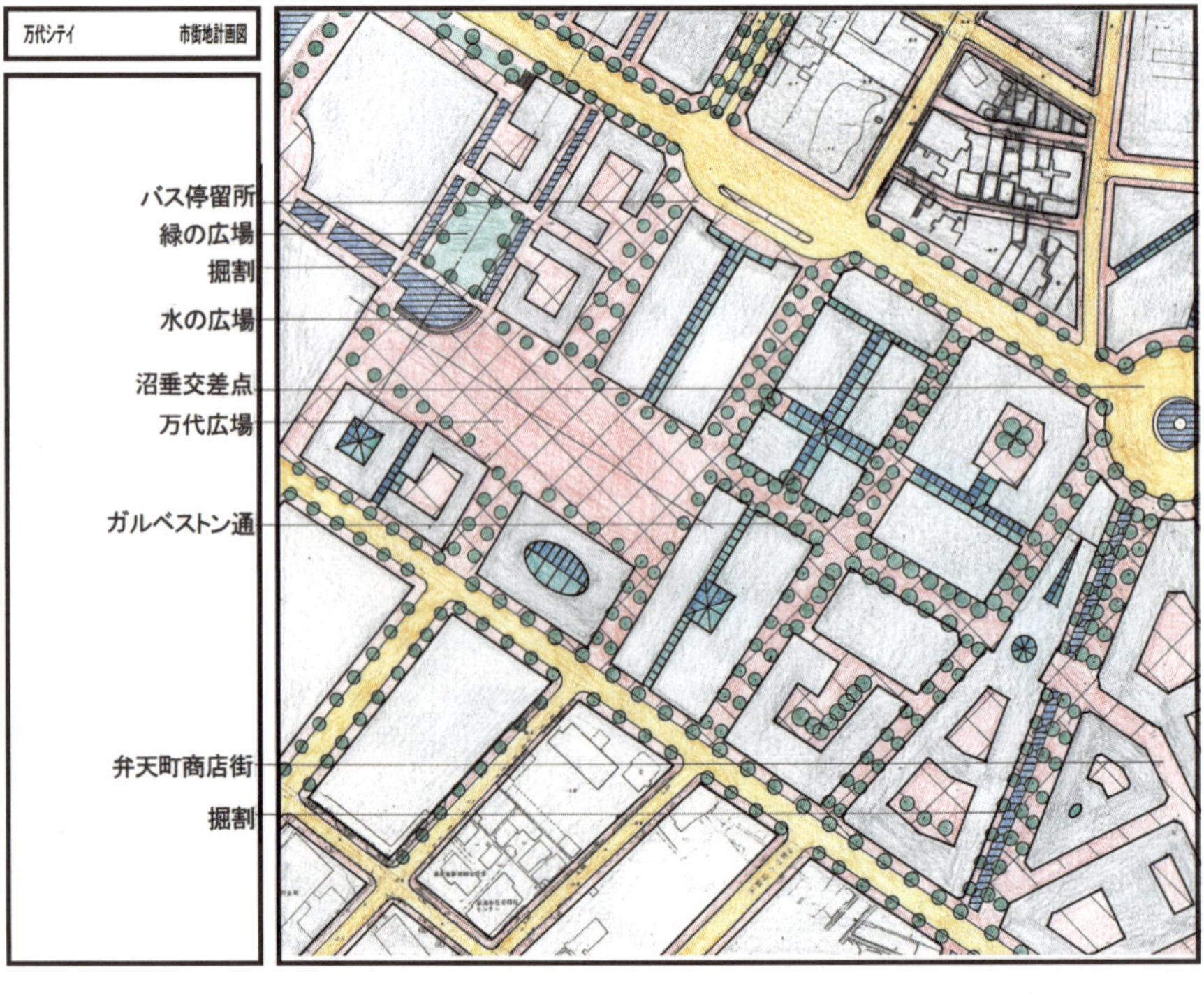
万代シティ
市街地計画図
バス停留所
緑の広場
掘割
水の広場
沼垂交差点
万代広場
ガルベストン通
弁天町商店街
掘割

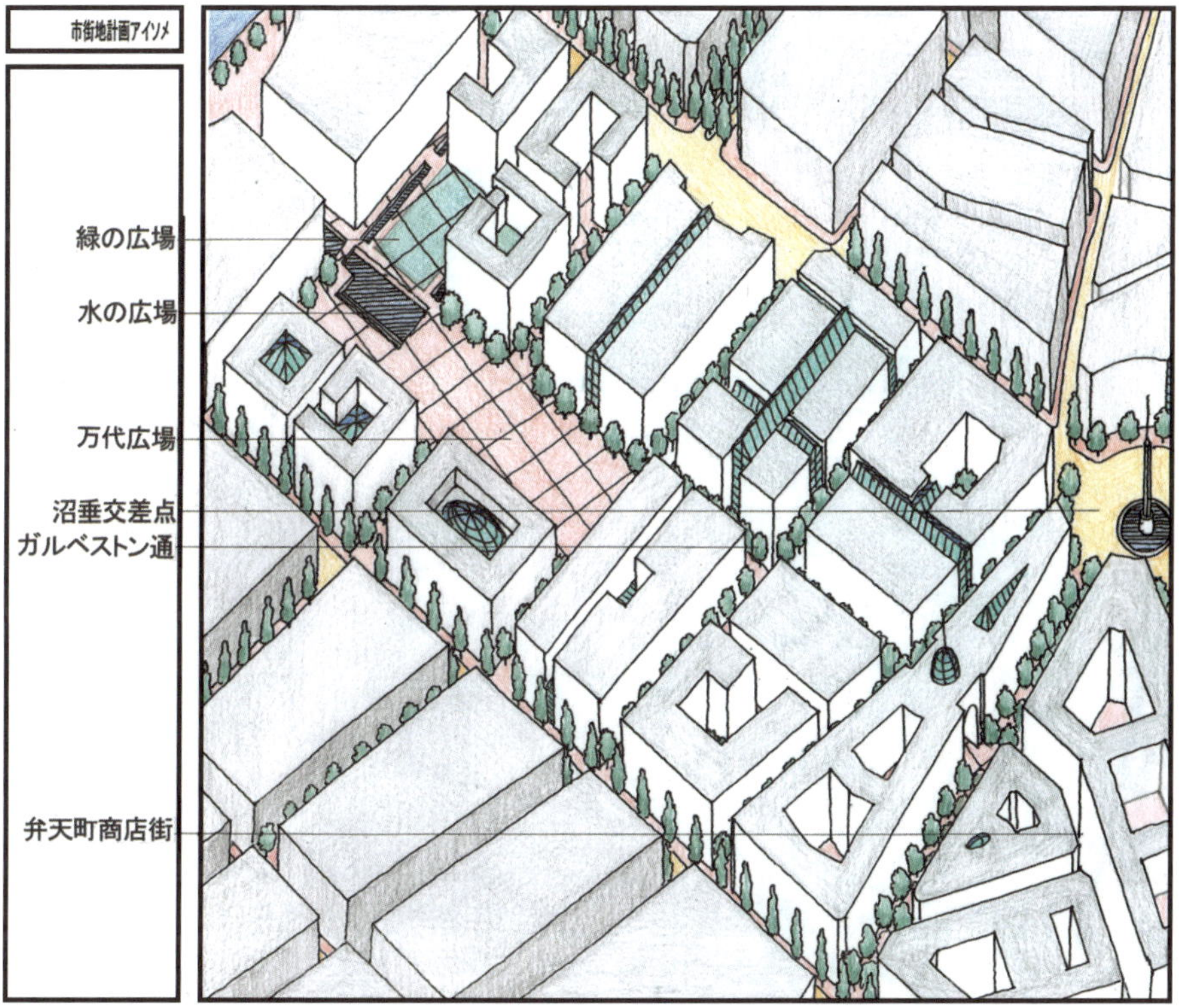

万代シティ都市計画案図

弁天町商店街の図面も同じであるが、これらの図面が法的手続きを経てＢ・プラン決定がなされるとしても、この図面は建設参考図程度に考えるとよい。この図が表現したい事項は、建物の具体的な形というより建物の高さや壁面線と容積率である。正式なＢ・プラン指定事項は文章でなされるのが通常である。万代シティ地域は新しい街であるので、市の都市政策に則った容積率や建蔽率を明示し、それによって高さ制限もほぼ自動的に決定される。屋根の形状や色彩、材料などは細かく指定する必要はないであろう。消防法との適合性を前提としなければならないが、できる限り歩行区域にガラス屋根を架ける指導を行うのが望ましい。ここでは、街を築いた先人の知恵を踏襲する意味で、街路樹を植栽することを推進し、また樹木の種類の指定もしておくのがよいだろう。この街のキャパシティーを増すために、都市的な広場を設けるのが望ましい。加えて、歩行者の快適性を保つためにポケットパークや公衆トイレの用地を確保することや、駐輪場用地の指定も必要である。例えば歩行面の勾配解除などの、現況の不便さを取り除く政策を具体的に指定するのが望まれる。

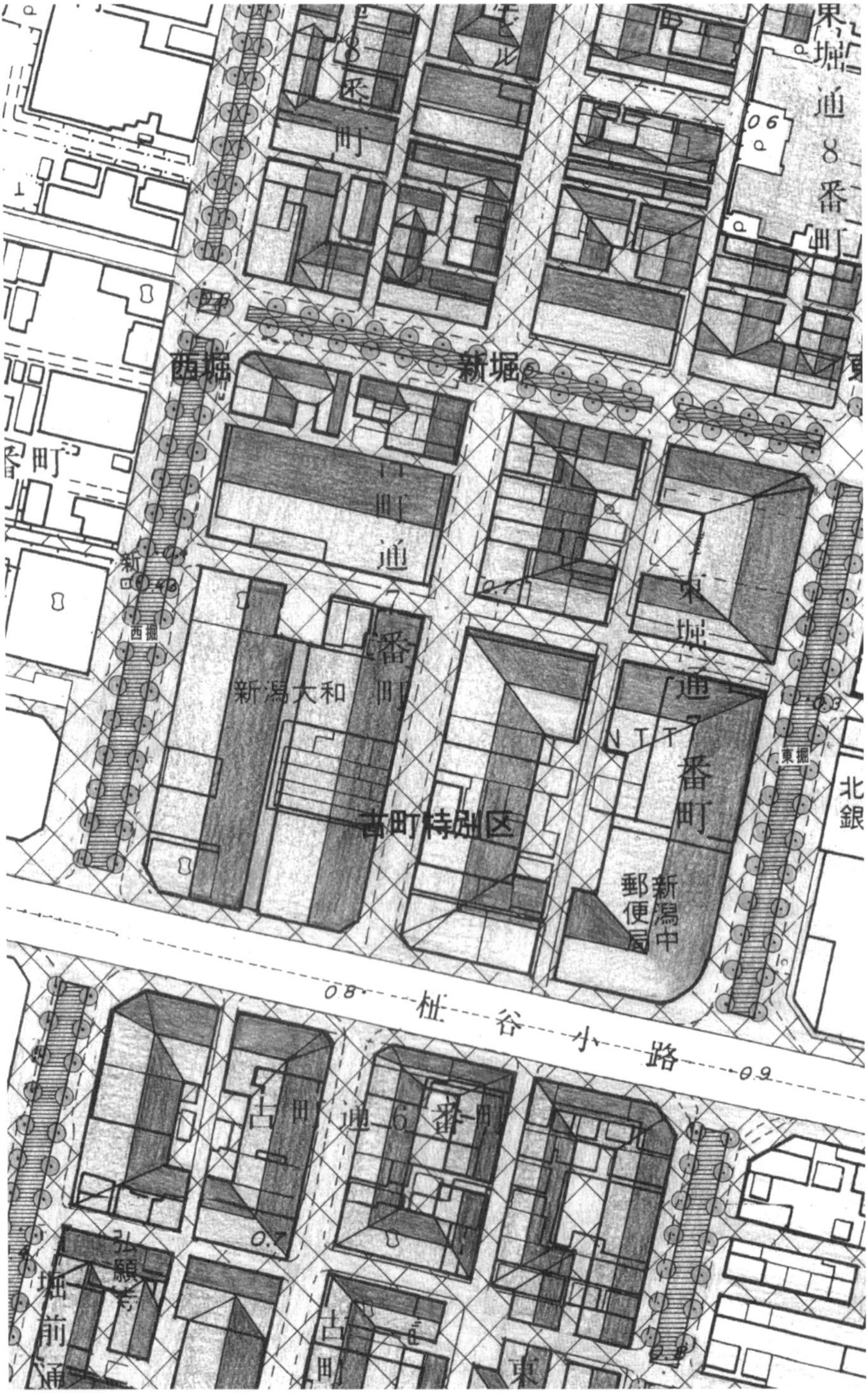
東堀通8番町
西堀
新堀
番町
古町通7番町
東堀通7番町
新潟大和
NTT
古町特別区
新潟中郵便局
柾谷小路
古町通6番町
北銀
西掘
東掘
堀前通

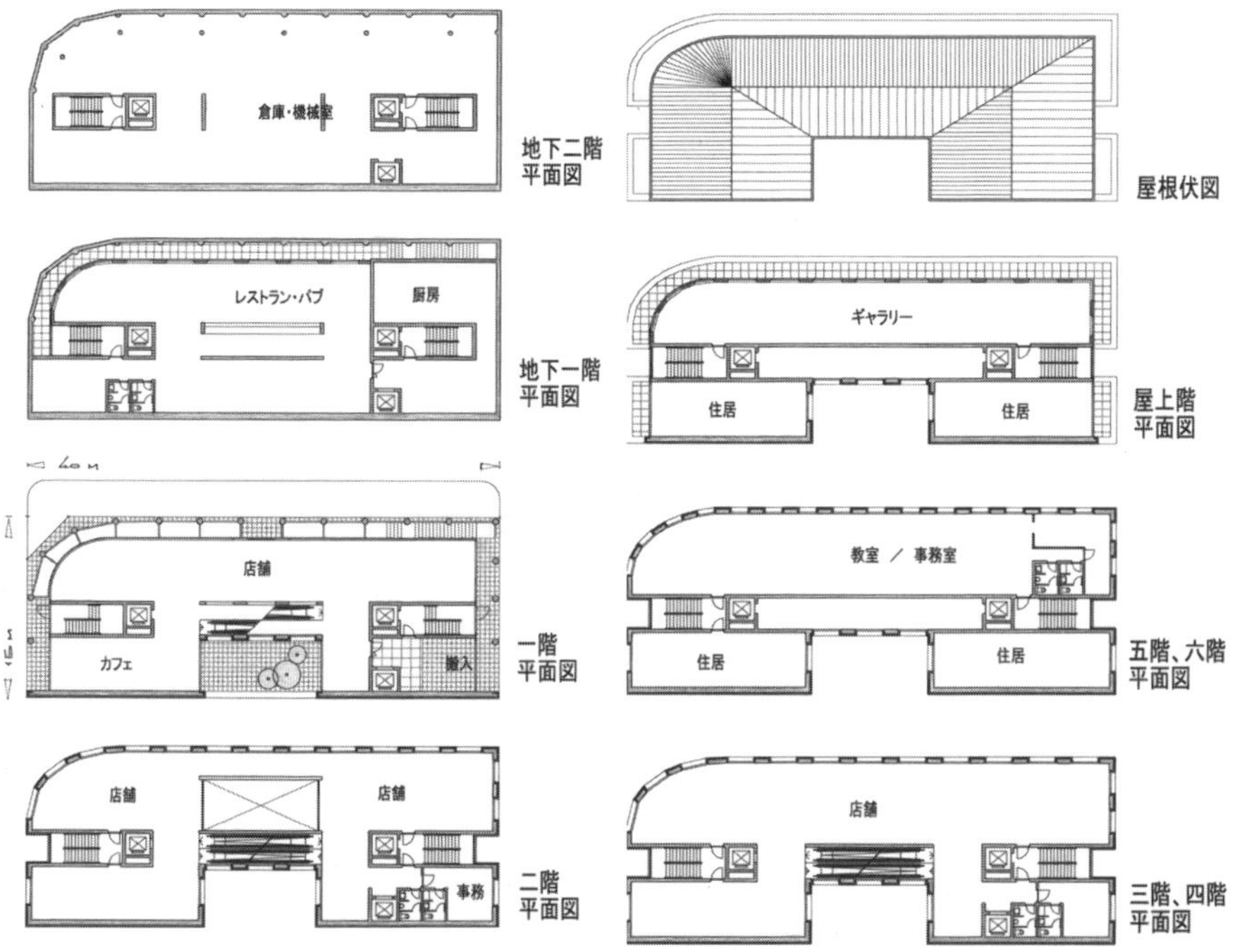

右頁　古町特別区建設計画案図

住民の承認を得た街の特性を助長する街区の造形指針で建設計画を決定する。ここでは容積率と高さ制限が街区の形成に大きな関わりをもつので、市の政策や方針が問われることになる。壁面線は街路に面した部分の建設線だけを指定し、敷地内は路地や中庭を可能な限り広くとるという指定をしたい。したがって、建蔽率は一様に定めることはできないので、ケース・バイ・ケースで決定する方針がよいだろう。建蔽率を定めないのは、あくまでもこれは中に空き地をとるという目的のためである。

伝統的な街区形成を目指す場合は、屋根の形状や建設材料もある程度の指定をしておくのがよい。

市街地全体の交通網整備の中で、東堀通りと西堀通りの交通緩和が可能であれば堀割の可能性を考えるのが望ましい。堀沿いの植樹は柳と指定する。

上　建設例

B‐プランを作成する際には、実際に建設可能な図面を作成して、それをもとにして指針項目、指定項目を決定することが多い。この図は古町のメインストリートに面した建物建設の例である。この図面から、容積率と建蔽率によってどの程度の中庭空間が可能か検証できる。アーバンデザイン的には、この街区にはニューモダンの様式でもなく、伝統的と言ってもポストモダンでもなく、クラシックモダンの様式が好ましいという方針提示の意味もある。しかし、このように建設するべきという固定されたものではなく、創造性のある提案は積極的に受け入れられるべきという、柔軟性を含んでおくのが重要である。

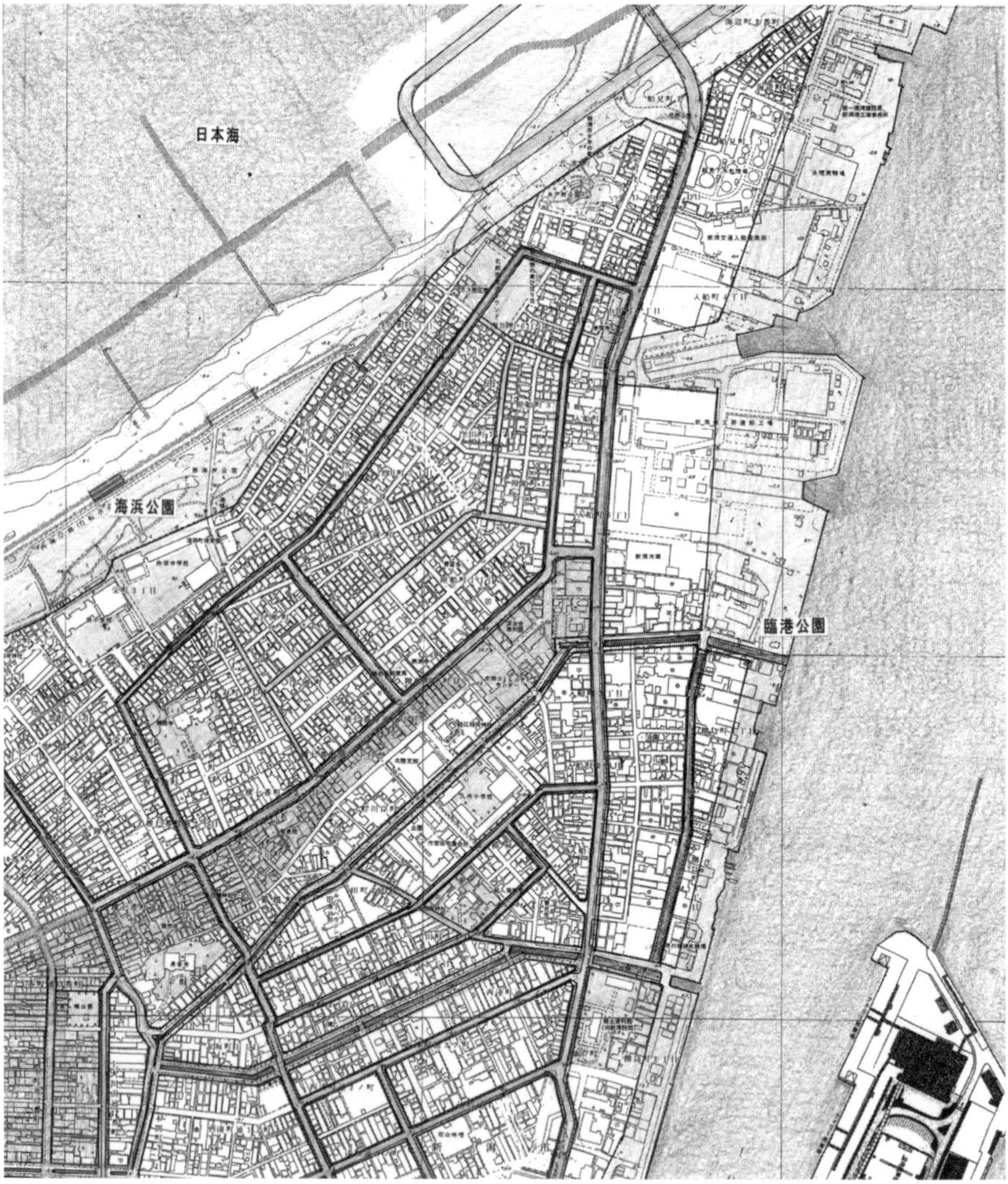

下町は居住地としての適性があることから町屋タイプの集合住宅を考えてみたい。市の都市政策に適応している容積率、建蔽率という前提で計画を試みる。この図面で表現されたものが、街区建設方針として住民の承認を得た場合に、B-プランとして政策決定される。ここでも、建設方針の枠という考え方で、建設様式の目安としての機能をもつ図面表現であり、文章での建設指定項目は大まかな枠で記載するのがよい。道路面の壁面指定線（建設指定）と日照を保障するための高さ制限を特記するくらいでよいだろう。敷地内は、通風と採光のために路地の用地確保を謳うのが必要である。配置の指定はする必要はない。実際の建設の折に指導で行うのがよいだろう。そのための建設範囲指定壁面線を明示するのが必要である。実際の建設では、建設指定枠内での様々なタイプの住宅が建設されるのが、街区の活性化にはよい。

上　下町街区構造提案図

左頁上　下町構造提案図
左頁下　集合住宅建設計画提案図

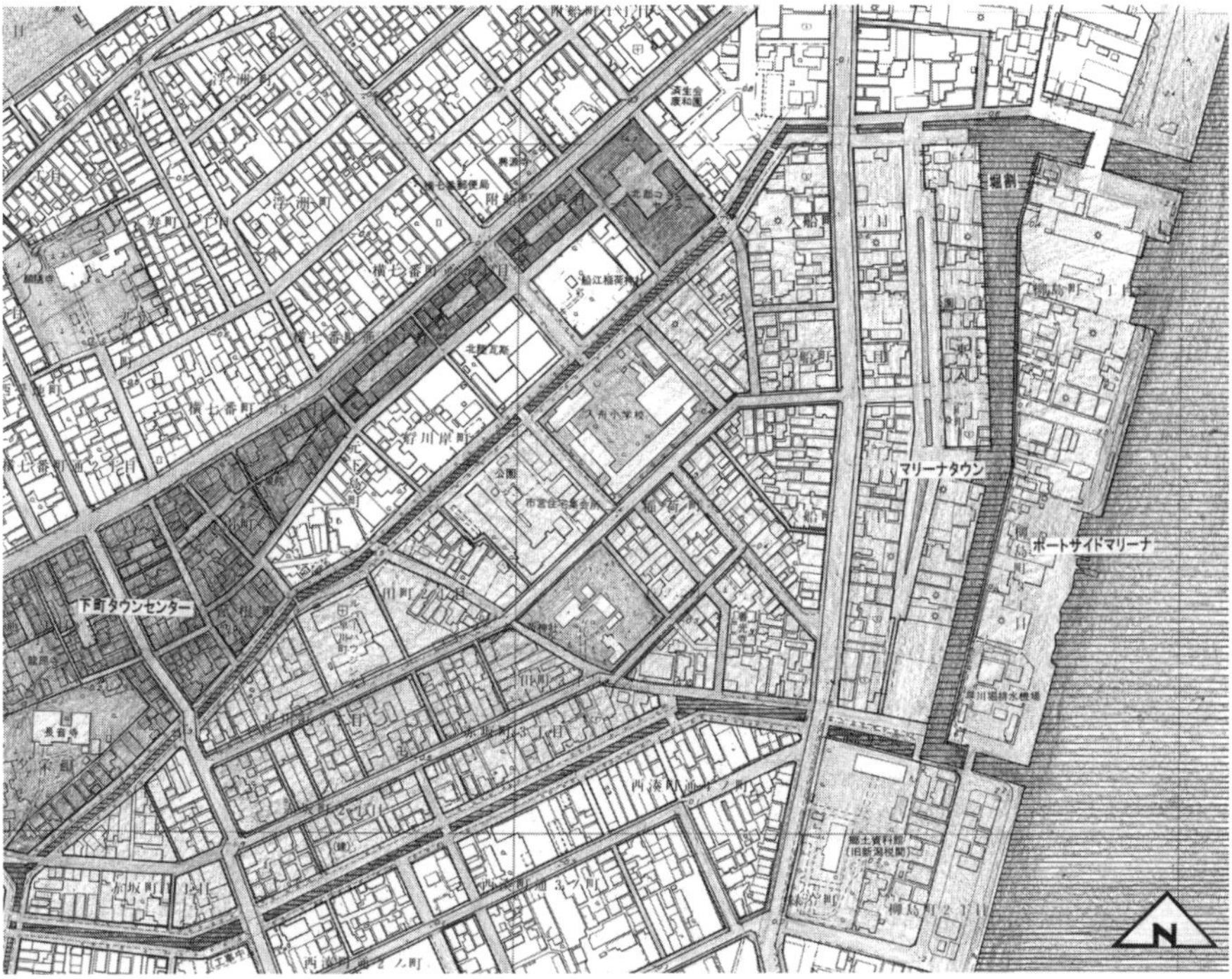
マリーナタウン
ポートサイドマリーナ
下町タウンセンター

公園
菅根町
川町2丁目
湊稲荷神社
川町3丁目
3丁目
西湊町
(建)
西湊町通3ノ町

町屋タイプ集合住宅地計画提案図
配置図
向こう三軒両隣形式

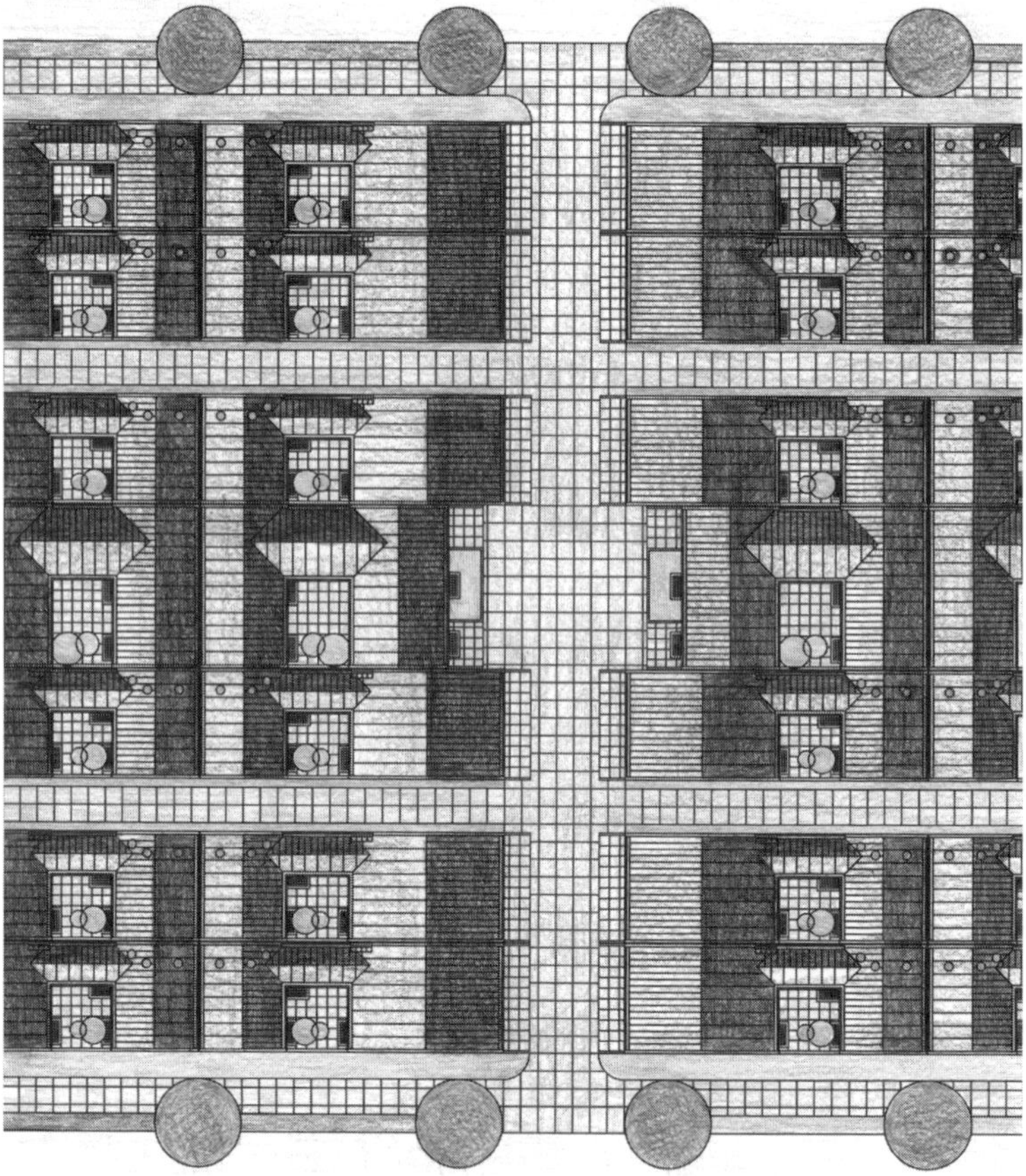

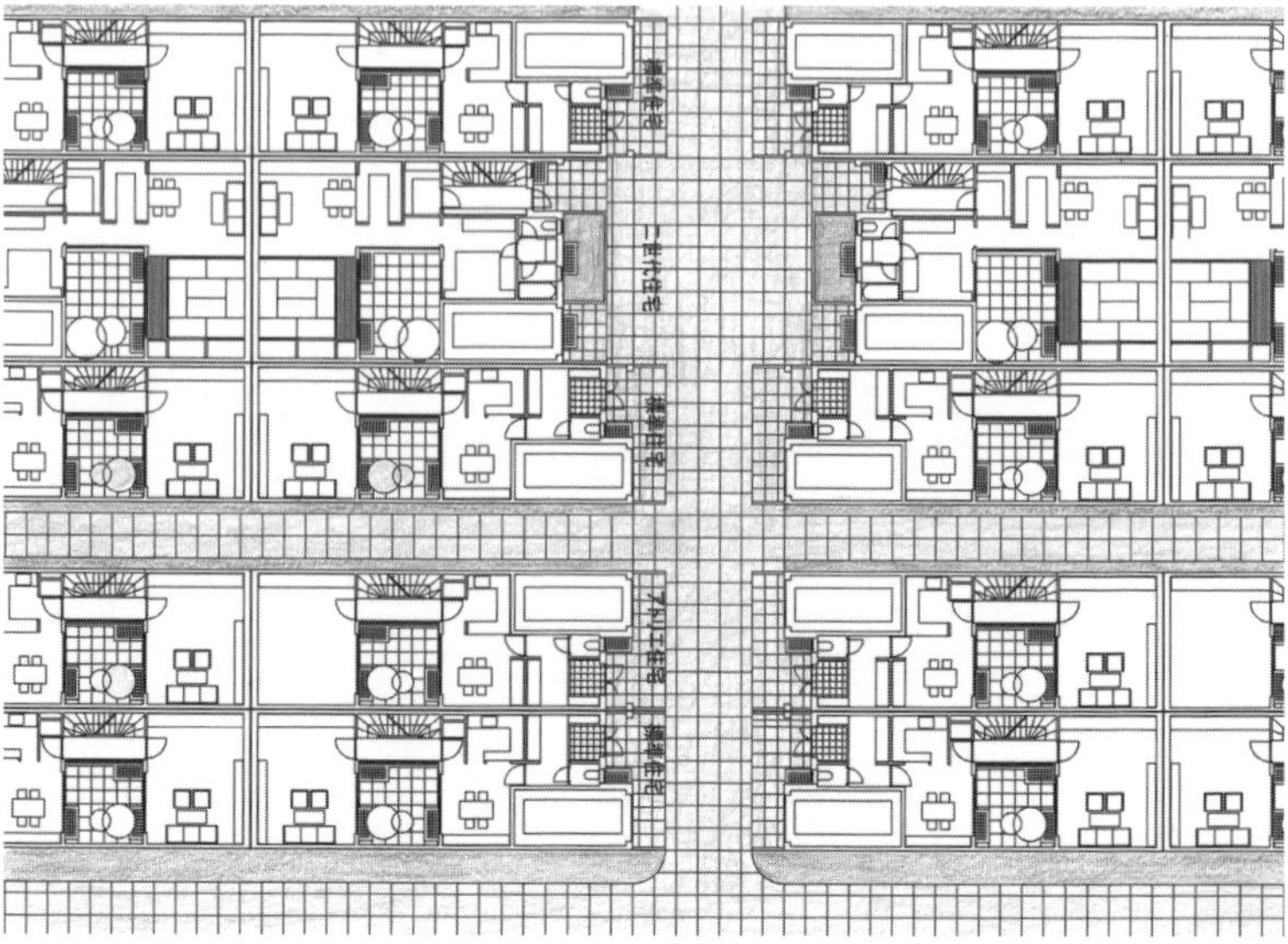

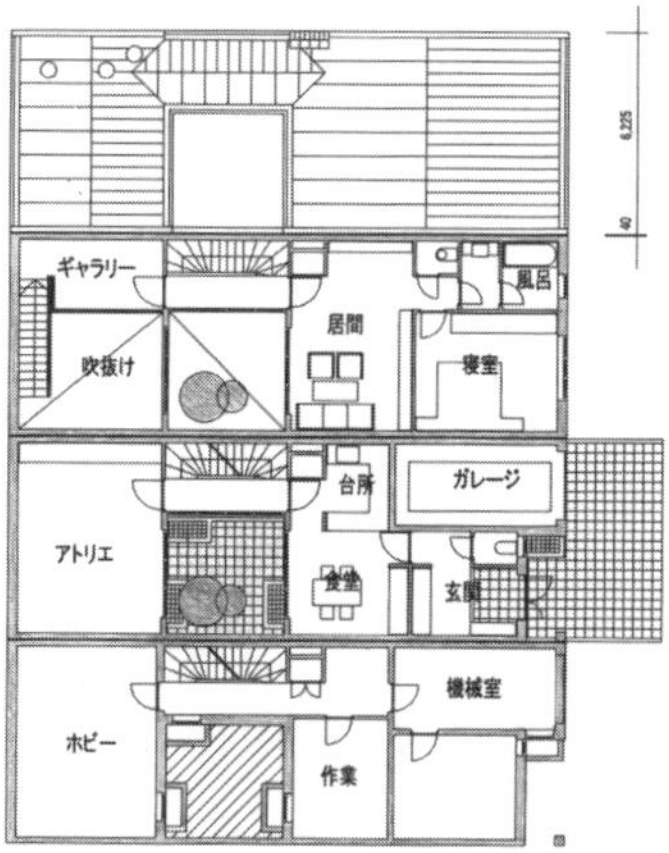

屋根伏

二階平面図

一階平面図

地下平面図

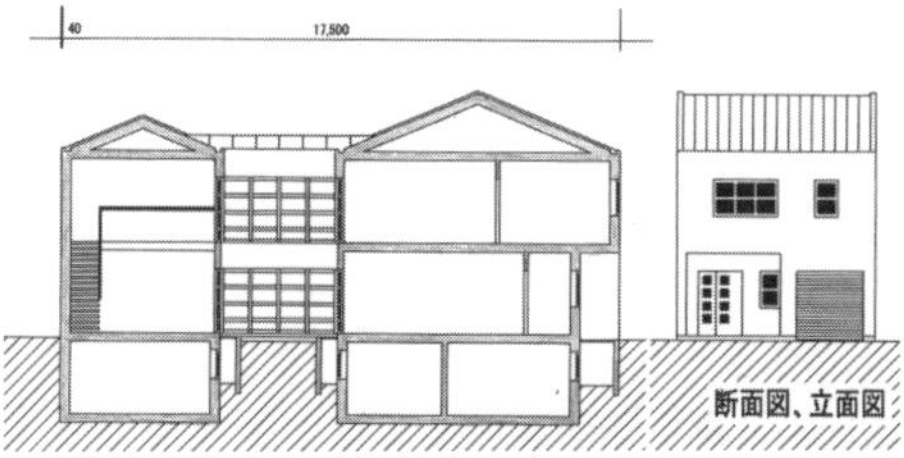

断面図、立面図

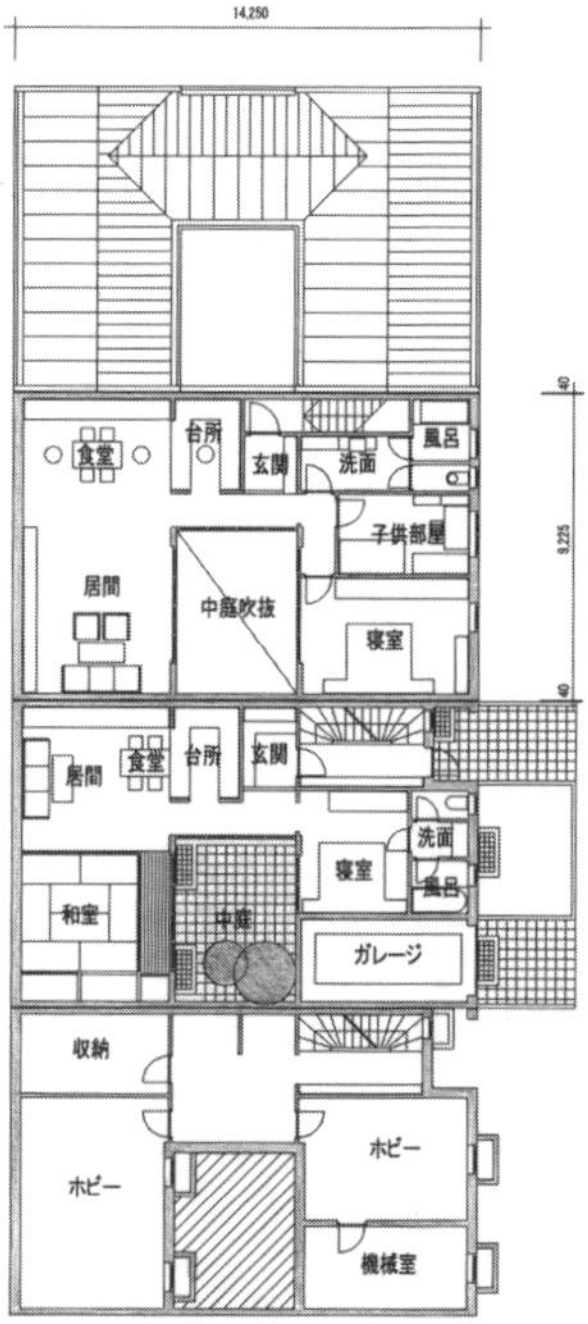

屋根伏せ

二階平面図
若夫婦用住居

一階平面図
老夫婦用住居

地階平面図

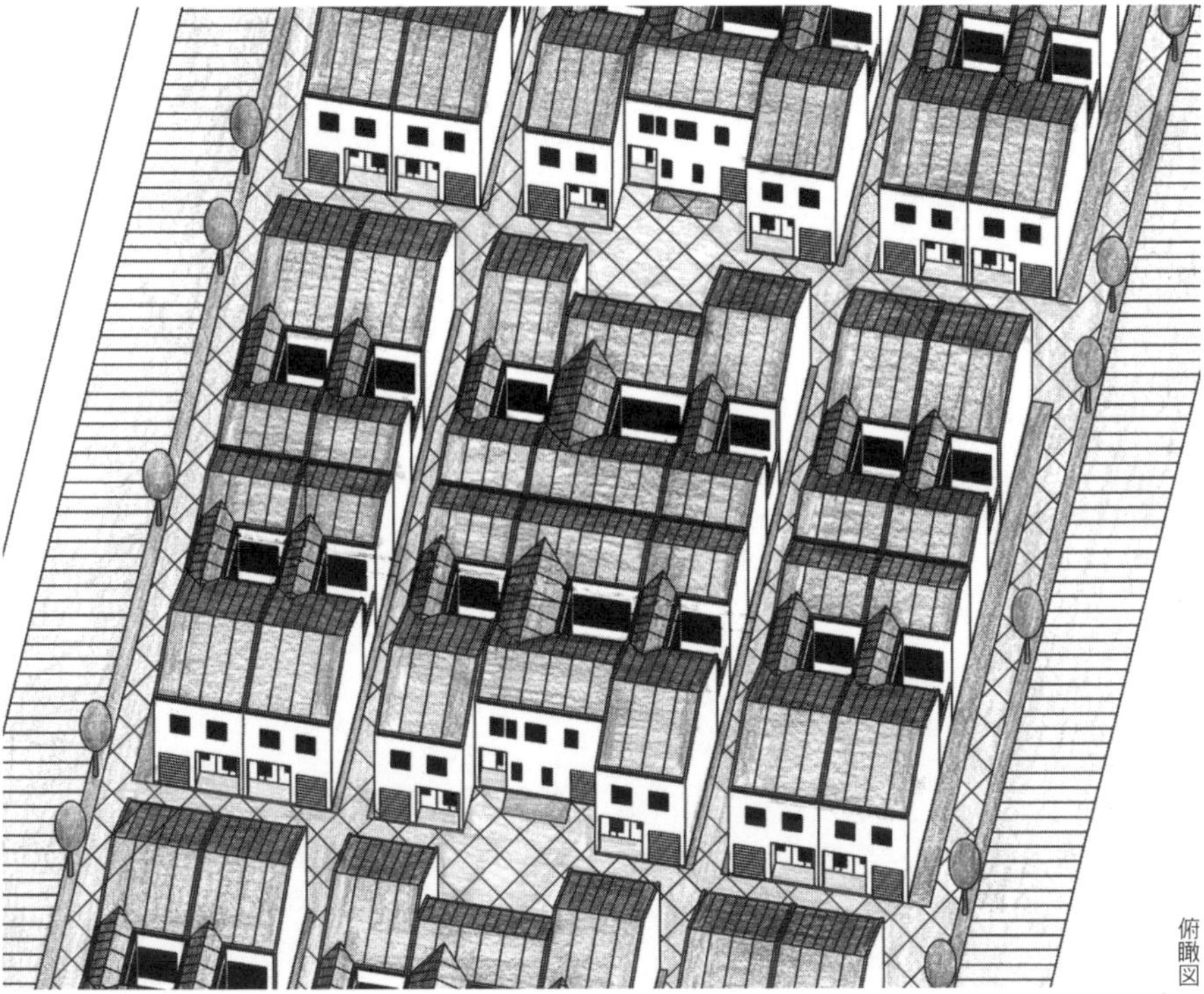

俯瞰図

終わりに

時の流れの勢いでヨーロッパに渡ってしまってから三〇数年になる。これもそのときの成り行きで、オリンピックの年にミュンヘンに定住した。建築から距離をおこうと考えたこともあったが、経験のない土地で生活をするのは建築事務所に勤めるのが手っ取り早く、紹介をしてもらった事務所に運よく勤めることができた。肩書きが職場では大きく力関係に作用していたことの反発で、ミュンヘン・テクニカル・ユニヴェーシティに学ぶことになった。そこで、一番お世話になったのが都市建設の権威のある教授で、そのお陰で知らず知らずのうちにアーバンデザインの実務を体得するようになった。その頃は、日本ではドイツの都市建設手法、特にB－プランの手法を取り入れて地区計画制度を立ち上げた時期である。大学の都市計画研究室にも日本からの留学生がいらっしゃった。

あるきっかけで日本との関わりをもつことになり、これも偶然からドイツの建築や都市計画を話したのが始まりで、それ以来、街づくりの相談を受けたり、いろいろなところで自分の経験をもとに説明をするようになった。お陰で今まで行ったことのない町を訪ねる機会にも恵まれた。その移動中の汽車の窓から見る景色や、現地で見る風景もほとんどのところで地域の特徴の違いがなくなっていてがっかりすることが多かった。あちこちで山は削られ、川の流れは変えられ、ブルドーザーとショベルカーで造成された幾何学的な線で成り立つ景色に変わっていた。ある集合住宅の計画を頼まれ、その現地を訪れたときには、宅地造成がすでに完了していた。写真で見せてもらった開発前の風景にあった山はなくなり、丘は平らになり、遊水池という巨大な溜池がつくられ、無機的な四角の宅地の並

びをよりいっそう無表情にするようなアスファルトの道路が効率よく敷かれていた光景も経験した。

モダン建築の方向を示したル・コルビュジエがよく使った言葉に「ゲニウス・ロキ（Genius・Loci）」というラテン語がある。直訳すれば、ゲニウスは場所の性（性別の）、神のつくった人間、共同体、場所の存在の形態。ロキは場所ということで、ゲニウス・ロキは特定の場所を支配する精神的風土ということになる。その場所が歴史の中で積み重ねてきた特性、土地の風水地勢の成立の因果、つまりその土地の叡智と解釈してもよいだろう。都市や建築の計画をする際に、日本ほどこのゲニウス・ロキが重要なところでありながら、無視されつづけている国はないという実感をもった。三〇数年前の大学では、都市計画とは区画整理、道路造成、下水設置などの土木の領域と考えられていた。それでも建築家の間では、アーバンデザインという新しい言葉が使われるようになっていたが、今から振り返れば、それは単に街区をユートピア的建築で埋め尽くすのが主で、「町を育てていく」という街づくりの概念とは、かなりの隔たりがあったと思える。現在でもその状況は、それほど変わっていないのだという感じをもたされた。

一世紀前にカミロ・ジッテがウィーンの街を例題にして建築をデザインするように、街もデザインしなくてはならないと提唱したことは、ヨーロッパでは当たり前のこととして受け取られている。だが、日本では未だ土木の感覚とスケールで都市計画が進められているのが現実ではないかと感じた。一方で、日本の建築家が海外で活躍されているという事実、フトン、タタミ、キモノが世界語になっているという事実、それに自分のことで言えば、温水洗浄便座や排水口で野菜の屑などを溜める籠がついた台所の流し台をドイツでも使えたらよいと思っていることなどを考えると、ジャパニーズスタンダードが十分にグローバ

右頁
右　サヴォア邸　設計：ル・コルビュジエ
左　桂離宮
西洋建築の中に日本の概念を見出すのは比較的簡単である。

ルスタンダードになれるチャンスがあるのに、昔の異文化を取り入れた柔軟性は過去のものとして忘れ去り、井の中の蛙になりつつある日本が不思議にも思えた。

なぜこのような状況が続いているのかと疑問をもったところや、日本の街並みの欠陥を指摘しながらドイツをはじめとするヨーロッパの事例を示して改善案の提案をした。ドイツの都市計画に関して相当の研究が日本でもなされていると思っていたので、こちらのもっている常識程度は、ほとんどの方が承知なさっているものと考え、知っている限りの知識を駆使して、ドイツと日本の都市を比較しながら、具体的な都市計画手法に関して話をした（と本人は思っていた）。今から思えばそれが勘違いであったらしい。ドイツの物差しで見た客観的で（と本人は考えていた）判断した日本への評価が、ほとんどが本人はそう思ってもいなかったが、日本への酷評と聞こえていたようだ。

自分の町を批判されるのはよい気持のするものではないことは確かである。特に自分たちも気がついている町の不都合なところを他人から指摘されるのは、感覚的に容易に受け入れられるものではない。しかし、町の不便さを解消するのが街づくりの大きな目的である。表の舞台の美しさと一歩入った舞台裏の乱雑さとの差異を少なくするのが日本の街並みの質を向上させる方法である。ドイツにおいては、まず、その他人に批判されたくないというわが町の汚点を調査､分析して、その改善案を考えるという過程を必ず踏む。そして、都市の中の弊害が取り除かれた時点で､新たなる計画を提案するという展開が通常である。日本で、そのドイツのやり方で、まず町の欠点を指摘して改善策を提案しても、批判をした時点でこちらの話を聞くことはすでに拒否されていて、最後まで聞いてもらえないことが多かったようである。

ドイツの事例をもって提案をすると､「理想はそうかもしれないが、現実は違う」という反応をたびたび受けた。街づくりとは現実の問題に直接に対応する作業の連続であるのだから、目標とするべきである事柄は実現可能でなければ意味がない。したがって、現実的に不可能なこと、批判的な意味合いで使われている「理想的」なことを述べるのは、説明をする立場からすれば本質から外れることで、最初からありえないことである。それで、その真意を訊ねるが、違うという現実の説明も、その原因に関しての明確な説明もないのが常であった。その「違い」を示してもらえない限り、その差異がどこに原因するのか分析も不可能であるし、ましてやその差異を埋めるための方策を見出す議論が進まない。ゆえに、それを解消する方法論を考えることも不可能ということに気がついていただけることはまれであった。

この反応に、逆に現実的に実現不可能であるから「理想」という言葉で、しないことへの逃げ口上にしてしまう、という保守（身）的な態度を見てしまうのは過剰反応かもしれない。理想的と半ば不可能と思われてきたことが、次々に実現化されてきたという歴史的な事実があるということと、ユートピア的な社会は未だに実現していないということから理解できるように、理想とは目標をもつときの指針であって、ユートピア的で実現不可能なことを大義の目標には設定しないのが通常である。それに、ここでは欧州で実現された事例を提示しているのであるから、実現不可能であるはずもない。憎まれ口と揶揄されるのを覚悟で言えば、理想的な夢と現実的な計画との違いは、しなくて済ませてしまおうという理由を考えることと、新たな提案を現実的に消化してみようという態度の違いだけである。「歴史を変えよう」と思った人たちだけが歴史を変えることができたと言う。それにならえば、街をよくしようと思うことから街づくりは始まると考えている。

ドイツが理想であり、日本が現実という滑稽な対比ということ以外に、欧州と日本は違うなどという場当たり的な反論は、「では今、日本の各地で行われている、または行われようとしている街づくりは何を範例としているのか、詳しく言えば、ドイツの都市計画政策を日本に導入する試みをやっているのではないか」という問いかけの前では一蹴されてしまうと考えていた。それが外国かぶれの日本批判と判断されていたのだろう。

「欧州に住むようになると、『欧州は素晴らしい。それに比べて日本は遅れている』と何かにつけて日本を批判するのと、『ヨーロッパは駄目だ。日本はやはり素晴らしい』と変にナショナリストになる人に分かれる。街づくりに関しては、ほとんど日本駄目派の独り舞台である。日本の都市建設に関しての法規はドイツのそれを手本とされているから、条文だけを並べてみると大きな違いはないが、あちこちに文字だけを訳しただけで、そのプラクティカルな内容を翻訳していない弊害が目立つ。規制の言葉だけが一人歩きして、その抜け道を重箱の隅を探って見つけるとそれを塞ぐ条文ができ、またその抜け道がという、本来の街をつくるというところからどんどんかけ離れてしまっている絶望的な状態と感じられる。だからだろうか、実際の街並みを観察すると、どこを探しても最低限必要な秩序もなく、ましてや皆で街並みを揃えて建設しようなどという痕跡などどこにもなく、もう勝手にしろという投げ出したくなる状況になる。

だからと言って、ドイツの街並みはすべてよいのかというとドイツ嫌派が反論を開始する。もちろん、どこの街を訪ねても、ある一定の秩序で街並みが揃えられ、それぞれの個性、人格が尊重され個人が主張することが当たり前の国でありながら、規制を尊重して一人一人が我慢して街づくりを行っているのには感心する。しかし、庭の手入れを怠っていると隣から後ろ指を指されるのは日常茶飯事で、さらに庭の状態が乱雑になると役場からお達しが届くせいだろうか、生け垣がきちんと刈り込まれていなかったり、芝生は青々としていない住宅街を見つけるのは困難である。並木の樹木がみな同じような形に揃えられるのはまだ我慢できるが、散歩の途中に森の中に入っても植樹された木々が戦没者の墓石のように規則正しく並べられ、成長に邪魔な枝はきちんと払われているのには、どこまでやれば気が済むのかと呆れることがしばしばである」。

これはある雑誌に書いた文章だが、本人にはこの気持があるから、日本を酷評しているとは考えもつかなかったことである。日本では水面に石を投げても波紋は広がらないと戸惑いを感じていた頃、ある方から「ドイツの風景や景観、環境への意識の高さを説くことも重要でしょうが、ドイツとはあまりにも違う土地の所有意識や建築の我儘勝手な日本社会の中で、ましてやドイツを別世界と思っている人を含めて、果たして日本に通じるものを示すことができるのですか」と問われた。「目から鱗」の衝撃であった。波紋が広がらないのは水面に原因があると思っていたが、石の投げ方にも原因があるということを知らされた。こちらの説明している内容の常識と、聞いておられる側の常識に差異があるということに気づかず、理解されづらい話し方をしていたこちら側にも原因があったのである。

算盤で計算していた人は、計算機を使って計算しても算盤の暗算でその答えを検算するという話を聞いたことがある。「九九」を知らない人に、一生懸命九九を使えば計算が楽になると説明していたのではないか。情報をもっているのともっていないという、両方のフィールドに大きな開きがあったのではないかと、今、振り返ることができる。こういう言い方をするとお叱りを受けそうだが、異なる習慣をもった人たちに、全く次元の異なる話をしていたのではないかと考えると、そのカルチャーショックのある部分を納得することができたような気がした。もちろんこれは、自分の常識が一般的であるという手前勝手な考え方で、これがそもそもの原因であるのかもしれないが。

それからその答えの方法を考え始めたが、西洋の常識を日本の都市形成に適応させることができるような方法を見出すことは、かなりの困難であるという結論しか見つからなかった。理解してもらいたいと思っていた情報があまりにも多く、また、日本の常識と違いすぎるということによる。最初から、ドイツの手法が日本にそのまま適応できるなどとは思ってもいなかったが、社会という組織でのものの考え方、行動のとり方、人との接触の仕方、そして討論の進め方に関して、自分のドイツで体験した常識がほとんど通用しないという現実に大きな壁を感じもした。日本とドイツの都市計画の「常識」の違いがあることなどは考えてもいなかったし、ましてやそれを埋める手段などは全く準備をしていなかったから、この隔たりを解消する方法を見出すこともできなかった。

日本の建物の建て方がドイツのそれと異なると気がついたときに、考え悩んでいた霧の中に光が差し込むような(勘違いだったかもしれないが)ひらめきがあった。ドイツの都市計画に関する情報を、一個人として、建築家として(ドイツではアーバンデザインは建築家の職能である)図面を描く立場で説明するしかないということであった。開き直って言えば、自分がどうやってB-プランを描くのかを、経験的に説明することである。

欧州三〇余年の経験はあまりにも偏りすぎている。したがって、情報はそれ以上に偏りすぎている。と言うより、大部分が欠落している。それでも、日本で街づくりを真剣に考えておられる方たちや、どうやって都市デザインの図面を描くのかといった、実務的なことを知りたいと思っておられる方たちに、少しばかりのきっかけになればと考えた。少し気取って言えば、ラマンチャの男はいつの時代でも必要なのだと、「絶望と挫折を幾重にも繰り返しながら、〝眠っている獅子〟に刺激を与えるべく辻説法を続けるべし」という的はずれで、滑稽な行動でもある。

「百聞は一見にしかず」が真意である。現場を見ていただくほうが理解度が高いというのは、自分の経験でも承知している。百の文章を並べてみても、実際に事例を見るほうがどれほど参考になるかというのに説明はいらない。そこで、「街づくりの例をちょっとドイツに見に行こうか」というときの旅行案内程度のものとお考えいただくと、この独り善がりも鼻につかなくなるだろうと希望している。

二〇〇六年　春　ミュンヘンにて

参考文献

地区計画制度の実践評価と今後の展望　都市計画 No.132、石田頼房、社団法人都市計画学会、東京、1984年
日本都市成立史、玉置豊次郎工学博士、理工学社、東京、1974年
The concise Townscape　Gordon Cullen, Architectural Press, London, 1971
Altstadt Füssen zwischen Erhaltung und Erneuerung, Rappmannsberger 他、Stadt Füssen, Füssen, 1976
Städtebau, Dieter Prinz, Kohlhammer-Verlag, Stuttgart, 1987
Wohnungsbau Normen, Frommhold & Hasenjäger, Beuth Verlag/Werner-Verlag, Düsseldorf, 1991
Stadtplanung, Dr.-Ing. Werner Braam, Werner-Verlag, Düsseldorf, 1993
Der Städtebau nach seinen künstlerischen Grundsätzen, Camillo Sitte, Vieweg, Braunschweig, 1898
Landesplanung in Bayern, Bayerisches Staatsministerium für Landesentwicklung und Umweltfragen, München, 1978
Neufert 35.Auflage Bauentwurfslehre, Peter / Ernst Neufert , Vieweg, Braunschweig, 1998/1936

図版出展及び著作権元

ブレーメン市俯瞰・ウェーザー河畔計画図
DER SENATOR FÜR BAU, UMWELT UND VERKEHR DER FREIER HANSASTADT BREMEN

ミュンヘン中央駅周辺地区再開発競技設計図
REFERAT FUR STADTPLANUNG UND BAUORDNUNG DER LANDESHAUPTSTADT MÜNCHEN
競技設計要綱図作成建築家　ALBERT SPEER & PARTNER, FRANKFURT
競技設計入賞建築家　RAUPACH & SHURK ARCHITEKTEN, MÜNCHEN
競技設計入賞造園家　H.WENDLER LANDSCHAFTSARCHITEKT, MÜNCHEN
競技設計入賞交通計画　C.FAHNBERG VERKEHRSPLANER, PLANEGG

ヨーテボリ市ヨータレーデン計画図
SRA REGION WEST GÖTERLEDEN, SWEDISH ROAD ADMINISTRATION

ジュッセルドルフ・ライン河畔計画図
PLANUNGSAMT UND AMT FÜR KOMMUNIKATION DER LANDESHAUPTSTADT DÜSSELDORF

ジュッセルドルフ・メディエンハーフェン計画図
PLANUNGSAMT UND AMT FÜR WIRTSCHAFTSFÖRDERUNG DER LANDESHAUPTSTADT DÜSSELDORF

ミュンヘン中央環状線北部地下埋設計画図
BAUREFERAT ABTEILUNG GARTENBAU DER LANDESHAUPTSTADT MÜNCHEN
PETUELPARK 計画造園家　S.JÜHLING & O.A.BERTRAM LANDSCHAFTSARCHITEKTEN, MÜNCHEN

ノイ・ウルム駅周辺計画　DEUTSCHE BAHN PROJEKTBAU GMBH, STUTTGART

フュッセンオールドタウン建設計画図　STADTBAUAMT DER STADT FÜSSEN
計画図作成建築家　RAPPMANNSBERGER, ZEMSKY, REHLE, HERMANN

その他の写真と図版　水島

著者＝水島 信 みずしま・まこと／建築家（ドイツ連邦共和国バイエルン州建築家協会）
一九四七年 新潟市に生れる
一九七一年～七七年 ウィーン、ミュンヘンにて就業
一九八一年 ミュンヘン・テクニカル・ユニヴァーシティ 建築学部卒業、DIPLOM INGENIEURの称号修得
一九八二年～一九九〇年 ミュンヘンにて就業
一九九〇年 バイエルン州建築家協会に登録許可、ARCHITEKTの称号修得し独立
以後、ドイツ、日本で都市計画、建築設計を行う

ドイツ流 街づくり読本

ドイツの都市計画から日本の街づくりへ

二〇〇六年七月二〇日 第一刷発行©
二〇一二年六月一〇日 第三刷発行

著者 水島 信
発行者 鹿島光一
発行所 鹿島出版会 〒一〇四‐〇〇二八 東京都中央区八重洲二‐五‐一四 電話 〇三‐六二〇二‐五二〇〇 振替 〇〇一六〇‐二‐一八〇八八三
デザイン 高木達樹
印刷・製本 壮光舎印刷

ISBN978-4-306-07253-4 C3052 Printed in Japan

本書の内容に関するご意見・ご感想は下記までお寄せください。 URL:http://www.kajima-publishing.co.jp E-mail:info@kajima-publishing.co.jp